U0161570

深入理解
西门子S7-1200PLC
及实战应用

文杰 编著

中国电力出版社
CHINA ELECTRIC POWER PRESS

内 容 提 要

PLC 技术自问世以来便在工业控制领域发挥了十分重要的作用，随着自动化、信息化和远程化的发展，工业控制系统也变得越来越复杂，实现自动化、信息化、远程化以及智能化，是目前工业控制领域发展的必然趋势，因此，PLC 技术必然有着更为广阔的应用前景。本书主要介绍西门子 S7-1200 PLC 的硬件结构、功能、基本指令编程以及实战应用，并通过视频的方式扩展了大量的知识点。

全书共八章，分别介绍了西门子 S7-1200 PLC 的硬件结构与功能，西门子编程软件博途 TIA Portal，西门子 S7-1200 PLC 基本指令的编程，西门子 S7-1200 PLC 逻辑块和 PID 功能块的编程，HMI 与伺服驱动 V90 的实战应用，变频器 V20 的深入理解与实战应用，西门子 S7-1200 PLC 的网络通信，西门子 S7-1200 PLC 的项目调试。

本书注重实用性，内容深入浅出、循序渐进，能够帮助读者深入理解西门子 S7-1200 PLC，并且能够迅速学以致用。本书适合工程技术人员培训或自学使用，也可供高等院校相关专业的师生参考阅读，对 PLC 用户也具有一定参考价值。

图书在版编目（CIP）数据

深入理解西门子 S7-1200 PLC 及实战应用 / 文杰编著 . —北京：中国电力出版社，2020.3（2023.7 重印）
ISBN 978-7-5198-4173-7

Ⅰ . ①深… Ⅱ . ①文… Ⅲ . ① PLC 技术 Ⅳ . ① TM571.61

中国版本图书馆 CIP 数据核字（2020）第 022210 号

出版发行：中国电力出版社
地　　址：北京市东城区北京站西街 19 号（邮政编码 100005）
网　　址：http://www.cepp.sgcc.com.cn
责任编辑：崔素媛　（010 - 63412392）
责任校对：黄　蓓　郝军燕
装帧设计：赵姗姗
责任印制：杨晓东

印　　刷：固安县铭成印刷有限公司
版　　次：2020 年 3 月第一版
印　　次：2023 年 7 月北京第三次印刷
开　　本：787 毫米 ×1092 毫米　16 开本
印　　张：16.75
字　　数：409 千字
定　　价：68.00 元

版权专有 侵权必究

本书如有印装质量问题，我社营销中心负责退换

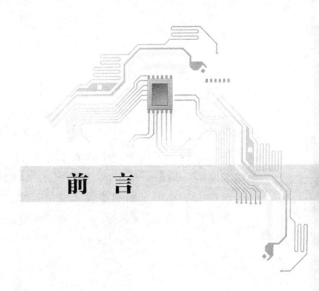

前　言

可编程序控制器 PLC、触摸屏、变频器和伺服控制器是电气自动化工程系统中的主要控制设备，本书主要以西门子 S7-1200 PLC 系列为主体，触摸屏 KTP 为对象，并对西门子变频器 V20 系列和伺服控制器 V90 的产品特点、电气设计和通信应用进行了详细的说明，对工程中常用的 PROFINET 和 USS 等通信网络的通信要点、通信配置、参数设置进行了详细介绍。另外，大量的扩展知识是通过扫描配置的二维码进行视频讲解的。

可编程序控制器 PLC 部分以 S7-1200 PLC 为核心，演示了项目创建、硬件组态、符号表制作、数字量和模拟量模块的接线以及 TIA Portal V15 的编程环境和编程方法，在相关知识点中对 PLC 中的数据类型和 I/O 寻址给予了充分的说明和介绍，对编程系统中比较重要的基本指令、位逻辑指令、置位 S/复位 R 和边沿触发指令、置位/复位触发器 SR 指令、缩放 SCALE 和复位置位 RS 指令、运算指令、比较指令、定时器指令、计数器指令等也通过案例的方式进行了应用说明，还特别给出了逻辑块和 PID 块的实战应用。

触摸屏 HMI 部分，演示了 HMI 的项目创建、组态、画面制作、网络通信和通信参数设置，利用 HMI 的显示屏显示，通过输入单元（如触摸屏、键盘、鼠标等）写入工作参数或输入操作命令，实现人与机器的信息交互，从而使用户建立的人机界面能够精确地满足生产的实际要求。

在伺服控制器的部分通过对 V90 的介绍，使读者对其产品特点和功能应用能有详细的了解，并用了一整节的内容详细说明了 HMI 和 S7-1200 PLC 通过以太网对伺服控制器 V90 的速度和位置控制，让读者在精通伺服控制器 V90 的工程应用的同时，掌握以太网的元件配置和参数设置。

变频器部分以 V20 为主，编写了电气工程中常用的功能应用的电气设计与参数设置，包括：变频器 V20 的控制方式和工作原理、正反转运行、选择开关控制运行、加减速的速度控制、使用电位计的调速运行，以及模拟量通道控制运行，PLC1200 控制 V20 的电气设计与相关的变频器的参数设置等。

本书的另一个重点是网络通信和项目调试，对目前工程中应用较多的 USS、PROFINET 和 S7 通信，使用案例的方式，结合 PLC 集成的通信接口和变频器的功能，旨在让读者了解参数的设置要点、网络端口电路的配接、项目的仿真与调试和不同功能在生产实践中的应用，并掌握变频器的频率设定功能、运行控制功能、电动机控制方式、PID 功能、通信功能和保护及显示等功能。这样能够尽快熟练地掌握变频器的使用方法和技巧、PLC 的程序编制、触摸屏的变量连接等，从而避免大部分故障的出现，让各种网络的通信控制系统运行得更加稳定。

　　读者在连接硬件时，对 PLC 及扩展模块的接线图中的 DC 24V 电源，和 AC 220V～AC 380V 电源，要以西门子公司的最新版的硬件手册中对硬件接线的描述为准。

　　本书在编写过程中，王锋锋、王庭怀、赵玉香、张振英、于桂芝、王根生、马威、张越、葛晓海、袁静、王继东、何俊龙、张晓琳、樊占锁、龙爱梅提供了许多资料，张振英和于桂芝参加了本书文稿的整理和校对工作，在此一并表示感谢。

　　限于作者的水平和时间，书中难免有疏漏之处，希望广大读者多提宝贵意见。

编　者

2019 年 11 月

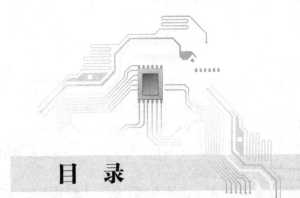

目　录

第一章

西门子S7-1200 PLC的硬件结构与功能

随着自动化、信息化及远程化的推进，工业控制系统将会越来越复杂，可编程逻辑控制器（Programmable Logic Controller，PLC）的控制能力具备控制这些复杂系统的能力。因为PLC是靠处理信息来实施的控制，同时，PLC又有很多自诊断功能，具有一定的自适应、自诊断的能力，在实现自动化、信息化和远程化之后，再实现智能化，是目前控制发展的必然趋势。

在控制应用中，PLC可以用于顺序控制、过程控制、运动控制、信息控制和远程控制等。

1. PLC用于顺序控制

顺序控制是根据有关输入开关量的当前与历史的输入状况，产生所要求的开关量输出，以使系统能按一定顺序工作。这是系统工作最基本的控制，也是离散生产过程中最常用的控制。

常用的顺序控制包括随机控制、动作控制、时间控制、计数控制、混合控制等。在顺序控制领域中，PLC的控制独树一帜，优势明显。

2. PLC用于过程控制

过程控制是连续生产过程中最常用的控制，PLC用于过程控制已是一个趋势。过程控制中的模拟量一般是指连续变化的量，如电流、电压、温度、重量、压力、大小等物理量。

过程控制的目的是根据有关模拟量当前与历史的输入状况，生成所要求的开关量或模拟量的输出，从而使控制系统中的设备动作按照工艺的要求进行。

3. PLC用于运动控制

运动控制主要指对工作对象的位置、速度及加速度所做的控制。可以是单坐标也可以是多坐标。单坐标控制对象做直线运动；多坐标控制对象的平面、立体，以至于角度变换等运动。

目前，PLC具备处理脉冲量的能力。PLC有脉冲信号输入点或模块，可接收脉冲量的输入。也有脉冲信号输出点或模块，可输出脉冲量。结合PLC已有的数据处理及运算能力，可以根据NC的原理实现运动控制，价格比NC要高得多。

另外，还有专门用于运动控制的PLC，即Programmable Motion Controller，简称PMC。

4. PLC用于信息控制

信息控制是指数据采集、存储、检索、变换、传输及数表处理等。随着技术的发展，PLC不仅可用做系统的工作控制，还可用做系统的信息控制。

PLC用于信息控制有专用和兼用两种。在专用的信息控制中，PLC只用作采集、处理、存储及传送数据；在兼用的信息控制中，在 PLC 实施信息控制的同时，也可实施控制。

PLC 利用计算机具有强大的信息处理及信息显示功能，可实现计算机对控制系统的监控与数据采集（Supervisory Control and Data Acquisition，SCADA）。同时，还可用计算机进行 PLC 编程、监控及管理。

5. PLC 用于远程控制

远程控制是指对系统远程部分的行为及其效果实施检测与控制。PLC 有多种通信接口，有很强的联网通信能力，并不断有新的联网的模块与结构相继被推出。比如使用 PLC 的以太网模块加入互联网后，读者可以设置自己的网址与网页，采用这种 PLC 控制的工厂被称之为透明工厂（Transparent Factory）。

➡ 第一节　PLC 的工作原理、结构和特点

PLC 是靠存储程序、执行指令，进行信息处理，实现输入到输出变换的实时控制的工业专用计算机。与继电器接触器控制的电气系统相比，PLC 控制逻辑的是程序，用程序代替硬件，接线更简单，更容易，在编程软件中编写程序和更改程序也比更改接线更方便，这就是 PLC 的优势之一。

在实际的工程应用中，PLC 的硬件可以根据实际需要进行配置，其软件则需要根据工艺和控制要求进行编程设计。并且 PLC 采用的是可编程的存储器，用来在其内部存储执行逻辑运算、顺序控制、定时、计数和算术运算等操作指令，并通过输入和输出，控制各种机械或生产过程。

一、PLC 的工作原理和工作过程

PLC 实质上是一种专用于工业控制的计算机，其硬件结构基本上与微型计算机相同。

中央处理器（CPU）是 PLC 的控制中枢，它按照 PLC 系统程序赋予的功能接收并存储从编程器键入的用户程序和数据；检查电源、存储器、I/O 以及警戒定时器的状态，还能对用户程序中的语法错误进行诊断。当 PLC 投入运行时，首先 CPU 以扫描的方式接收现场各输入装置的状态和数据，并分别存入 I/O 映像区，然后从用户程序存储器中逐条读取用户程序，经过命令解释后，按指令的规定执行逻辑或算数运算，并将运算的结果送入 I/O 映像区或数据寄存器内。当所有的用户程序执行完毕后，最后将 I/O 映像区的各输出状态或输出寄存器内的数据传送到相应的输出装置，如此循环，直到停止运行。

PLC 的工作过程如图 1-1 所示。

为了进一步提高 PLC 的可靠性，近年来对大型 PLC 还采用双 CPU 配置从而构成冗余系统，也有采用 3 个 CPU 的表决式系统。这样，即使项目中的某个 CPU 出现故障，整个系统仍能正常运行。

二、PLC 存储器应用

PLC 用于存放系统软件的存储器称为系统程序存储器，用于存放应用软件的存储器称为用户程序存储器。有关存储器复位的操作请观看视频的扩展内容。

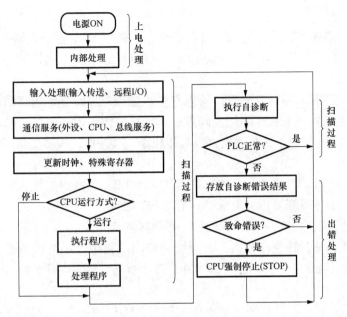

图 1-1　PLC 的工作过程

PLC 常用的存储器有 RAM、EPROM 和 EEPROM 等几种类型。其中，RAM（Random Assess Memory）是一种读/写存储器（随机存储器），其存取速度最快，由锂电池支持；EPROM（Erasable Programmable Read Only Memory）是一种可擦除的只读存储器，在断电情况下，存储器内的所有内容会保持不变；EEPROM（Electrical Erasable Programmable Read Only Memory）则是一种电可擦除的只读存储器，使用编程器就能很容易地对其所存储的内容进行修改。

虽然各种 PLC 的 CPU 的最大寻址空间各不相同，但是根据 PLC 的工作原理，其存储空间一般包括 3 个区域，即系统程序存储区、系统 RAM 存储区（包括 I/O 映像区和系统软设备等）和用户程序存储区。

S7-1200 PLC 系统中的存储器主要用于存放系统程序、用户程序和工作状态数据，S7-1200 PLC 的存储器包括系统存储器和用户存储器，如图 1-2 所示。

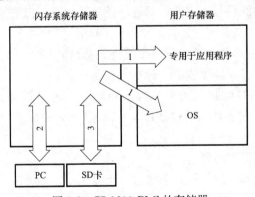

图 1-2　S7-1200 PLC 的存储器

图 1-2 中，箭头 1 表示从闪存将文件传输到 RAM，RAM 的内容将被覆盖；箭头 2 表示除 INVALID _ OS 外，可以使用 PC 下载、上传；箭头 3 表示所有状态都可以使用 SD 卡下

3

载、上传、更新固件。

PLC 内存越大，内部器件种类和数量就越多，越便于 PLC 进行各种控制与数据处理。用户内存越大，可存储的用户程序量也就越大，程序量越大进行的控制也就更为复杂。

1. 系统存储器

系统存储器（ROM）用以存放系统管理程序、监控程序及系统内部数据，这些程序及数据在 PLC 出厂前已由厂家将其固化在闪存中，用户不能更改。闪存（Flash Memory）是一种特殊的 EPROM，断电不丢失数据，具有体积小、功耗低、不易受物理破坏的特点。

2. 用户存储器

西门子 S7-1200 PLC 为用户指令和数据提供了 150KB 的共用工作内存。同时还提供了 4MB 的集成装载内存和 10KB 的掉电保持内存。PLC 的用户存储器（RAM）为 64MB，包括用户程序存储器（程序区）和数据存储器（数据区）两部分。

PLC 的 RAM 存储各种暂存数据、中间结果和用户程序，这类存储器一般由低功耗的 CMOS RAM 构成，其中的存储内容可读出并更改。掉电会丢失存储的内容，一般用锂电池来支持。

也就是说，用户程序存储器用来存放用户针对具体控制任务、采用 PLC 编程语言编写的各种用户程序。用户程序存储器可以用来存放（记忆）用户程序中所使用器件的 ON/OFF 状态和数据等，其内容可以由用户修改或增删。用户存储器的大小关系到用户程序容量的大小，是反映 PLC 性能的重要指标之一。

PLC 为了便于读出、检查和修改，用户程序一般存于 CMOS 静态 RAM 中，用锂电池作为后备电源，以保证掉电时不会丢失信息。

存放在 RAM 中的工作数据是 PLC 运行过程中经常变化和经常存取的一些数据，用来适应随机存取的要求。在 PLC 的工作数据存储器中，设有存放输入/输出继电器、辅助继电器、定时器、计数器等逻辑器件的存储区，这些器件的状态都是由用户程序的初始设置和运行情况确定的。根据需要，部分数据存储区在掉电时用后备电池维持其现有的状态，这部分在掉电时可保存数据的存储区域称为保持数据区。

三、编程装置

系统应用程序是通过编程器送入的，对程序的修改也是通过它实现的，可以通过编程器监视和修改程序的执行。

编程装置是 PLC 专用的程序编辑器，有手持式和台式两种，一般是个人计算机和掌上编程器，属于计算机＋编程软件集成的一种专用设备。

编程器用作用户程序的编制、编辑、调试和监视，还可以通过其键盘去调用和显示 PLC 的一些内部状态和系统参数。通过接口与 CPU 联系，完成人机对话。

1. 编程器的分类

编程器分简易型和智能型两种。

（1）简易型编程器只能在线编程，它通过一个专用接口与 PLC 连接。

（2）智能型编程器既可在线编程又可离线编程，还可远离 PLC 插到现场控制站的相应接口进行编程。智能型编程器有许多不同的应用程序软件包，功能齐全，适应的编程语言和方法也较多。

2. 在线与离线编程

（1）离线编程是指主机和编程器共用一个 CPU，通过编程器的方式选择开关来选择 PLC 的编程、监控和运行工作状态。对定型产品、工艺过程不变动的系统可以选择离线编程，以降低设备的投资费用。

（2）在线编程是指主机和编程器各有一个 CPU，主机的 CPU 完成对现场的控制，在每一个扫描周期末尾与编程器通信，编程器把修改的程序发给主机，在下一个扫描周期，主机将按新的程序对现场进行控制。

四、PLC 的扫描机制

PLC 可以被看成是在系统软件支持下的一种扫描设备，它一直在周而复始地循环扫描，并执行由系统软件规定的任务。

PLC 的扫描周期能够保证系统正常运行的公共操作、系统与外部设备信息的交换和用户程序的顺利执行。

另外，不同 PLC 的运算速度不同，执行不同指令所用的时间也不同。一般来说各 PLC 执行指令的时间越短，越能缩短扫描周期，以保证系统的高响应性能。

1. PLC 的扫描过程

PLC 的扫描规定，从扫描过程中的一点开始，经过顺序扫描又回到该点的过程为一个扫描周期。

PLC 的扫描周期是由三部分组成的：第一部分的扫描时间基本是固定的，随 PLC 的类型而有所不同；第二部分并不是每次扫描都有的，占用的扫描时间也是变化的；第三部分随用户控制程序的变化而变化，程序有长有短，而且在各个扫描周期中也会随着条件的不同而影响程序长短的变化。

当 PLC 通电运行后，由左往右、自上向下地循环执行程序，并不停地刷新输入/输出映像寄存器区，如此循环运行不止，这就是 PLC 的扫描概念，扫描执行一次所需要的时间即为扫描周期，扫描过程如图 1-3 所示。

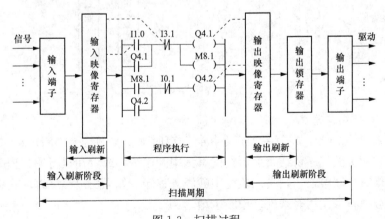

图 1-3 扫描过程

扫描周期使用户程序在某个给定的周期内执行时保持逻辑一致，避免物理输出点出现抖动，否则可能会多次改变过程映像输出区中的状态。每个扫描周期都包括写入输出、读取输入、执行用户程序指令以及执行系统维护或后台处理。

在默认条件下，所有数字量和模拟量 I/O 点都使用被称作"过程映像"的内部存储区与扫描周期同步更新 I/O。过程映像包含 CPU、信号板和信号模块上的物理输入（I 存储器）和输出（Q 存储器）的快照。

如西门子 PLC 系统，在每个扫描周期，CPU 都会检查输入和输出的状态，并配有特定的存储器区保存模块的数据，CPU 在处理程序时访问这些寄存器，访问过程映像示意图如图 1-4 所示。

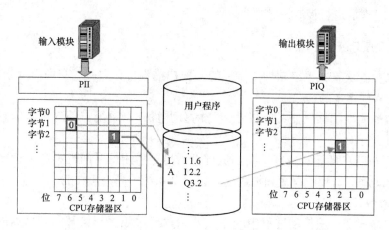

图 1-4　访问过程映像示意图

图 1-4 中，触点 1 连接的是端子 I1.6，触点 2 连接的端子是 I2.2，线圈 1 连接的是 Q3.2，过程映像输入表 PII 建立在 CPU 存储器区，所有输入模块的信号状态存放在这里，过程映象输出表 PIQ 包含程序执行的结果值，在扫描结束时会传送到实际输出的模块上。在用户程序中检查输入时，如输入的 I2.2 和 I1.6 使用的是 PII 的状态，这样就保证在一个扫描周期内使用了相同的信号状态了，程序的执行原理如图 1-5 所示。

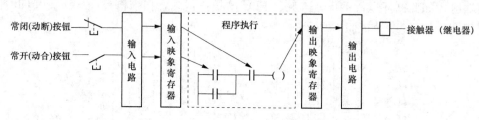

图 1-5　程序的执行原理

2. PLC 的中断处理过程

一般微机系统的 CPU，在每一条指令执行结束时都要查询有无中断申请。而 PLC 对中断的响应则是在相关的程序块结束后再查询有无中断申请，或者在执行用户程序时查询有无中断申请，如果有中断申请，则转入执行中断服务程序。如果用户程序以块式结构组成，则在每个块结束或执行块调用时来处理中断申请。

3. PLC 响应时间的计算

从 PLC 工作过程可知，PLC 的输出对输入的响应是有滞后的，这个滞后时间称为响应时间。以扫描方式工作为例，响应时间的计算如图 1-6 所示。

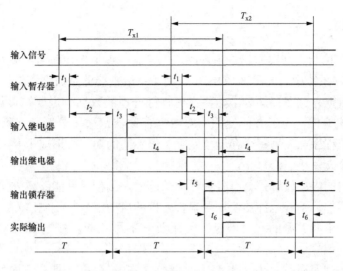

图 1-6 响应时间的计算

从图 1-6 所示的响应时间的计算中可以看出，此时间应为 t_1、t_2、t_3、t_4、t_5 与 t_6 之和。t_1 是输入响应时间，是从输入信号产生到输入暂存器完成存储所经历的时间，消耗在输入电路上，t_1 是可以设定的，默认为 8ms。t_2 是等待输入刷新时间，是从输入暂存器完成 PLC 开始执行输入刷新的时间。在输入暂存器完成存储时，正好是 PLC 进行输入刷新，则此时间为 0；在输入暂存器完成存储时，正好是 PLC 刚完成输入刷新，则此时间为 1 个扫描周期 T。t_3 为输入刷新时间，是把输入暂存器的状态读入输入继电器，即用于输入刷新的时间。t_4 为程序执行时间是运行用户程序及公共处理时间。t_5 为输出刷新时间，是把输出继电器的状态传送给输出锁存器，即用于输出刷新的时间。t_6 为输出响应时间，是从输出锁存器状态到实际输出产生的时间，消耗在输出电路上，取决于使用的输出电路及负载。t_3、t_4、t_5 之和为扫描周期 T。

图 1-6 中画出了 T_{x1} 与 T_{x2} 两个响应时间，它们之间的差别是等待时间 t_2 不同。t_2 的最小值为 0，最大值为 T。由此可见，最长响应时间为

$$T_{xmax} = t_1 + 2T + t_6$$

项目中对响应时间太长的信号，可以采用中断方式，中断方式中不包含 t_3、t_4、t_5，不受扫描周期的影响，同时也可把 t_1 的时间设置的短些，以达到快速响应的目的。

五、PLC 的扩展能力

1. 控制容量的可扩展性

可以通过增加扩展模块来实现 I/O 点数的扩展、各种功能模块的扩展，如模拟量、通信、定位、计数、温度等。

2. 存储容量的可扩展性

存储容量的大小决定了用户程序、用户数据的容量，在设计系统时，可以通过添加扩展内存卡来扩展存储容量。

3. 控制区域的扩展

随着 PLC 的应用领域的扩大，已经能够实现 PLC 的 I/O 分布式控制，PLC 的联网等通信功能的扩展。

六、编程元件

PLC 用于工业控制，其实质就是用程序表达控制过程中事物间的逻辑或控制关系。

在 PLC 的硬件系统中，与 PLC 的编程应用关系最直接的是数据存储器。计算机运行处理的是数据，对数据存储在存储区中，要找到有待处理的数据一定要知道数据的存储地址。PLC 和其他计算机一样，为了方便使用，对数据存储器都做了分区，为每个存储单元编排了地址，并且系统程序已经为每个存储单元赋予了不同的功能，形成了专用的存储元件，这就是编程元件的概念。

可编程控制器的内部设置是具有各种各样功能的，编程元件能够很方便地代表控制过程中各种事物的元器件。编程元件的使用要素含元件的启动信号、复位信号、工作对象、设定值及掉电特性等，不同类型的元件涉及的使用要素不尽相同。根据 PLC 生产厂家的不同，编程元件的分类和编号也不同。

编程元件的物理实质就是电子电路及存储器，在 PLC 中，具有不同使用目的的元件，其对应的电路也有所不同。

七、指令功能和编程语言

PLC 有丰富的指令系统，有各种各样的 I/O 接口、通信接口，有大容量的内存，有可靠的操作系统，因而具有丰富的功能。

1. 指令功能

目前，生产 PLC 的厂家很多，各个厂家生产的产品的指令差异很大，还没有一种编程语言是所有 PLC 都兼容的，不同 PLC 产品的指令差异主要体现在指令的表达方式和指令的完整性上。一般来说，各个 PLC 产品的指令都包括基本逻辑指令、控制指令、算术指令等。指令越丰富，越有助于用户编程和调试，比如目前生产的 PLC 都能够支持浮点数、三角函数等指令。PLC 丰富的指令功能使编程更方便、计算结果更精确，缺点是学习和熟练掌握这些指令需要时间。PLC 丰富的指令功能使 PLC 在工业系统的自动化、远程化、信息化及智能化方面得到了广泛应用。常见的 PLC 指令功能如下。

（1）信号采集功能：采集开关信号、模拟信号及脉冲信号。

（2）输出控制功能：控制输出开关信号、模拟信号及脉冲（脉冲链或脉宽可调制的脉冲）信号。

（3）逻辑处理功能：进行各种位、字节、字和双字逻辑的运算。

（4）数据函数运算功能：进行各种字、双字整数运算，或者浮点运算。

（5）定时功能：进行延时、定时控制，时间值最小可以是 ms。

（6）计数功能：进行计数，高速计数频率。

（7）中断处理功能：各种中断，以提高对输入的响应速度与精度。

（8）程序与数据存储功能：存储系统设定、程序及数据，并可保证这些数据在掉电时不丢失。

2. 编程语言

现代 PLC 一般能支持的编程语言包括梯形图、指令表、FBD、SFC、结构化文本等。不同品牌的 PLC、同一品牌的不同系列的 PLC 采用的编程语言都有所不同，要根据实际情况进行选择和使用。

　　PLC 支持的编程语言越多，在编程时就越方便，也更加容易选择符合工艺要求和个人习惯的编程方式。

八、PLC 的分类及特点

1. PLC 的分类

PLC 按照组织结构可分为一体化整体式和结构化模块式。

　　一体化整体式 PLC 的特点是 PLC 电源、中央处理器（CPU）和 I/O 接口都集成在一个机壳里，不能分拆配置，采用的是整体密封，一般适用于低端用户和小型系统。这种 PLC 有西门子的 S7-1200 系列，施耐德公司的 SoMachine 系列，三菱公司的 F1 系列等。一体化整体式 PLC（如西门子 S7-200 系列）如图 1-7 所示。

　　结构化模块式 PLC 的特点是将 PLC 电源、中央处理器（CPU）和 I/O 接口部分分别制作成模块，它们在结构上是相互独立的，在实际工程应用时，可根据实际需要进行配置和选择，包括合适的电源、CPU、输入/输出的数字量和模拟量模块，把它们安装在固定的机架或导轨上，来组成完整的 PLC 应用系统。这种 PLC 有罗克韦尔公司的 ControlLogix 1756 系列、施耐德公司的昆腾 PLC、西门子的 S7-1200 和 S7-1500 等系列。结构化模块式 PLC（如西门子 S7-1200 系列）如图 1-8 所示。

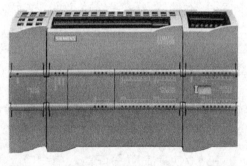

图 1-7　一体化整体式 PLC 西门子 S7-200 系列　　　图 1-8　结构化模块式 PLC 西门子 S7-1200 系列

2. PLC 的特点

　　PLC 的主要特点是在制造时采取了一系列抗干扰措施，具有很高的可靠性，并且，PLC 用户程序是在 PLC 监控程序的基础上运行的，软件方面的抗干扰措施在监控程序里已经考虑得十分周全。此外，PLC 编程软件不仅有语句表编程，还有电气工程师所熟悉的梯形图语言编程，好学易懂。

➡ 第二节　PLC 控制系统的设计方法

　　设计 PLC 控制系统时，按顺序要完成以下操作：系统设计→设备选型→I/O 赋值→设计控制原理图→程序下载到 PLC→调试及修改完善项目程序→监视运行情况→运行程序。具体的任务事项如下。

一、PLC 系统设计

　　设备选型之前，首先要分析工程项目中所要控制的设备和工程的自动控制系统，PLC

在项目中最主要的目的是控制外部系统,这个被控制的外部系统可能是一台单个机器、一个机群或是一个生产过程。所以 PLC 的设备选型要根据被控量和执行机构的特点来选择控制单元的控制功能,包括运算功能、控制功能、通信功能、编程功能、诊断功能和处理速度等特性。

二、PLC 设备选型

在进行 PLC 设备选型时,要计算出所要控制的设备或系统的输入/输出点数(I/O 点数),要特别注意外部输入的信号类型和 PLC 输出要驱动或控制的信号类型要与 PLC 的模块类型相一致,并且符合可编程控制器 PLC 的点数。估算输入/输出点数时,要考虑适当的余量,通常根据统计的输入/输出点数,再增加 10%～20% 的可扩展点数即可。增加完余量后的输入/输出点数,可作为输入/输出点数的估算数据。但在实际订货时,还需根据制造厂商 PLC 的产品特点,对输入/输出点数进行相应的调整。

另外,还需要判断一下 PLC 所要控制的设备或自动控制系统的复杂程度,选择适当的内存容量。存储器容量是 PLC 本身能提供的硬件存储单元的大小,程序容量是存储器中用户应用项目使用的存储单元的大小,因此程序容量应该小于存储器容量。在 PLC 控制系统的设计阶段,由于用户应用程序还未进行编制,因此,程序容量一般不可知,需在程序调试之后才会知道。为了设计在选型时能对程序容量有一定的估算,通常采用存储器容量的估算来替代。存储器内存容量的估算是没有固定公式的,许多文献资料中给出了不同公式,大体上都是按数字 I/O 点数的 10～15 倍,加上模拟 I/O 点数的 100 倍,以此数为内存的总字数(16 位为一个字),另外再按此数的 20%～25% 考虑余量即可,如果程序中有复杂的在线模型计算,则需单独考虑此类情况。

PLC 的电源在整个系统中起着十分重要的作用。如果没有一个良好的、可靠的电源系统是无法正常工作的,因此制造商对电源的设计和制造也十分重视。一般交流电压波动在 ±10% 范围内,可以不采取其他措施而将 PLC 的输入电源直接连接到交流电网上去。

三、I/O 赋值 (分配输入/输出)

PLC 的每一输入点或输出点都对应一个 I 或 O 电路。而且,总是把若干个这样电路集成在一个模块或箱体中,然后再由若干个模块或箱体集成为 PLC 完整的 I/O 系统。

I/O 赋值是使用列表的方式对所要控制的设备或自动控制系统的输入信号进行赋值,与 PLC 的输入编号相对应。同时用列表的方式对所要控制的设备或自动控制系统的输出信号进行赋值,与 PLC 的输出编号相对应,同时检查这些赋值后的列表的准确性。通俗地说,I/O 赋值的功能就是分配输入/输出。

PLC 外部的输入有源型输入与漏型输入 2 种。源型输入是指电流从模块的公共端流入,从 PLC 模块的输入通道流出的接线方式,源型输入的公共端是电源的正极,也就是共阳极的输入方式;漏型输入是指电流经过外部开关,从模块的通道流入到模块内部,再经过内部电路,从公共端流出的接线开关,在漏型输入中,公共端作为电源负极,也就是共阴极的输入方式。

四、设计控制原理图

设计控制原理图即根据工程项目的工艺要求,设计出较完整的控制草图。包括系统的项目任务书、控制对象、控制方式和方法，并根据这个控制图编写项目的控制程序，在达到控制目的的前提下尽量简化程序，并尽可能提高程序的可读性。

五、程序下载到 PLC

程序下载到 PLC，即连接好下载线，进行必要的设置，如波特率等，然后将编制好的项目程序下载到 PLC 中。

六、调试及修改完善项目程序

检查编制程序的逻辑及语法错误，修改完善后，在程序可设置断点的地方局部插入断点，使用仿真中强制变量的方法并结合执行机构的动作分段调试程序，即单机调试。在分段调试程序中，同样要根据工艺的要求对程序进行修改和完善，最后结合执行机构的其他元件的功能进行整机运行调试，即全线联调。

七、监视运行情况

在完成了全线联调后，将 PLC 设置到监视方式下，监视运行的控制程序的每个动作是否符合项目工艺的要求。如果项目运行的动作不正确，则需要返回到调试修改程序的步骤，重新调试直到正确为止。

八、运行程序

连续运行程序，检验自动控制系统的可靠性，完善不足后备份项目程序。

➡ 第三节　西门子 S7-1200 PLC 的硬件系统

在工程应用中，PLC 的硬件可以根据实际需要进行配置，其软件则需要根据工艺和控制要求进行编程设计。PLC 采用的是可编程的存储器，用来在其内部存储执行逻辑运算、顺序控制、定时、计数和算术运算等操作指令，并通过输入和输出，控制各种机械或生产过程。

西门子 PLC 控制器系列包括迷你控制器 LOGO、S7-200、S7-300、S7-400、S7-200 smart、S7-1200、S7-1500，西门子产品与应用和 I/O 能力的关系如图 1-9 所示。

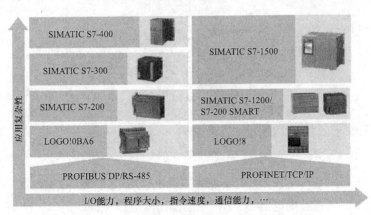

图 1-9　西门子产品与应用和 I/O 能力的关系图

一、西门子 S7-1200 系列 PLC 的介绍

西门子 S7-1200 系列 PLC 可以控制各种自动化应用。西门子 S7-1200 PLC 控制器的设计紧凑、组态灵活，具有功能强大的指令集，西门子 S7-1200 PLC 的 CPU 将微处理器、集成电源、输入和输出电路、内置 PROFINET、高速运动控制 I/O 以及板载模拟量输入进行了组合，从而形成了功能强大的控制器。有关西门子 S7-1200PLC 的工作模式请扫二维码观看视频。

西门子 S7-1200 PLC 的控制器下载用户程序后，CPU 将具有监控应用中的设备所需的逻辑，并且 CPU 将根据用户程序逻辑监视输入并更改输出。

用户编写的程序可以包含布尔逻辑、计数、定时、复杂数学运算以及与其他智能设备的通信。

二、西门子 S7-1200 PLC 的 CPU

西门子 S7-1200 PLC 的特点包括集成的以太网接口、以宽幅 AC 或 DC 电源形式集成的电源（85～264V AC 或 24V DC）、集成 24V DC 数字量输出或继电器、集成 24V DC 数字量输入、集成 0～10V AC 模拟量输入、频率高达 100 kHz 的脉冲序列（PTO）输出、频率高达 100 kHz 的脉宽调制（PWM）输出、频率高达 100 kHz 的高速计数器（HSC）、通过连接附加通信模块（如 RS-485 或 RS-232）实现了模块化和可裁剪性、通过信号板直接在 CPU 上扩展模拟量或数字量信号实现了模块化和可裁剪性（同时保持 CPU 原有空间）、通过信号模块的大量模拟量和数字量输入和输出信号实现模块化和可裁剪性（CPU 1211C 除外）、可选的存储器（SIMATIC 存储卡）、PLC open 运动控制，用于简单的运动控制、带自整定功能的 PID 控制器、集成实时时钟、密码保护、时间中断、硬件中断、库功能、在线/离线诊断、所有模块上的端子都可拆卸。有关西门子 S7-1200 PLC 的 CPU 布局的扩展内容请扫二维码观看视频。

其中，西门子 S7-1200 PLC 的中央处理单元 CPU 包括 CPU 1211C、CPU 1212C、CPU 1214C、CPU 1215C 22 和 CPU 1217C，西门子 S7-1200 PLC 的 CPU 部件结构说明如图 1-10 所示。

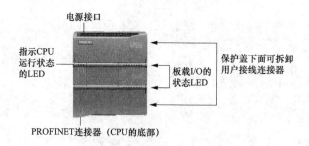

图 1-10　西门子 S7-1200 PLC 的 CPU 部件结构说明

西门子 S7-1200 PLC 的 CPU 上可以安装一块 1AO 或 2DI/2DO 信号板，后者可用于高速输入、高速输出，可弥补继电器型 CPU 不能输出高速脉冲的缺陷。

西门子 S7-1200 PLC 的 CPU 技术规范见表 1-1。

表 1-1 西门子 S7-1200 PLC 的 CPU 技术规范

特性	CPU1211C	CPU1212C	CPU1214C
本机数字 I/O 点数	6I/4O	8I/6O	14I/10O
本机模拟量输入点	2	2	2
脉冲捕获输入点数	6	8	14
扩展模块个数	—	2	8
上升沿/下降沿中断点数	6/6	8/8	12/12
集成/可扩展的工作存储器 集成/可扩展的装载存储器	25KB/不可扩展 1MB/24MB	25KB/不可扩展 1MB/24MB	50KB/不可扩展 2MB/24MB
高速计数器点数/最高频率	3 点/100kHz	3 点/100kHz 1 点/30kHz	3 点/100kHz 3 点/30kHz
高速脉冲输出点数/最高频率	2 点/100kHz（DC/DC/DC 型）		
操作员监控功能	无	有	有
传感器电源输出电流/mA	300	300	400
外形尺寸/mm×mm×mm	90×100×75	90×100×75	11×100×75

西门子 S7-1200 PLC 的 CPU 电源有 3 种版本，见表 1-2。

表 1-2 西门子 S7-1200 PLC 的 CPU 电源

版本	电源电压	DI 输入电压	DO 输出电压	DO 输出电流
DC/DC/DC	DC 24V	DC 24V	DC 24V	0.5A，MOSFET
DC/DC/Relay	DC 24V	DC 24V	DC 5～30V AC 5～250V	2A，DC 30W/AC 200W
AC/DC/Relay	AC 85～264V	DC 24V	DC 5～30V AC 5～250V	2A，DC 30W/AC 200W

西门子 S7-1200 的 RPOFINET 连接器的接口在 CPU 的底部，目前各品牌的 PLC 都具有可靠的 I/O 系统及各种接口，这使得 PLC 非常有用、好用和耐用，给 PLC 带来了无限的生命力。

三、西门子 S7-1200 PLC 的输入/输出模块

PLC 输入/输出（I/O）模块的类型越多，规格越全，功能越强，性能越好，PLC 就越容易配置成各种各样的系统，可以满足各种领域不同行业的需要。输入模块具有信号采集功能，可采集开关信号、模拟信号及脉冲信号。输出模块的输出控制功能可以控制输出开关信号、模拟信号及脉冲（脉冲链或脉宽可调制的脉冲）信号。

（一）PLC 的开关量输入/输出（I/O）接口

开关量的输入/输出（I/O）接口是与工业生产现场控制电器相连接的接口。

开关量的输入/输出接口采用光电隔离和 RC 滤波，实现了 PLC 的内部电路与外部电路的电气隔离，并减小了电磁干扰。同时满足工业现场各类信号的匹配要求。

比如开关量输入接口电路采用光电耦合电路，将限位开关、手动开关、编码器等现场输入设备的控制信号转换成 CPU 所能接受和处理的数字信号。

1. 输入接口

输入接口是用来接收、采集外部输入的信号，并将这些信号转换成 CPU 可接受的数字

信息。

输入接口电路可采集的信号有三大类，包括无源开关、有源开关和模拟量信号。按钮、接触器触点、行程开关等属于无源开关；而接近开关、晶体管开关电路等属于有源开关。模拟量信号则是由电位器、测速发电机和各类变送器所产生的信号。

根据采集信号可接纳的电源种类的不同，输入接口电路又可以分为直流输入接口、交流输入接口和交直流输入接口 3 类。

交流输入接口的等效电路，如图 1-11 所示。

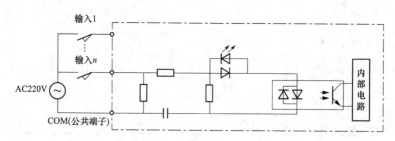

图 1-11　交流输入接口的等效电路

直流输入接口的等效电路如图 1-12 所示。

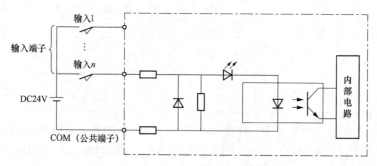

图 1-12　直流输入接口的等效电路

其中，输入 1～输入 n 是输入端子，COM 是公共端。

2. 输出接口

输出接口电路是 PLC 与外部负载之间的桥梁，能够将 PLC 向外输出的信号转换成可以驱动外部执行电路的控制信号，以便控制如接触器线圈等器件的通断电。

开关量输出接口电路有继电器输出、晶闸管输出和晶体管输出 3 种输出形式。

继电器输出的响应速度慢，带负载能力大，每个口输出的最大电流为 2A，可接交流或直流负载，但吸合频率较慢。继电器线圈与内部电路（输出锁存器等）相接，继电器触点则直接用于连接用户电路。这里的继电器还起到 PLC 与外电路隔离的作用，继电器输出接外部的接触器线圈时，建议在接触器线圈加装浪涌抑制元件，这样可以减少线圈吸合时的浪涌电流，继电器输出接口的等效电路如图 1-13 所示。

晶闸管输出比较适中，可以连接交流负载，晶闸管输出接口的等效电路如图 1-14 所示。

晶体管输出的响应速度快，带负载能力小，每个口输出的最大电流为几十毫安，有源型与漏型两种，可以连接直流负载。晶体管输出接口的等效电路如图 1-15 所示。

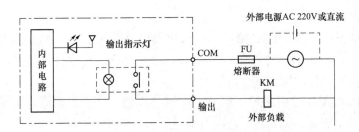

图 1-13 继电器输出接口的等效电路

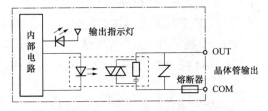

图 1-14 晶闸管输出接口的等效电路

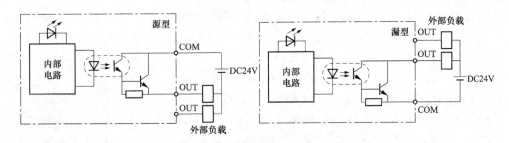

图 1-15 晶体管输出接口的等效电路

晶体管输出的内部电路与输出在电路上是隔离的，但通过光的耦合建立联系。

晶闸管虽然通过的电流比较大，但只能用于交流负载。其响应速度一般比继电器快，但当从 ON 到 OFF 时，要比晶体管慢。

（二）输入/输出映像

PLC 输入映像寄存器和输出映像寄存器，就像是连接外部物理输入点和物理输出点的桥梁，每个扫描周期输入/输出映像寄存器都刷新一次。

1. 输入映像

开关量的输入接口属于物理输入，指的是外部输入给 PLC 的信号，如传感器、按钮、位置开关等。在每一个扫描周期结束后，外部物理输入点的实际状态将映射到输入映像寄存器中。通俗点说，PLC 并不知道这些物理输入元件究竟是什么，因此就需要引入输入映像来解决这个问题。

输入映像就好像是外部输入端子的影像，当外部有信号输入时，它相对应的输入映像寄存区域就为 1，当外部信号没有信号输入时，它对应的输入映像寄存区域就为 0。这样，PLC 就可以直接通过扫描输入映像寄存区来了解外部端子的通断状态。

2. 输出映像

开关量的输出接口和输入接口一样，也是属于物理输出，指的是 PLC 输出给外部连接元件的信号，如电磁阀、指示灯等。在每一个扫描周期结束后，将输出映像寄存器的状态，映射到外部物理输出点。

和输入映像的情况一样，PLC 中引入的输出映像和物理输出也是对应的关系，当相对应的输出映像是 1 时，这个输出映像所对应的输出端子就接通；而当相对应的输出映像是 0 时，这个输出映像所对应的输出端子就断开。

简单地说，PLC 工作过程是输入刷新、运行用户程序、输出刷新，再输入刷新、再运行用户程序、再输出刷新，就这样循环反复地进行着。

（三）西门子 S7-1200 PLC 的 SM 输入/输出扩展模块

西门子 S7-1200 PLC 的 SM 模块最多可以扩展 8 个数字量和模拟量信号模块，SM 输入/输出扩展模块信号模块包括 SM 1221 数字量输入模块、SM 1222 数字量输出模块、SM 1223 数字量输入/直流输出模块、SM 1223 数字量输入/交流输出模块、SM 1231 模拟量输入模块、SM 1232 模拟量输出模块、SM 1231 热电偶和热电阻模拟量输入模块和 SM 1234 模拟量输入/输出模块。

（四）西门子 S7-1200 PLC 的 SB 输入/输出扩展信号板

西门子 S7-1200 PLC 的 SB 输入/输出扩展信号板包括 SB 1221 数字量输入信号板、SB 1222 数字量输出信号板、SB 1223 数字量输入/输出信号板、SB 1231 热电偶和热电阻模拟量输入信号板、SB 1231 模拟量输入信号板、SB 1232 模拟量输出信号板。

（五）西门子 S7-1200 PLC 的通信模块

西门子 S7-1200 PLC 的 CPU 最多可以扩展 3 个通信模块，支持 PROFIBUS 主从站通信，RS-485 和 RS-232 通信模块为点到点的串行通信模块。

西门子 S7-1200 PLC CPU 的功能模块包括 CM 1241 通信模块、CSM 1277 紧凑型交换机模块、CM1243-5 PROFIBUS DP 主站模块、CM1242-5 PROFIBUS DP 从站模块、CP1242-7 GPRS 模块、TS 模块、CM1278 I/O 主站模块、CB（信号板）1241 RS-485 通信信号板。

四、西门子 S7-1200 PLC 存储卡的深入理解

西门子 S7-1200 PLC 的 CPU 使用的存储卡为 SD 卡，存储卡中可以存储用户项目文件，可以作为 CPU 的装载存储区，用户项目文件可以只存储在卡中，这样 CPU 中就没有项目文件，离开存储卡则无法运行。有关存储卡的功能和使用的扩展内容请扫二维码观看视频了解。

存储卡在没有编程器的情况下，可以作为向多个西门子 S7-1200 PLC 传送项目文件的介质。

忘记密码时，存储卡可以用来清除 CPU 内部的项目文件和密码，4.24MB 卡可以用于更新西门子 S7-1200 PLC CPU 的固件版本。

（一）西门子 S7-1200 PLC 存储卡的使用要点

（1）对于西门子 S7-1200 PLC 来说存储卡不是必需的配件。

（2）不要选择带电插拔、安装存储卡。

（3）西门子 S7-1200 PLC 只支持由西门子制造商预先格式化过的存储卡。

（4）不要使用计算机对 SIMATIC 存储卡重新进行格式化，否则 CPU 将无法使用该格式化的存储卡。

（5）如果对存储卡模式不进行先期设置，默认即为程序卡，而不是传输卡或固件更新卡。

（6）不管存储卡是否为空白卡，只要插入 CPU，则 CPU 装载存储器将被清空。空白卡

会把 CPU 装载存储区原内容复制到该空白卡使其成为程序卡；而非空白卡仅清空 CPU 装载存储区，自身内容将保留。如果是人为清除该卡，则注意需要将该卡设置为程序卡后方能用于清除程序。

（7）读取存储卡的内容时，只能通过电脑或者其他读卡器，如果先插在 CPU 上再连接计算机是无法读取到的。

（8）设置存储卡的模式需要在博途 V15 软件中，可以清除存储卡上的内容但不要进行格式化，可以通过 Windows 资源管理器来删除。

PLC 存储系统的信息交换如图 1-16 所示。

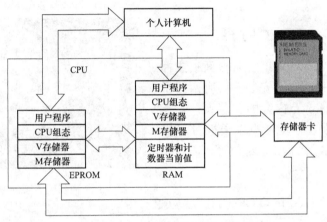

图 1-16　PLC 存储系统的信息交换

西门子 S7-1200 PLC 的存储卡为用户指令和数据提供了 150KB 的共用工作内存，同时还提供了 4MB 的集成装载内存和 10KB 的掉电保持内存。

SIMATIC 存储卡是可选件，通过不同的设置可以具备编程卡、传送卡和固件更新卡 3 种功能。可以使用存储卡将用户程序复制到多个 CPU 当中，也可以用存储卡来存储各种文件或更新 PLC 控制器系统的固件。

（二）存储卡的安装

将 CPU 上挡板向下掀开，可以看到右上角有一个 MC 卡槽，将存储卡缺口向上插入即可，如图 1-17 所示，若缺口向下，是安装不上的。

图 1-17　安装存储卡

五、西门子 S7-1200 PLC 的电源

PLC 的电源模块能够将外部输入的电源经过处理后，转换成能够满足 CPU、存储器、输入/输出接口等内部电路工作所需要的直流电源。

PLC 的直流电源通常采用直流开关稳压电源，不仅可以提供多路独立的电压，供内部电路使用，而且还可以为输入设备（传感器）提供标准电源。与普通电源相比，PLC 电源的稳定性好、抗干扰能力强。因此，对于电网提供的电源稳定度要求不高，一般允许电源电压在其额定值±15％的范围内波动。

PLC 根据型号的不同，有的采用交流供电，有的采用直流供电。交流一般为单相220V，有的型号采用交流100V，直流电源一般为24VDC。

对于整体化一体机结构的 PLC，电源通常封装在机箱内部；对于组合式的 PLC，有的采用单独电源模块，有的将电源与 CPU 封装到一个模块中。许多 PLC 还向外提供直流 24V 稳压电源，用于对外部传感器的供电需求。

西门子 S7-1200 PLC 的 CPU 有一个内部电源，用于为 CPU、信号模块、信号板和通信模块供电，还可用于满足其他 24V DC 用户的功率要求。

西门子 S7-1200 PLC 自带的传感器电源可以为输入点、信号模块上的继电器线圈提供24V DC 电源。

六、西门子 S7-1200 PLC 的安装

西门子 S7-1200 PLC 可以安装在面板或标准导轨上，可以水平或垂直安装，所有西门子S7-1200 PLC 的硬件都有内置的安装夹，安装在 35mm DIN 导轨上。模块的端子板可以拆卸，在接线时非常的方便，西门子 S7-1200 PLC 的端子板如图 1-18 所示。

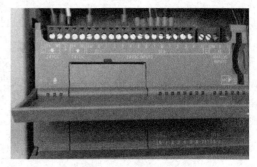

图 1-18　西门子 S7-1200 PLC 的端子板

七、西门子 S7-1200 PLC CPU 的扩展功能

西门子 S7-1200 系列 PLC 除了本体 CPU 之外，左右两侧都可以加装扩展模块，如点到点模块、PROFIBUS DP 模块、交换机模块、AS-I 模块等。右侧一般为 I/O 扩展模块，如常见的 DI、DQ、AI 和 AQ，还有称重模块等。这些模块和插入式板，用于通过附加 I/O 或其他通信协议来扩展 CPU 的功能，扩展的通信模块安装在 CPU 本体的左侧，信号板和信号模板安装在右侧。西门子 S7-1200 PLC CPU 的扩展如图 1-19 所示。

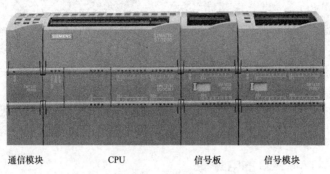

| 通信模块 | CPU | 信号板 | 信号模块 |

图 1-19　西门子 S7-1200 PLC CPU 的扩展

如果需要一些简单扩展或者需要节省空间，可以通过插入信号板来实现。西门子 S7-1200 PLC CPU 的扩展模块如图 1-20 所示。

八、源型输入和漏型输入的接线

源型输入是指电流从模块的公共端流入，从 PLC 模块的输入通道流出的接线方式。源型输入的公共端是电源的正极，也就是共阳极的输入方式。源型输入的接线如图 1-21 所示。

图 1-20　西门子 S7-1200 PLC CPU 的扩展模块

　　漏型输入是指电流经过外部开关，从模块的通道流入到模块内部，再经过内部电路，从公共端流出的接线方式。漏型输入的公共端是电源的负极，也就是共阴极的输入方式。漏型输入的接线如图 1-22 所示。

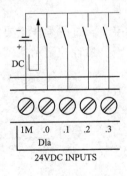
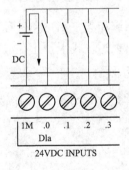

图 1-21　源型输入的接线　　图 1-22　漏型输入的接线

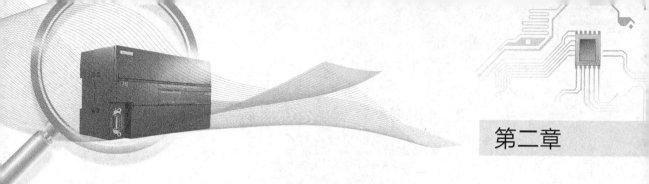

第二章

西门子编程软件博途TIA Portal

◆ 第一节　西门子博途 TIA Portal 的软件介绍

TIA Portal 全集成自动化软件西门子博途 TIA Portal 的简称，是西门子工业自动化集团发布的一款全新的全集成自动化软件。它是业内首个采用统一的工程组态和软件项目环境的自动化软件，几乎适用于所有自动化任务。借助这个全新的工程技术软件平台，用户能够快速、直观地开发和调试自动化系统。有关 TIA 软件的介绍请扫二维码了解。

TIA Portal 的显著特性是全面开放，与标准的用户程序结合非常容易，方法简便。

WinCC（TIA Portal）是使用 WinCC Runtime Advanced 或 SCADA 系统 WinCC RuntimeProfessional 可视化软件组态 SIMATIC 面板、SIMATIC 工业 PC 以及标准 PC 的工程组态软件。

TIA Portal 适用于 SIMATIC S7-1200，也选用于 SIMATIC HMI Basic Panel，TIA Portal 能够对 SIMATIC S7-1200 控制器进行组态和编程。

另外，TIA Portal 包含 SIMATIC WinCC Basic，可用于 SIMATIC Basic Panel 组态配置。

一、TIA Portal 中的可视化和安装环境要求

人机界面 HMI 系统相当于用户和过程之间的接口。过程操作主要由 PLC 控制，用户可以使用 HMI 设备来监视过程或干预正在运行的过程。过程控制示意图如图 2-1 所示。

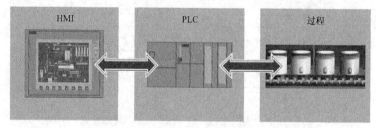

图 2-1　过程控制示意图

过程控制可以显示过程、操作过程、输出报警和管理过程参数。

安装 TIA Portal V15 的计算机配置要求如下。

（1）处理器：CoreTM i5-3320M 3.3GHz 或者相当。

（2）内存：至少 8G。

（3）硬盘：300GB SSD。

（4）图形分辨率：最小 1920×1080。

（5）显示器：15.6in（1in＝2.54cm）宽屏显示（1920×1080）。

二、TIA Portal 的启动和退出

启动 TIA Portal 时，可以双击桌面上的图标进行启动，也可以在 Windows 中，选择【开始】→【程序】→【Siemens Automation】→【TIA Portal V15】进行启动。TIA Portal 打开时会使用上一次的设置。

退出 TIA Portal 时，要在【项目】菜单中选择【退出】命令，如果该项目包含任何尚未保存的更改，系统将询问是否要保存这些更改。如果选择【是】，更改会保存在当前项目中，然后关闭 TIA Portal；如果选择【否】，则仅关闭 TIA Portal 而不在项目中保存最近的更改；如果选择【取消】则取消关闭过程，TIA Portal 将仍保持打开状态。

三、TIA Portal V15 的用户界面的视图

在 TIA Portal V15 构建的自动化项目中可以使用 3 种不同的视图，即 Portal 视图、项目视图和库视图，可以在 Portal 视图和项目视图之间进行切换。库视图中将显示项目库和打开的全局库的元素。有关博途界面的介绍请扫描二维码了解。

（一）TIA Portal 视图

TIA Portal 视图提供的是面向任务的工具视图。使用 TIA Portal 可以快速确定要执行什么操作并为当前任务调用工具。TIA Portal 视图可以快速浏览项目任务和数据，并能通过各个 TIA Portal 访问处理关键任务所需的应用程序功能。TIA Portal 视图的布局如图 2-2 所示。

图 2-2　TIA Portal 视图的布局

1. 登录选项

登录选项为每个任务区提供了基本功能。在 TIA Portal 视图中的登录选项和所安装的产品相关。

2. 登录选项对应的操作

所选登录选项中的操作包括打开现有项目、创建新项目、移植项目、关闭项目、欢迎光临、新手上路、已安装的产品、帮助和用户界面语言。用户可以在每个登录选项中调用上下文相关的帮助功能。

3. 所选操作的选择面板

所有登录选项均有相对应的选择面板。选择面板的内容与当前选择相对应。

4. 切换到项目视图

单击【项目视图】，可以连接并切换到项目视图。

5. 当前打开项目的显示区域

查看当前打开项目的显示区域，用户可以了解当前打开的具体项目。

（二）项目视图的布局

TIA Portal V15 的项目视图是项目所有组件的结构化视图，项目视图中有各种编辑器，可以用来创建和编辑相应的项目组件。

TIA Portal V15 项目视图的功能区域包括标题栏、工具栏、菜单栏、工作区、巡视窗口、项目树、硬件目录、切换到 Portal 视图、编辑器栏带有进度条的状态栏等，项目视图的布局如图 2-3 所示。使用组合键"<Ctrl>＋1～5"能够改变窗口布局，即打开或关闭项目树、详细视图等窗口。

图 2-3　项目视图的布局

1. 标题栏

标题栏中显示的是项目的名称，这里显示的是【指令的应用项目】。

2. 菜单栏

菜单栏包含工作所需的全部命令，分为主菜单和子菜单。在编程软件 TIA Portal V15

的窗口上的菜单大体分为两种菜单，即下拉菜单与弹出菜单。

（1）下拉菜单。下拉菜单的各项内容提要显示在软件窗口的上方，单击其中任何一项，将显示出下拉的子菜单，"下拉"菜单因而得名。

（2）弹出菜单。在不同窗口或不同位置右击鼠标时，都会弹出一个菜单，此即弹出菜单。所弹出菜单的内容，依右击鼠标时所在的窗口或位置不同而有所不同。在弹出菜单出现后，在相应选项上单击即可进入相应操作。

3. 工具栏

TIA Portal V15 的工具栏上的常用命令按钮用于快速访问软件中的命令。工具栏是以图表的形式显示在窗口下拉菜单的下方。工具条是分组的，每组含若干项，每个项都有一个比较形象的图标，与具体的菜单项对应。用单击这个图标与单击对应的菜单项的效果是相同的。但使用工具栏比使用菜单项要更方便一些。显示工具条要占用窗口的面积，故可以不使用工具条，也可以在相应的菜单项中选择不显示工具栏，TIA Portal V15 中，可在【选项】中设置工具条显示与否。

4. 切换到 Portal 视图

单击【Portal 视图】，可以连接并切换到 Portal 视图。

5. 编辑器栏

编辑器栏显示打开的编辑器。如果已打开多个编辑器，它们将组合在一起显示。用户可以使用编辑器栏在打开的元素之间进行快速切换。

6. 带有进度显示的状态栏

在状态栏中，将显示当前正在后台运行的进度条。其中还包括一个图形方式显示的进度条。将鼠标指针放置在进度条上，系统将显示出工具提示，描述正在后台运行的其他信息。单击进度条边上的按钮，可以取消后台正在运行的过程。

如果当前没有任何过程在后台运行，则状态栏中会显示最新生成的报警。

7. 项目树的功能

使用【项目树】功能可以访问所有组件和项目数据。可以在项目树中执行的任务包括添加新组件、编辑现有组件、扫描和修改现有组件的属性。

可以通过鼠标或键盘输入指定对象的第一个字母，来快速选择项目树中的对象。

在项目树的标题栏有一个按钮 ，用于自动和手动折叠项目树。手动折叠时，这个按钮将"缩小"到左边界。此时箭头会从指向左侧的箭头变为指向右侧的箭头 ，并可用于重新打开项目树。还可以使用"自动折叠"按钮自动折叠项目树，展开与折叠的项目树如图 2-4 所示。

 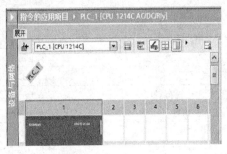

图 2-4　展开与折叠的项目树

四、键盘快捷键

TIA Portal V15 中的键盘快捷键即系列按键组合，可用于项目快速编辑。

1. 编辑项目

编辑项目的键盘快捷键见表 2-1。

表 2-1　　　　　　　　　　　　　　　编辑项目的键盘快捷键

功能	按键组合	菜单命令
打开项目	<Ctrl+O>	项目→打开（Project→Open）
关闭项目	<Ctrl+W>	项目→关闭（Project→Close）
保存项目	<Ctrl+S>	项目→保存（Project→Save）
以另一个名称保存项目	<Ctrl+Shift+S>	项目→另存为（Project→Save as）
打印项目	<Ctrl+P>	项目→打印（Project→Print）
编译项目	<Ctrl+B>	编辑→编译（Edit→Compile）
撤销上一次操作	<Ctrl+Z>	编辑→撤销（Edit→Undo）
重复上一次操作	<Ctrl+Y>	编辑→重复（Edit→Redo）

2. 在项目内编辑对象

在项目内编辑对象的键盘快捷键见表 2-2。

表 2-2　　　　　　　　　　　　在项目内编辑对象的键盘快捷键

功能	按键组合	菜单命令
重命名项目	<F2>	编辑→重命名（Edit→Rename）
在某区域中高亮显示所有对象	<Ctrl+A>	编辑→全选（Edit→Select all）
复制对象	<Ctrl+C>	编辑→复制（Edit→Copy）
剪切对象	<Ctrl+X>	编辑→剪切（Edit→Cut）
粘贴对象	<Ctrl+V>	编辑→粘贴（Edit→Paste）
删除对象	<Del>	编辑→删除（Edit→Delete）
查找对象	<Ctrl+F>	编辑→查找和替换（Edit→Find and replace）
替换对象	<Ctrl+H>	—

3. 打开和关闭窗口

打开和关闭窗口的键盘快捷键见表 2-3。

表 2-3　　　　　　　　　　　　打开和关闭窗口的键盘快捷键

功能	按键组合	菜单命令
打开/关闭项目树	<Ctrl+1>	视图（View）→项目树（Project tree）
打开/关闭详细视图	<Ctrl+4>	视图（View）→详细视图（Details view）
打开/关闭总览	<Ctrl+2>	视图（View)→总览（Overview）
打开/关闭任务卡	<Ctrl+3>	视图（View）→任务卡（Task card）
打开/关闭巡视窗口	<Ctrl+5>	视图（View）→巡视窗口（Inspector window）
所有编辑器	<Ctrl+Shift+F4>	窗口（Window）→全部关闭（Close all）
打开快捷菜单	<Shift+F10>	—
恢复活动窗口布局	<Alt+Shift+0>	窗口→恢复窗口布局
加载窗口布局	<Alt+Shift+［窗口布局编号］>	窗口→窗口布局1～5

4. 项目树中的键盘快捷键

项目树中的键盘快捷键见表 2-4。

表 2-4 项目树中的键盘快捷键

功能	按键组合
跳转到项目树的起始处	<Home>或<Page Up>
跳转到项目树的结束处	<End>或<Page Down>
打开文件夹	<右箭头>
关闭文件夹	<左箭头>

5. 表格中的键盘快捷键

项表格中的键盘快捷键见表 2-5。

表 2-5 表格中的键盘快捷键

功能	按键组合
将单元格置于编辑模式	<F2>或<回车键>
打开单元格中的下拉列表	<回车键>
关闭单元格中的下拉列表	<Esc>

6. 在表格中导航

在表格中导航的键盘快捷键见表 2-6。

表 2-6 在表格中导航的键盘快捷键

功能	按键组合
转到下一个单元格	<箭头键>
转到右侧的下一个可编辑单元格	<Tab>
转到左侧的下一个可编辑单元格	<Shift+Tab>
屏幕上移	<PgUp>
屏幕下移	<PgDn>
转到行中第一个单元格	<Home>
转到行中最后一个单元格	<End>
转到表格中第一个单元格	<Ctrl+Home>
转到表格中最后一个单元格	<Ctrl+End>
转到列中顶部单元格	<Ctrl+上箭头>
转到列中底部单元格	<Ctrl+下箭头>

7. 高亮显示表格中的区域

高亮显示表格中的区域的键盘快捷键见表 2-7。

表 2-7 高亮显示表格中的区域的键盘快捷键

功能	按键组合
高亮显示列	<Ctrl+空格键>
高亮显示行	<Shift+空格键>
高亮显示所有单元格	<Ctrl+A>

功能	按键组合
高亮显示以扩展单元格	<Shift＋箭头键>
将高亮显示扩展到第一个可见单元格	<Shift＋PgUp>
将高亮显示扩展到最后一个可见单元格	<Shift＋PgDn>
将高亮显示扩展到第一行	<Ctrl＋Shift＋上箭头>
将高亮显示扩展到最后一行	<Ctrl＋Shift＋下箭头>
将高亮显示扩展到行中第一个单元格	<Ctrl＋Shift＋左箭头>
将高亮显示扩展到行中最后一个单元格	<Ctrl＋Shift＋右箭头>

8. 用于文本编辑的键盘快捷键

用于文本编辑的键盘快捷键见表 2-8。

表 2-8　　　　　　　　　　　用于文本编辑的键盘快捷键

功能	按键组合
切换到插入模式或覆盖模式	<Insert>
退出编辑模式	<Esc>
删除	<Del>
删除字符	<Backspace>

第二节　创建 TIA Portal V15 的新项目

本书的第一章详细介绍了 PLC 的硬件和工作原理，若要组建一个 S7-1200 PLC 的控制系统，需要针对应用的工艺要求来确定要用到 PLC 的哪些功能以及多大的控制规模，并根据用到的功能及控制规模，选择相应的型号，并做好系统配置，然后进行电气设计，采购设备，按电气设计要求安装和接线，编程和调试，并做好日常维护工作。

编程时首先要了解工艺过程，把各 I/O 点分配给各个设备元器件，分配时既要考虑防干扰及缩短接线位置的距离，又要照顾编程时地址的关联性，设计算法，编写和下载程序。

调试程序时，可以首先采用仿真进行逻辑的调试，再进行现场系统的调试，调试完成后，要对程序定型与存档，必要时还要进行程序的改进与完善。

本节主要介绍如何使用 TIA Portal V15 组建并保存一个新项目。

一、创建新项目

创建一个新项目，双击 图标打开 TIA Portal V15 编程软件操作系统，单击【启动】→【创建新项目】，在【创建新项目】中输入项目名称、安装项目的路径、作者和项目注释后，单击【创建】，如图 2-5 所示。

创建好的新项目的后缀名与 TIA Portal 的版本号相关，本书安装的版本为 V15，所以创建项目的后缀名为 .ap15。

也可以通过单击【打开现有项目】来打开一个已有项目，单击【关闭项目】可以结束现有操作。

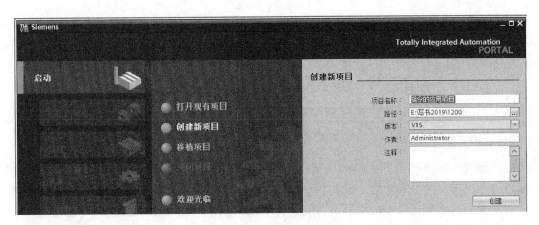

图 2-5　创建 TIA 的新项目

二、移植项目

单击【项目】→【移植项目】，在【移植项目】页面单击 [...] 后，选择要移植的项目，单击【打开】后，再单击【移植】按钮，即可打开一个旧项目。移植项目的操作如图 2-6 所示。

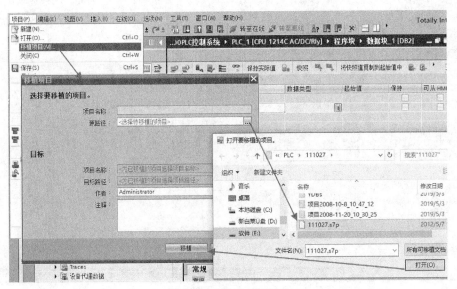

图 2-6　移植项目的操作

三、保存项目

创建完成的新项目要进行项目的保存，即在【项目】菜单中，选择【保存】。

保存项目是对项目的所有更改都以当前项目的名称进行保存。如果要编辑 TIA Portal 较早版本的旧项目，则保存的项目的文件扩展名还是会保持之前已有的扩展名称，故还能在 TIA Portal 的较早版本中编辑这个项目。

四、项目另存为

读者可以将修改或创建的新项目保存为其他名称的项目，方法是在【项目】菜单中，选

27

择【另存为】命令，这样就将打开【将当前项目另存为】对话框，然后在【保存在】框中选择项目文件夹，在【文件名】框中输入新项目的名称后，单击【保存】即可。

→ 第三节 西门子 S7-1200 PLC 项目的硬件组态

一、TIA Portal V15 的硬件和网络编辑器

硬件和网络编辑器是 TIA Portal V15 的一个集成开发环境，用于对项目中配置的设备和模块进行组态、联网和参数分配。

双击【项目树】→【设备网络】可打开硬件和网络编辑器，其结构如图 2-7 所示。

图 2-7 硬件和网络编辑器的结构

硬件和网络编辑器包括设备视图、巡视窗口和总览窗口。

（一）设备视图

双击 TIA Portal V15 项目中【项目树】→【设备组态】，在组态区域中，可以使用切换开关来实现设备视图、网络视图和拓扑视图的转换，这里单击【设备视图】，在设备视图中能够看到 S7-1200 PLC 的可添加模块数量。CPU 左侧可以添加 3 个扩展模块，右侧可以添加 8 个扩展模块，设备视图如图 2-8 所示。

在【设备视图】的图形区域显示的是项目中添加的设备，可以使用鼠标更改设备视图图形区域与表格区域之间的间距。使用工具栏中的按钮，可以更改水平方向和垂直方向的分

隔。在图形区域和表格区域间单击，并在按住鼠标按钮的同时，左右移动分隔线更改间距大小，变更分割线的位置。通过快速拆分器（两个小箭头键），单击用来最小化表格视图或恢复上一次选择的拆分。

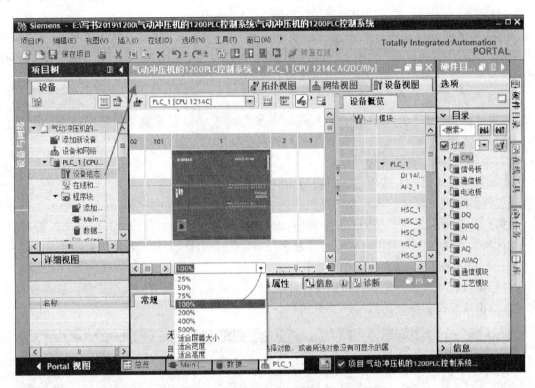

图 2-8　设备视图

1. 设备视图的工具栏

通过工具栏中的下拉列表，可以在【设备视图】中切换项目配置的设备，工具栏的图标和功能见表 2-9。

表 2-9　　　　　　　　　　　　　　工具栏的图标和功能

图标	功　　能
	切换到网络视图，可以通过下拉列表在设备视图中切换当前设备
	显示拔出模块的区域
	打开对话框，可以手动给 PROFINET 设备命名，为此，I/O 设备必须已插入并与 I/O 系统在线连接
	显示模块标签。选择所需的标签，并单击所选的文本字段或按［F2］就可以编辑标签
	启用分页预览。打印时将在分页的位置处显示虚线
	可以使用缩放图标进行增量放大（＋）或缩小（一），或者拖动某个区域框来进行放大，使用信号模块，能够以 200％或更高的缩放级别来识别 I/O 通道的地址标签
	横向和纵向更改编辑视图中图形区域和表格区域的分隔
	保存当前的表格视图。表格视图的布局、列宽和列隐藏属性被保存

2. 图形区域

【设备视图】的图形区域显示的是项目的硬件组件，大型项目可以组态一个或多个机架，

29

对于带有机架的设备，要将硬件目录中项目的硬件对象安装到相应机架的插槽当中。

在图形区域的底部边缘处是用于控制视图的操作员控件，可以使用下拉列表选择缩放级别，还可以将值直接输入到下拉列表的字段中，也可以使用滚动条来设置缩放的级别，右下角的图标是用来重新定焦窗口中的图形区域的。

3. 总览导航

单击总览导航⬛可在图形区域总览所创建的对象。按住鼠标按钮，可以快速总览导航到所需的对象并在图形区域中显示项目中组态的设备。

4. 表格区域

通过【设备视图】的表格区域，可以总览所用的模块以及最重要的技术数据和组织数据，还可以使用表格标题栏中的快捷菜单调整表格显示。

（二）巡视窗口

巡视窗口有【属性】选项卡、【信息】选项卡和【诊断】选项卡。

【属性】选项卡显示所选对象的属性，用户可以在此处更改可编辑的属性。

【信息】选项卡显示有关所选对象的附加信息以及执行操作（如编译）时发出的报警。

【诊断】选项卡中将提供有关系统诊断事件，已组态消息事件以及连接诊断的信息。

（三）总览窗口

总览窗口有3种显示形式，可以按照详细视图、列表视图和图标视图来显示总览窗口的内容。单击【总览】按钮可以显示总览内容。总览窗口如图2-9所示。

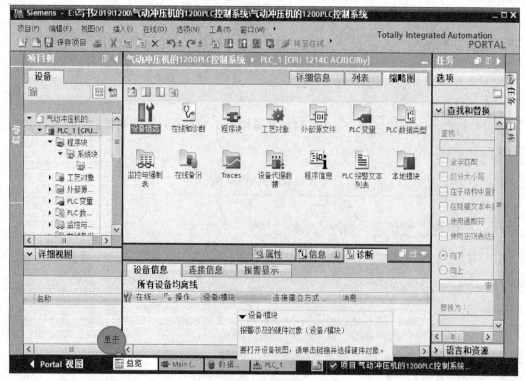

图2-9　总览窗口

在详细视图中，对象显示在一个含有附加信息的列表中。

在列表视图中，对象显示在一个简单列表当中的。

在图标视图中，以图标的形式显示对象。

在工具栏中，单击 TIA Portal V15 工具条的【窗口】，在下拉列表中可以选择拆分总览窗口的方式，如图 2-10 所示。

图 2-10　拆分总览窗口的工具条列表

二、添加 CPU 与更换 CPU 的实战

创建完新项目后，单击【打开】即可进入该项目，新创建项目的组态页面如图 2-11 所示。

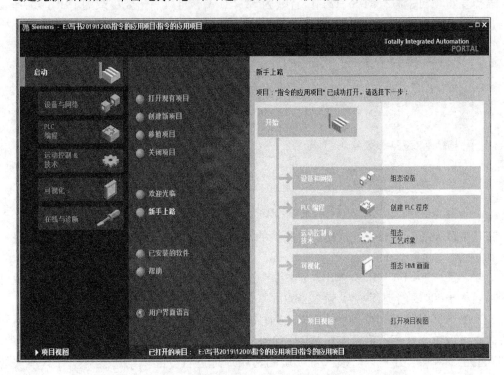

图 2-11　新创建项目的组态页面

在【新手上路】里，单击【组态设备】，然后在【添加新设备】为项目配置 CPU，选择【控制器】→【SIMATIC S7-1200】→【CPU】→【CPU1214C AC \ DC \ Rdy】→【6ES7 214-1BG40-0XB0】，单击【添加】按钮，如图 2-12 所示。

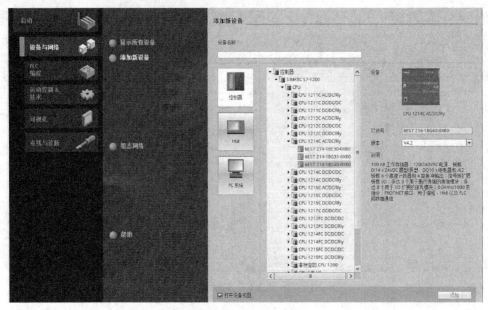

图 2-12　添加 CPU

添加完成后，可以单击【项目树】→【设备和网络】，查看项目中的 CPU 设备。

若需要将项目中原有的 S7-1214C 替换为 S7-1215C，可以右击要更改的 PLC，选择【更改设备】，如图 2-13 所示。

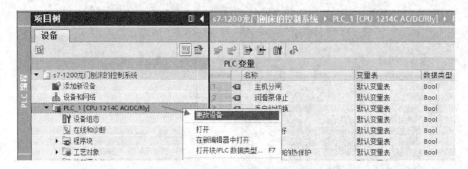

图 2-13　右击要更改的 PLC 选择【更改设备】

在【更改设备】页面中，选择所要更换的设备，单击页面下方的【确定】按钮即可，如图 2-14 所示。

此时，TIA Portal V15 会弹出对话框，提示组织块 OB1 的变化，单击【确定】后可以看到项目树中 CPU 已经替换为 S7-1215C 了，如图 2-15 所示。

TIA Portal 是组态化编程软件，单击对应模块可以实现很多配置，组态一个模拟量输入模块时，可以单击【模拟量输入】对每一个通道进行配置，包括测量类型、测量范围、滤波周期和溢出诊断等，还可以对模拟量模块的起始地址进行分配，TIA 会自动计算模块的起始地址，AI 模块组态如图 2-16 所示。

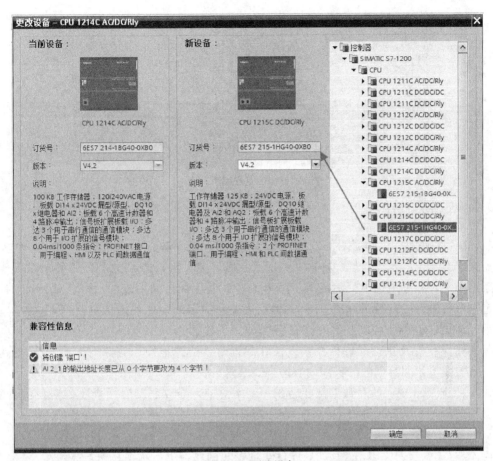

图 2-14 更改设备

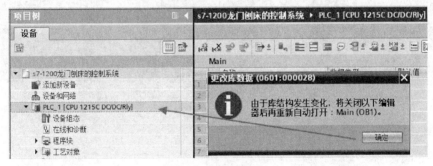

图 2-15 替换成功

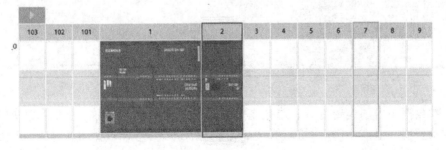

图 2-16 AI模块组态（一）

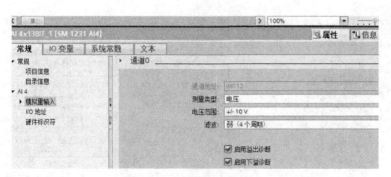

图 2-16 AI模块组态（二）

三、变量表的创建与导出

创建项目中的变量，也是对 CPU 的 I/O 地址进行分配的操作，是确定 PLC 上各个输入/输出点或字节、字的具体地址。在多数情况下，做好了设定，PLC 的 I/O 的各个输入/输出点或字节、字，实际地址也就确定了。因为大多数地址是自动生成的，可以对 PLC 的 I/O 地址进行自行设计。自行设计时 PLC 的地址可按照给定的变化范围选定，比较灵活，I/O 地址分配可以把 PLC 上的各个输入、输出点或字节、字，分配给实际的输入器件及执行器件使用，以便在编程时，恰当地使用有关的 I/O 地址。有关变量说明与创建的扩展内容请扫二维码了解。

在 TIA Portal 中，所有数据都存储在一个项目中，修改后的应用程序数据会在整个项目内自动更新，变量就是项目中的应用程序数据。

1. 变量表的创建

先添加 CPU 再对 CPU 的 I/O 点进行变量表的创建，单击【项目树】→【PLC _ 1［CPU 1214C AC \ DC \ Rly］】→【PLC 变量】→【显示所有变量】，打开变量表，如图 2-17 所示。

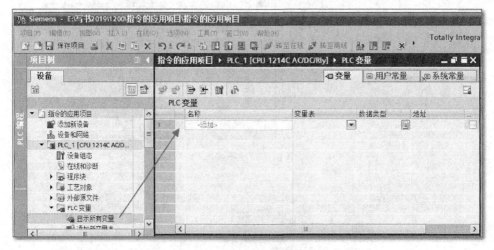

图 2-17 打开变量表

如果在数据块中创建变量时，选择【标准-与 S7-300/400 兼容】，则在数据块中可以看到【偏移量】这一列，并且系统在编译之后在该列生成每个变量的地址偏移量。设置成优化访问的数据块则无此列。

默认情况下会有一些变量属性列未被显示出来，可以通过右击任意列标题，可在出现的菜单中选择显示被隐藏的列，如图 2-18 所示。

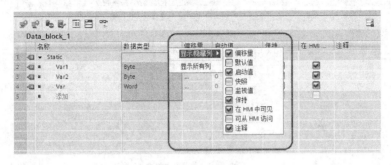

图 2-18　显示被隐藏的列

在数据块 DB 块中设置数据的保持性，对于可优化访问的数据块，其中的每个变量可以分别设置是否具有保持特性；而标准数据块只能设置其中所有的变量保持或不保持，不能对每个变量单独设置，如图 2-19 所示。

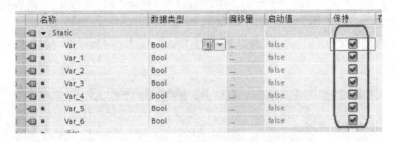

图 2-19　设置数据的保持性（标准数据块）

2. 创建变量

变量的数据类型包括基本数据类型、复杂数据类型（时间与日期、字符串、结构体、数组等）、PLC 数据类型（如用户自定义数据类型）、系统数据类型和硬件数据类型，定义时可以直接在编辑框中键入数据类型标识符，或者通过该列中的选择按钮进行选择。

如点动的变量，可【名称】→【添加】的输入框中输入变量的名称，如图 2-20 所示。

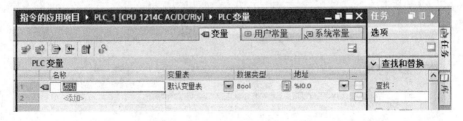

图 2-20　点动变量的创建

参照 PLC 的 I/O 地址，为这个点动变量连接绝对地址，单击【地址】→▼，输入变量选择的操作数为 I，位号修改为 1，在输入地址后选择√完成连接，如图 2-21 所示。

为新创建的变量定义数据类型，可以将变量定义为基本数据类型、复杂数据类型（时间与日期、字符串、结构体、数组等）、PLC 数据类型（如用户自定义数据类型）、系统数据类型和硬件数据类型，也可以直接键入数据类型标识符，或者通过该列中的选择按钮进行选择。

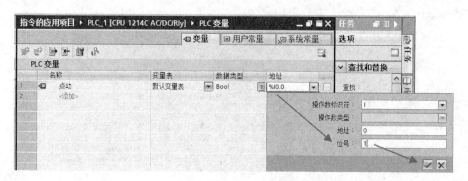

图 2-21　为点动变量连接绝对地址

西门子 S7-1200 PLC 变量的很多类型是 Struct（结构体）的变形体，就是在这个结构上面衍生出来的。Struct 是一种可以存储多种变量类型的一种复合变量类型，比如某个变量为 Struct 类型，可以存储整型、浮点型。常用变量类型还有数组类型，数组是对同类型变量的组合，通过 Index（索引），获取某一位置的值。可以在 S7-1200 PLC 里面可以声明一个数组变量，其类型为结构，用于记录每个时间点的电压值。

由于【点动】这个变量是 Bool 量，所以【数据类型】保持不变，创建好的点动变量如图 2-22 所示。

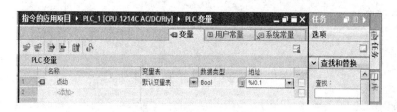

图 2-22　创建好的点动变量

刚刚创建的点动变量连接在端子排 1 的端子 I0.1 上，接下来创建热过载保护变量。端子排 2 上的端子 I1.5 上的【热保护】变量与 PLC 控制原理图上的对应，如图 2-23 所示。

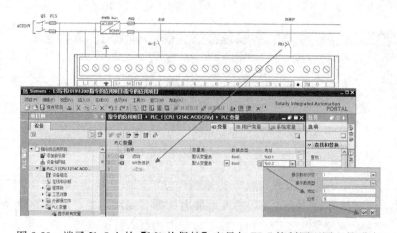

图 2-23　端子 I1.5 上的【M1 热保护】变量与 PLC 控制原理图上的对应

之后创建 I/O 输出变量。【M1 运行指示】变量的操作数标识符为 Q，输入地址为 %Q0.0，与 PLC 控制原理图上的对应，如图 2-24 所示。

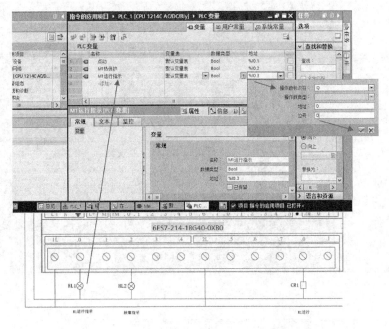

图 2-24　创建 I/O 输出变量【M1 运行指示】

3. 修改数据类型或地址

在【属性】选项卡中可以创建和修改数据类型或者地址，如图 2-25 所示。

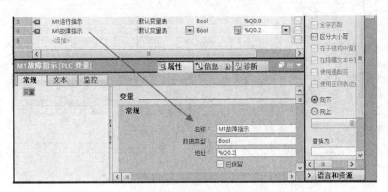

图 2-25　【属性】选项卡

单击【项目树】→【PLC_1［CPU 1214C AC/DC/Rly］】→【设备组态】，就可以看到上面创建的 I/O 的符号变量显示在 CPU 的 I/O 端子上了，如图 2-26 所示。

变量地址和注释可以通过选择拖拽的方式进行批量操作，用鼠标选择端子 %Q0.0，其与 PLC 控制原理图上的对应图，如图 2-27 所示。

将光标放置于 %Q0.0 变量名称的右下角，等待光标变为"＋"符号后向下拖动光标，就可以创建多个具有类似属性的变量了，这里批量操作的 3 个变量是 %Q0.1、%Q0.2 和 %Q0.3 的地址，拖拽后会出现提示【将添加 3 个变量】，如图 2-28 所示。

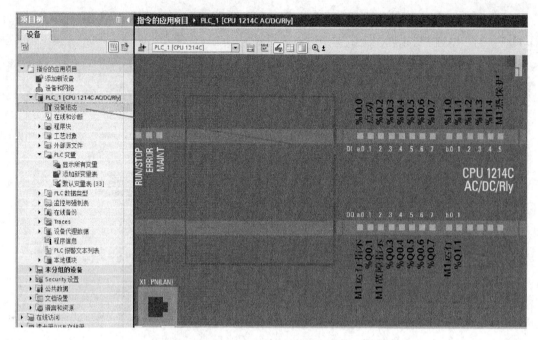

图 2-26　符号变量在 CPU 的 I/O 端子上的显示

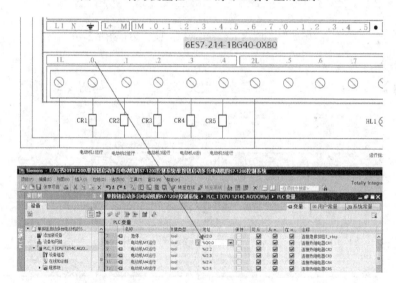

图 2-27　选择端子 %Q0.0

	名称	数据类型	地址	保持	可从 ...	从 H...	在 H...	注释
7	急停	Bool	%I2.0		☑	☑	☑	连接急停按钮E_stop
8	电动机M1运行	Bool	%Q0.0		☑	☑	☑	连接热继电器CR1
9	电动机M2运行	Bool	%I2.2		☑	☑	☑	连接热继电器CR2
10	电动机M3运行	Bool	%I2.3		☑	☑	☑	连接热继电器CR3
11	电动机M4运行	Bool	%I2.4		☑	☑	☑	连接热继电器CR4
12	电动机M5运行	Bool	%I2.5		☑	☑	☑	连接热继电器CR5
13	系统运行指示	Bool	%I2.6		☑	☑	☑	连接指示灯HL1
14	系统停止指示	Bool	%I2.7		☑	☑	☑	连接指示灯HL2

将添加 3 个变量

图 2-28　批量地址的操作

38

在弹出的对话框中点选覆盖变量后，单击【确定】按钮，如图 2-29 所示。

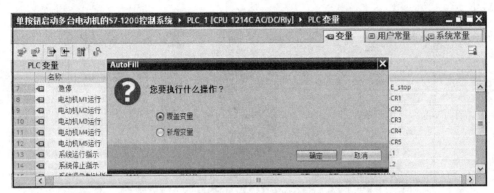

图 2-29　覆盖变量

批量操作完成后的变量表如图 2-30 所示。

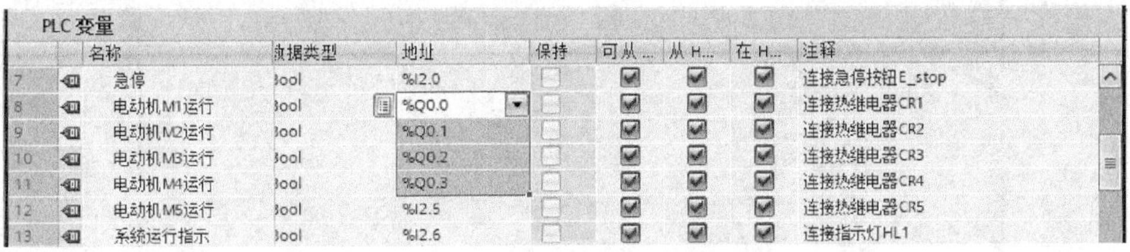

图 2-30　批量操作完成后的变量表

批量操作完成后的 3 个变量与 PLC 控制原理图上的对应图，如图 2-31 所示。

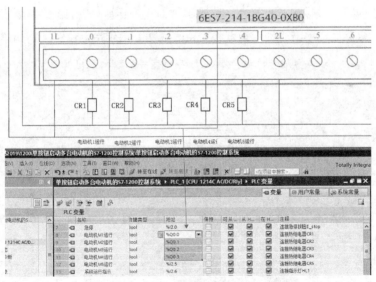

图 2-31　在 PLC 控制原理图上的对应图

　　另外一种快捷创建变量的方法是双击设备视图中的 PLC，在下方的属性中，单击 CPU 本体，在常规目录树里面，可以看到 PLC 本体 I/O 的组态和系统配置，单击【I/O 变量】就会显示项目中自动生成的硬件的 I/O 变量，地址也是对应了项目中的 I/O 点，自动形成时，其 I/O 地址会按默认值确定。快捷创建变量可以添加对应于 CPU 的 I/O 点的变量名称和注释，变量也可以归类到不同的变量表中，或者默认变量表。快捷创建变量的方法如图 2-32 所示。

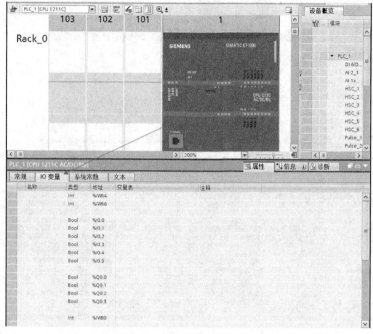

图 2-32 快捷创建变量的方法

4. 变量表的导出

导出变量表时，单击导出图标 ，在导出页面中单击 图标选择存储路径，选择默认的【导出所有元素】后，单击【确定】就将变量表成功导出到指定位置了，如图 2-33 所示。

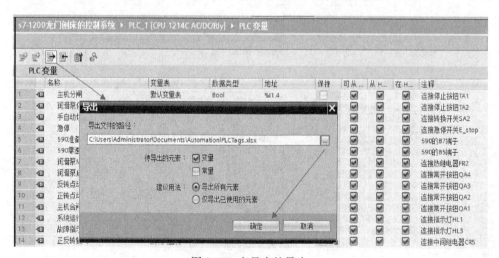

图 2-33 变量表的导出

四、添加和删除模拟量信号模板的实战

在项目中添加硬件时，可以在【硬件目录】中对要添加的硬件进行选取并双击完成添

加。这里添加模拟量信号模板，首先双击【硬件目录】→【信号板】→【AI】→【6ES7 231-4HA30-0XB0】，在 S7-1211C 项目系统中添加模拟量模块 1231，注意箭头所指的 CPU 区域，添加前的状态是空白的，如图 2-34 所示。

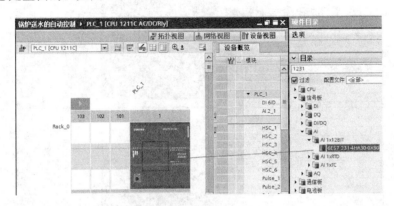

图 2-34　添加前的状态

添加模拟量信号模板【6ES7 231-4HA30-0XB0】完成后，如图 2-35 所示。

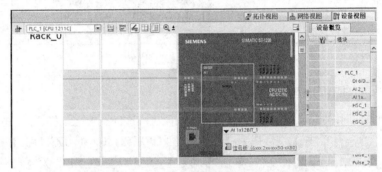

图 2-35　【6ES7 231-4HA30-0XB0】模拟量信号模板添加完成

删除信号模板时，右击选中的模板，在弹出的右键菜单中选中【删除】，如图 2-36 所示。

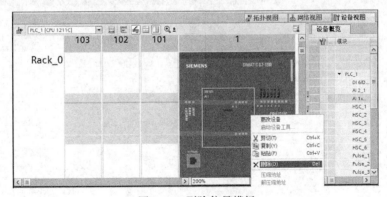

图 2-36　删除信号模板

在弹出的对话框中单击【是】确认删除操作，如图 2-37 所示。

删除后可以看到西门子 S7-1200 的设备视图中信号模板的位置已经变为空白了，如图 2-38 所示。

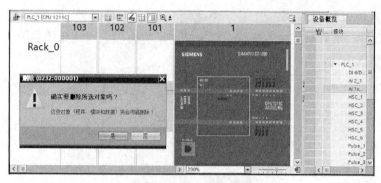

图 2-37　确认删除操作

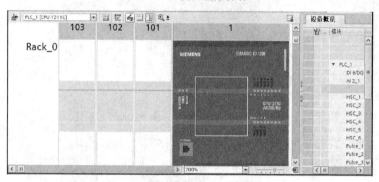

图 2-38　信号模板已删除

五、更改旧项目中的 PLC

在已有的旧项目中对项目进行修改可以加快进度，这时需要更改项目中的 PLC 与现有项目保持一致，方法是单击【项目树】→【PLC_1［CPU1214C DC/DC/DC]】→【更改设备】，在新设备的控制器中选择 PLC 后，单击【确定】就可以更改 PLC 为【6ES7215-1AG40-0XB0】了，如图 2-39 所示。

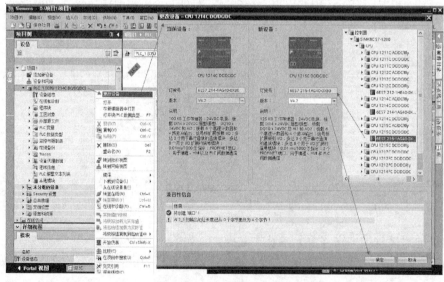

图 2-39　更改 PLC 的操作

六、S7-1200/1500 PLC 变量访问数组的实战

对于 S7-1200/S7-1500 PLC 控制器的数组元素的寻址，除了常量，也可以指定一个整数
类型的变量作为索引值。目前已允许长达 32 位的整数。在 S7-1200/S7-1500
中，此种类型的寻址方式适用于所有的编程语言。有关数据格式的显示转换
和隐式转换的扩展内容请扫二维码了解。

下面的语法用于命名为"Quantities"的数组元素的索引寻址，"Quantities"数组在数
据块"Data＿DB"中进行声明如下：

"Data_DB".Quantities ["i"]（一维数组）

"Data_DB".Quantities ["i"]（一维结构体数组）

"Data_DB".Quantities ["i","j"]（多维数组）

"Data_DB".Quantities ["i","j"].a（多维结构体数组）

数组元素的参数描述见表 2-10。

表 2-10　数组元素的参数描述

组成部分	描述
Data＿DB	用于存储数组变量的数据块的名称
Quantities	数组类型的变量
i，j	PLC 用于指针的整数形变量
a	结构体其他的可变变量

S7-1200/S7-1500 控制器寻址的优势为：①可使用现有的数据块和数组变量的名称；
②数组的基地址对于指针的生成不是必需的；③程序代码更为简单和易读；④编译器生成优
化的程序代码。

在博途中在使用寻址和存储器命令时，用作数组索引的变量应该声明为 DINT、
UDINT（32 位），中间结果和数组的索引应该存储在本地临时数据区，这样才能实现高性
能的应用。

➡ 第四节　西门子 S7-1200 PLC 的程序结构与程序元素

一、西门子的程序结构

西门子 S7-1200 PLC 的用户程序可选择两种结构，即线性程序结构和模块程序结构。两
种程序结构如图 2-40 所示。

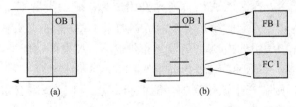

图 2-40　两种程序结构

（a）线性程序结构；（b）模块程序结构

（一）线性程序结构

线性程序结构是指一个工程的全部控制任务被分成若干个小的程序段，按照控制的顺序依次排放在主程序中。

（二）模块程序结构

模块程序结构是指一个工程的全部控制任务被分成多个任务模块，每个模块的控制任务由子程序或中断程序完成。每个程序块含有一些设备和任务的逻辑指令，组织块中的指令决定是否调用有关的控制程序模块。

编程时，主程序和子程序（或中断程序）分开独立编写，在程序执行过程中，CPU不断扫描主程序，碰到子程序调用指令就转移到相应的子程序中去执行，执行完毕后再返回主程序接着运行。

1. 模块化程序的执行

在组织块（OB1）中的指令决定控制程序的模块的执行。模块化编程功能（FC）或功能函数块（FB），控制着不同的过程任务，如操作模式、诊断或实际控制程序等，也就是说，在项目中这些块相当于主循环程序的子程序。

2. 模块化编程的特点

在模块化编程中，在主循环程序和被调用的块之间没有数据的交换。每个功能区被分成不同的块，这样就易于几个人同时编程，而相互之间也不会有冲突。另外，把程序分成若干小块，也有助于对程序进行调试和查找故障。

OB1中的程序包含调用不同块的指令。由于每次循环中不是所有的块都执行，只有需要时才调用有关的程序块，这样CPU将更有效地得到利用。

二、用户程序的编程语言的深入理解

西门子S7-1200支持的编程语言有LAD（梯形图）、FBD（功能块图）、SCL（结构化控制语言），但不支持STL（语句表）。编程时可以使用梯形图逻辑（LAD）、结构化控制语言（SCL）和功能块图（FBD）这3种编辑器来创建用户程序。

创建代码块时，要选择该块要使用的编程语言。在用户的程序中，是可以使用由任意以上编辑器编辑的程序，或者这些编程语言创建的代码块。LAD（梯形图）是一种图形编程语言，它使用基于电路图的表示法；FBD（功能块图）是基于布尔代数中使用的图形逻辑符号的编程语言；SCL（结构化控制语言）是一种基于文本的高级编程语言，创建代码块时，应该选择该块要使用的编程语言，用户程序可以使用由任意或所有编程语言创建的代码块。

使能输入EN和使能输出ENO是LAD、FBD和SCL编程语言的【能流】，数学函数和移动指令等特定指令为EN和ENO提供了参数，这些参数与LAD或FBD中的能流有关并确定在该扫描期间是否执行指令。SCL编程语言还允许用户为代码块设置ENO参数。EN是布尔输入，要执行功能框指令，输入端能流必须EN＝1，如果LAD框的EN输入直接连接到左侧电源线，将始终执行程序中编辑的指令；ENO是布尔输出，如果该功能框在EN输入端有能流，并且正确执行了其功能，则ENO输出会将能流ENO＝1传递到下一个元素，如果执行功能框指令时检测到错误，则在产生该错误的功能框指令处终止该能流ENO＝0。

（一）LAD编辑器的特点

梯形图语言源自继电器的电气原理图，是一种基于梯级的图形符号的布尔语言，梯形图是通过连线把 PLC 指令的梯形图符号连接在一起，来表达所调用的 PLC 指令及其前后顺序关系。

同样，西门子 S7-1200 PLC 的【LAD 编辑器】是以图形方式显示程序的，也与电气接线图类似。一个 LAD 程序包括左侧提供能流的能量线，即母线，也称电源线，用以梯形图指令间的整体连接，内部的小横线与小竖线是梯形图指令间的局部连接，程序中闭合的触点能够让能量通过它们流到下一个元素，而打开的触点是阻止能量的流动的，这些内部横、竖线可以把若干个梯形图指令连成一个指令组。

编辑程序时，梯形图程序被划分为若干个网络，一个网络只有一块独立电路，有时一条指令也算一个网络。梯形图的编程元件主要由触点、线圈、指令盒、标点和连线组成。

LAD 程序会被分成程序段，程序段是按照顺序安排的以一个完整电路的形式连接在一起的触点、线圈和盒，不能短路或者开路，也不能有能流倒流的现象存在，可以为每一个程序段加注释。

另外，逻辑控制是分段的，程序在同一时间执行一段，从左到右，从上到下。不同的指令用不同的图形符号表示。指令包括触点、线圈和功能框 3 种基本形式，其中触点代表逻辑输入条件，如开关、按钮或者内部条件等；线圈通常表示逻辑输出结果，如灯负载、电动机启动器、中间继电器或者内部输出条件；功能框表示其他一些指令，如定时器、计数器或者数学运算指令。

西门子 S7-1200 PLC 用 LAD 语言编辑的程序（梯形图）如图 2-41 所示。

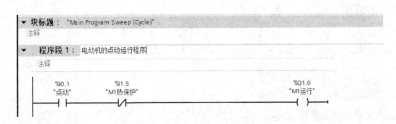

图 2-41　用 LAD 语言编辑的程序

梯形图（LAD）的绘制规则如下。

（1）LAD 编辑器已经画出两条竖直方向的母线，编程时可以按从左到右、从上到下的顺序编辑每一个逻辑行的程序。

（2）梯形图上所画触点状态，就是输入信号未作用时的初始状态，如程序中的常开触点 ⊣⊢ 在逻辑上就是常开点，使能后才闭合。

（3）程序中的触点应画在水平线上，不能画在垂直线上。

（4）不含节点的分支应画在垂直方向，不可放在水平方向，以便于识别节点的组合和对输出线圈的控制路径。

（5）几个串联支路相并联时，应将触点最多的那个支路放在最上面；几个并联回路相串联时，应将触点最多的支路放在最左面。

（6）触点可以串联或并联，线圈可以并联，但不可以串联。

（7）触点和线圈连接时，触点在左，线圈在右；线圈的右边不能有触点，触点的左边不能有线圈。

（8）梯形图中元素的编号、图形符号应与所用的 PLC 机型及指令系统相一致，因为西门子 PLC 的不同，指令的应用也是有区别的，不同的 PLC，硬件 I/O 的数目也不同。

（二）结构化控制语言 SCL 编辑器的特点

结构化控制语言 SCL，是英文 Structured Control Language 的缩写，是用于 SIMATIC S7 CPU 的基于 PASCAL 的高级编程语言。

结构化文本语言是基于文本的高级编程语言。它采用一些描述语句，来描述系统中各种变量之间的各种关系，执行所需的操作。大多数制造厂商采用的这种语言，SCL 与 BASIC 语言、PASCAL 语言或 C 语言等高级语言相类似，但略有简化。

西门子 S7-1200 中的 SCL 指令使用标准编程运算符，在 SCL 编程语言中的语法元素还可以使用所有的 PASCAL 参考。

TIA Portal V15 中的 SCL 程序编辑器可以在创建该块时指定任何块类型（OB、FB 或 FC）以便使用 SCL 编程语言，SCL 编辑器包含用于通用代码结构和注释的按钮。

1. SCL 的表达式和运算

SCL 表达式是用于计算值的公式，表达式由操作数和运算符（如 *、/、＋或－）组成，操作数可以是变量、常量或表达式。

2. 控制语句

控制语句是 SCL 表达式的一种专用类型，可用于执行程序分支任务、重复 SCL 编程代码的某些部分、跳转到 SCL 程序的其他部分、按条件执行。

SCL 控制语句包括 IF-THEN、CASE-OF、FOR-TO-DO、WHILE-DO、REPEAT-UNTIL、CONTINUE、GOTO 和 RETURN。

一条语句通常占一行代码，但编程时，可以在一行中输入多条语句，也可以将一条语句断开成多行代码以使代码易于阅读。分隔符（如制表符、换行符和多余空格）在语法检查期间会被忽略，END 语句可终止控制语句。

3. SCL 标准语句实现的基本任务

SCL 语言是一种高级编程语言，使用标准语句实现基本任务，这些任务如下。

（1）赋值语句：：＝。

（2）算术功能：＋、－、* 和/。

（3）全局变量的寻址："＜变量名称＞"（变量名称或数据块名称括在双引号内）。

（4）局部变量的寻址：♯＜变量名称＞（在变量名称前加"♯"符号）。

（三）FBD 编辑器的特点

TIA Portal V15 中的【FBD 编辑器】以图形方式显示程序，由通用逻辑门图形组成，广泛应用于过程控制系统。每个功能块的功能由所选取的功能块指令决定，功能块有输入端和输出端，在 FBD 编辑器中看不到触点和线圈，但是有等价的、以盒指令形式出现的指令。

FBD 不使用左右能量线，因此【能流】这个术语用于表示通过 FBD 逻辑块控制流这样一个类似的概念。

FBD 编程使用程序段的概念对程序进行分段和注释。

逻辑【1】通过 FBD 元素称为能流。能流的原始输入和最终的输出可以直接分配给操作数。

程序逻辑由这些盒指令之间的连接决定。也就是说，一条指令（如 AND 盒）的输出可以用来允许另一条指令（如定时器）的执行，这样可以建立所需要的控制逻辑来解决各种各样的逻辑问题。

（四）在 TIA Portal V15 中选择编程语言

在块的【属性】中设置编程语言，单击【常规】，然后选择编程语言，这里选择 LAD，如图 2-42 所示。

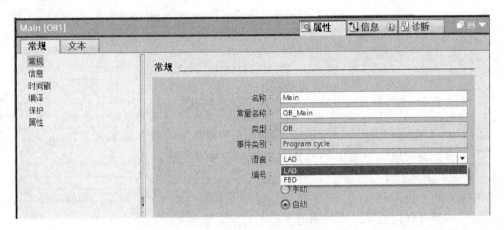

图 2-42　选择 LAD 编程语言

（五）在 TIA Portal V15 中切换编程语言

在 TIA Portal V15 中选择要改变编程语言的模块，右击在右键选项中选择【属性】，然后在【常规】选项卡中可进行编程语言的切换，这里将 FBD 语言切换为 LAD，如图 2-43 所示。

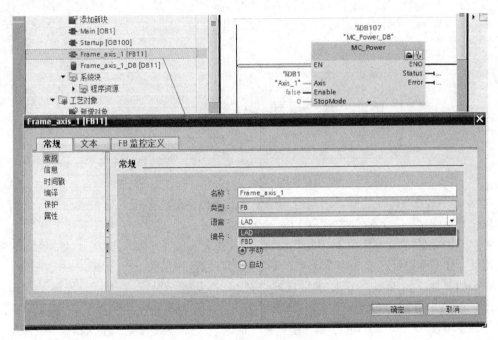

图 2-43　将 FBD 语言切换为 LAD

单击【确定】按钮后，程序块中的语言即进行了切换，如图 2-44 所示。

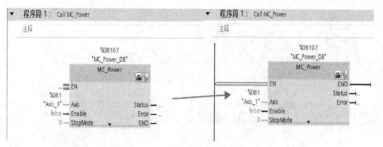

图 2-44　FBD 语言已切换为 LAD

三、深入理解西门子 S7-1200 PLC 的数据存取方式

西门子 S7-1200 PLC 中可以按照位、字节、字和双字，对存储单元进行寻址。有关数据分配的重要性和 M 区的规划请扫二维码了解。

（一）位的深入理解

二进制数的一位只有 0 或 1 两种状态，常常用来表示数字量，即开关量的两种不同的状态，如触点的断开和接通，线圈的通电和断电等，常称为 Bool（布尔）。

（二）字和字节的深入理解

8 位二进制数组成一个字节，其中的第 0 位为最低位，第 7 位为最高位，也就是说一个字节（Byte）等于 8 位（Bit）。

两个字节组成一个字，其中的第 0 位为最低位，第 15 位为最高位。

字节数据如图 2-45 所示。

两个字组成一个双字，其中的第 0 位为最低位，第 31 位为最高位。相邻的两字节（Byte）组成一个字（Word），可用来表示一个无符号数，因此，字为 16 位。字数据如图 2-46 所示。

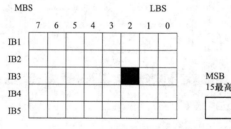

图 2-45　字节数据　　　　图 2-46　字数据

在西门子 S7-1200 PLC 中，不同的存储单元都是以字节为单位，对位数据的寻址由字节地址和位地址组成，这种存取方式称为字节位寻址方式。

对字节的寻址，如 MB5，其中的区域标识符 M 表示为存储区，5 表示寻址单元的起始字节地址，B 表示寻址长度为一个字节，即寻址为存储区中的第 5 个字节。

对字的寻址，如 MW2，其中的区域标识符 M 表示为存储区，2 表示寻址单元的起始字节地址，W 表示寻址长度为一个字，即两个字节，寻址为存储区中从第 2 个字节开始的一个字，即字节 2 和字节 3。请注意，两个字节组成一个字，遵循的是低地址、高字节的原则。以 MW2 为例，MB2 为 MW2 的高字节，MB3 为 MW2 的低字节。

对双字的寻址，如 MD0，其中的区域标识符 M 表示为存储区，0 表示寻址单元的起始字节地址，D 表示寻址长度为一个双字，即两个字 4 个字节，寻址为存储区中从第 0 个字节开始的一个双字，即字节 0、字节 1、字节 2 和字节 3。双字数据如图 2-47 所示。

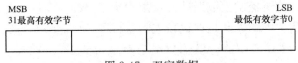

图 2-47　双字数据

在 S7-1200 PLC 中，下面以中间变量数据为例说明位（表 2-11 中的 M10.0～M10.7）、字节（MB10，11，12，13）、字（MW10，11，12）和双字（MD12）的相互关系。位、字节、字和双字的数值见表 2-11。

表 2-11　　　　　　　　　　　　位、字节、字和双字的数值

位	7	6	5	4	3	2	1	0	16 进制
MB10	M10.7=0	M10.6=0	M10.5=1	M10.4=0	M10.3=0	M10.2=1	M10.1=0	M10.0=0	24
MB11	M11.7=1	M11.6=0	M11.5=0	M11.4=0	M11.3=0	M11.2=0	M11.1=1	M11.0=1	83
MB12	M12.7=0	M12.6=0	M12.5=0	M12.4=1	M12.3=1	M12.2=0	M12.1=1	M12.0=1	1b
MB13	M13.7=0	M13.6=1	M13.5=0	M13.4=0	M13.3=0	M13.2=0	M13.1=0	M13.0=0	40
MB14	M14.7=0	M14.6=0	M14.5=1	M14.4=0	M14.3=0	M14.2=0	M14.1=0	M14.0=1	21
MB15	M15.7=0	M15.6=1	M15.5=0	M15.4=1	M15.3=0	M15.2=1	M15.1=0	M15.0=1	55

表 2-11 中，中间变量字节由 8 个位组成，即 M10.7～M10.0。若要将字节 MB10 转换成 10 进制，则有 MB10=0×2^7+0×2^6+1×2^5+0×2^4+0×2^3+1×2^2+0×2^1+0×2^0=34，再转换成 16 进制，即为 24。

字节、字和双字的关系见表 2-12。

表 2-12　　　　　　　　　　　　字节、字和双字的关系

			MD12=16#1b402155		
MD10=16#01020304=L#16909060					
		MW12=W#16#1b40		MW14=W#16#2155	
	MW11=W#16#831b				
MW10=16#2483					
MB10=16#24	MB11=16#83	MB12=16#1b	MB13=16#40	MB14=16#21	MB15=16#55

字 MW10 是由相邻的 MB10、MB11 组成，MB10 是高字节，MB11 是低字节，共 16 位。

字 MW12 是由相邻的 MB12、MB13 组成，MB12 是高字节，MB13 是低字节，共 16 位。

字 MW14 是由相邻的 MB14、MB15 组成，MB14 是高字节，MB15 是低字节，共 16 位。

双字 MD12 是由相邻的 MB12、MB13、MB14 和 MB15 组成，共 32 位。MW12 是高字，MB14 是低字。

在编程时，为防止发生数据冲突，使用 MW10 后，由于 MW10 是由 MB10 和 MB11 两个字节组成的，再使用下一个字时至少要使用 MW12 或更高。若使用 MW11（MW10 是由 MB11 和 MB12 两个字节组成的），那么在给 MW10 赋值时，就会同样修改 MW11 的数值，因为 MW11 与 MW10 共用了 MB11。

同样道理，如果使用了 MD0，下一个使用的双字的地址至少是 MD4，其他字和字节双字的使用以此类推。

如果改变了某一位，则相应的字节、字、双字也会发生改变，如将上例中的 M10.0 由

原来的 0 改为 1 (false) 时，将会改变 MB10、MW10 和 MD10 的值。

在项目的编程前，为避免发生数据冲突，减少不必要的工作量，对编程中要使用的变量进行前期规划是尤为重要的，尤其是在比较大的项目中，更能凸显出变量规划的重要性。

（三）西门子 S7-1200 PLC 的存储器分类与寻址方式

西门子 S7-1200 PLC 的寻址可以通俗地理解为访问存储器中的数据，所谓寻址方式就是指令执行时获取操作数的方式，存储器的分类见表 2-13。

表 2-13 存 储 器 的 分 类

存储区	说明	强制	保持性（断电保持）
I 过程映像输入 I _ ：P1（物理输入）	在扫描周期开始时从物理输入复制	无	无
	立即读取 CPU、SB 和 SM 上的物理输入点	支持	无
Q 过程映像输出 Q _ ：P1（物理输出）	在扫描周期结束时复制到物理输出	无	无
	立即写入 CPU、SB 和 SM 上的物理输出点	支持	无
M 位存储器	控制和数据存储器（中间继电器）	无	支持（可选）
L 临时存储器	存储块的临时数据，这些数据仅在该块的本地范围内有效	无	无
DB 数据块	数据存储器，同时也是 FB 的参数存储器	无	是（可选）

1. 绝对地址寻址

绝对地址寻址就是采用 I/O 的地址进行编程，程序如图 2-48 所示。绝对地址由一个地址标识符和存储器位置组成。如 I 6.0、Q 2.7、MD 30、T 25、C 16、DB 2、DBB 10 等。

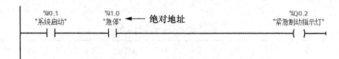

图 2-48 绝对地址寻址的程序

（1）过程映像输入 I。过程映像输入 I 非立即寻址的寻址方式见表 2-14。

表 2-14 过程映像输入 I 非立即寻址的寻址方式

类型	寻址方式	案例
位	I［字节地址］.［位地址］	I0.1
字节、字或双字	I［大小］［起始字节地址］	IB2 IW4 ID6

过程映像输入 I 的立即寻址，则是直接从被访问点而非输入过程映像获得数据的寻址方式，见表 2-15。

表 2-15 过程映像输入 I 立即寻址的寻址方式

类型	寻址方式	案例
位	I［字节地址］.［位地址］：P	I0.1：P
字节、字或双字	I［大小］［起始字节地址］：P	IB2：P IW4：P ID6：P

使用立即寻址 I _ ：P 访问是直接从被访问点而非输入过程映像来获得数据，与使用非立即寻址 I 访问是有区别的，这种 I _ ：P 访问称为"立即读"访问，因为数据是直接从源而非副本获取的，这里的副本是指在上次更新输入过程映像时建立的副本。

（2）过程映像输出 Q。过程映像输出 Q 非立即寻址的寻址方式见表 2-16。

表 2-16   过程映像输出 Q 非立即寻址的寻址方式

类型	寻址方式	案例
位	Q［字节地址］.［位地址］	Q0.1
字节、字或双字	Q［大小］［起始字节地址］	QB2 QW4 QD6

过程映像输出 Q 的立即寻址，则是直接从被访问点而非输入过程映像获得数据的寻址方式，见表 2-17。

表 2-17   过程映像输出 Q 的立即寻址的寻址方式

类型	寻址方式	案例
位	Q［字节地址］.［位地址］	Q0.1：P
字节、字或双字	Q［大小］［起始字节地址］	QB2：P QW4：P QD6：P

（3）位存储区 M。位存储区 M 的寻址方式见表 2-18。

表 2-18   位存储区 M 的寻址方式

类型	寻址方式	案例
位	M［字节地址］.［位地址］	M0.1
字节、字或双字	M［大小］［起始字节地址］	MB2 MW4 MD6

（4）数据块 DB。数据块 DB 的寻址方式见表 2-19。

表 2-19   数据块 DB 的寻址方式

类型	寻址方式	案例
位	DB［数据块编号］.DBX［字节地址］.［位地址］	DB1.DBX2.3
字节、字或双字	DB［数据块编号］.DB［大小］［起始字节地址］	DB1.DBB4 DB10.DBW2 DB20.DBD8

2. 符号寻址

为绝对地址分配符号可以使程序变得容易阅读，方便故障查找。

编程时，通过编写变量表，即分配符号名给绝对地址，就可以使用符号名来访问数组、结构、数据块、局部变量、逻辑块及用户自定义数据类型了。

如可以分配符号名【系统启动】给地址 I0.1，然后在程序语句中使用符号名【系统启动】作为地址。

符号寻址时定义的变量表中的名称，如图 2-49 中框选所示。

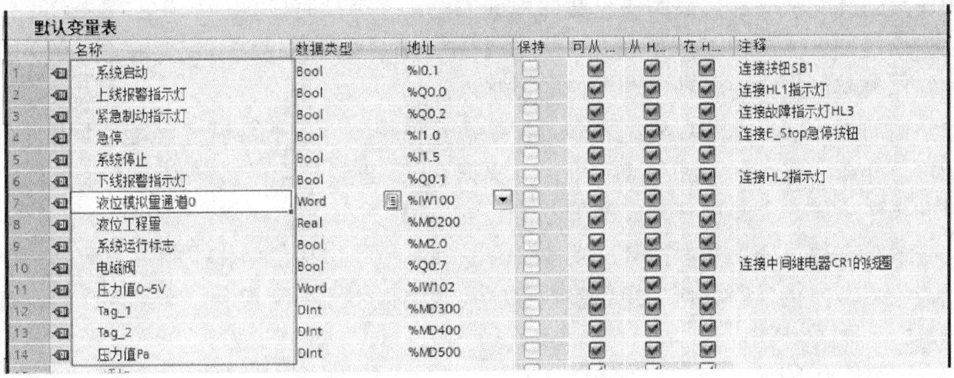

图 2-49　符号寻址时变量表中的名称

对于变量比较多的大项目，最好使用符号寻址，并且最好能看到定义的符号名称就大概知道其作用，因此变量的命名规则最好使用匈牙利命名法。

四、指令的深入理解与实战操作

在西门子 S7-1200 PLC 程序中，信号的流向是由左向右的。在串联、并联电路中对于构成串联的接点数和构成并联的接点数，是没有限制的。有关程序段的插入和 LAD 工具条的功能介绍请扫二维码观看视频了解。

在编程时，输入/输出继电器、内部辅助继电器、计时器等的接点的使用次数是没有限制的，但对于维护等方面而言，最佳设计莫过于节约接点的使用个数，把复杂的设计用简单、明快的电路去构成。

程序是由指令组成的，一条指令从输入到输出的基本结构如图 2-50 所示。

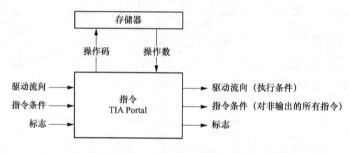

图 2-50　一条指令从输入到输出的基本结构

（1）驱动流向是用于控制执行和指令的执行条件。在梯形图中，驱动流向表示执行的状态。使用驱动流向作为执行条件，输出指令执行的所有功能。

（2）指令条件是一些特殊条件，当指令条件处于决定是否执行一条指令时，它比驱动流向具有更高的优先权。一条指令会根据指令的执行条件，来决定执不执行，和以什么方式来执行。

（3）操作码是用助记符来表示的，用来表明要执行的功能。如在程序中用 LD 表示取，用 OR 表示或等。

（4）操作数则是用来表示操作的对象的。操作数一般是由标识符和参数组成的，标识符表示操作数的类别，而参数表明操作数的地址或设定一个预制值。

目前西门子 S7-1200 PLC 所使用的指令系统十分丰富，编程人员利用这些指令进行编程，能够比较容易地实现各种复杂工艺的控制操作。

由于西门子 S7-1200 PLC 机型较多，指令数量也较多，限于篇幅等因素，本书只对常用的指令进行介绍。在实际的编程应用中，可根据 CPU 的型号，再参考西门子公司提供的编程手册和操作手册等资料进行程序的编制。

指令系统一般可分为基本指令和功能指令。基本指令包括位操作类指令、运算指令、数据处理指令、转换指令等。功能指令包括程序控制类指令、中断指令、高速计数器、高速脉冲输出等。

（一）插入程序段

右击程序段后，在右键菜单中单击【插入程序段】，如图 2-51 所示。

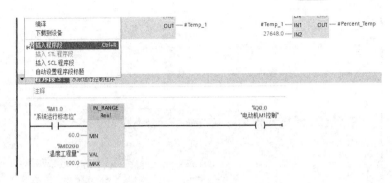

图 2-51　插入程序段

新插入的程序段 4 如图 2-52 所示，可以在这个程序段中添加指令，编辑自己的 PLC 程序。

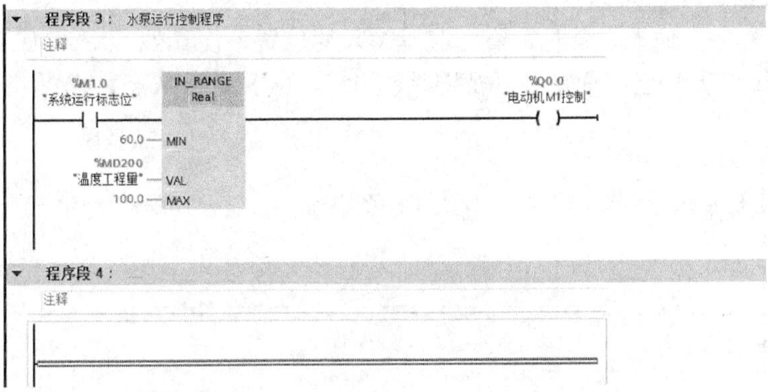

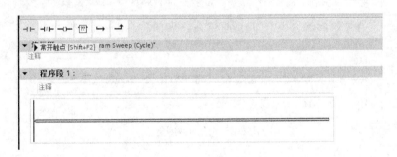

图 2-52　新插入的程序段 4

（二）常开触点 ┤├ 的编程

LAD 编程语言编程时，需将 LAD 指令与 CPU 的 I/O 相关联，选中水平编程条后准备编程，单击 ┤├ 添加常开触点，如图 2-53 所示。

图 2-53　添加常开触点

单击常开触点上方的编辑区域【???】，在输入框可以直接输入变量的名称，也可以单击，在弹出的变量表中选择对应的变量【点动】，将 LAD 指令与 CPU 的 I/O 相关联。点动常开触点的程序编制如图 2-54 所示。

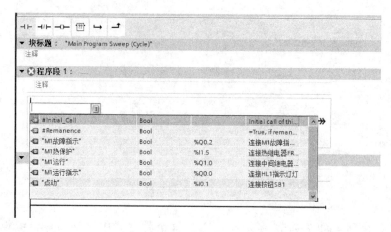

图 2-54   点动常开触点的程序编制

（三）常闭触点 ⊣/⊢ 的编程

编制 LAD 程序，输入指令时，要先选择输入的位置，使其处于编辑状态，然后再选择指令确认。单击点动触点后面的水平逻辑线，使其处于编辑状态，选择指令输入的位置如图 2-55 所示。

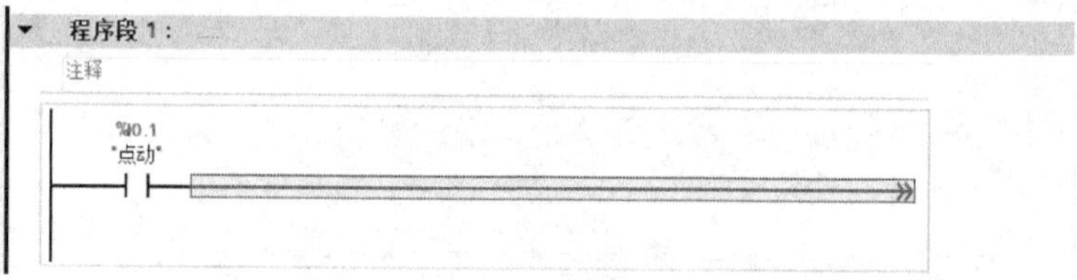

图 2-55   选择指令输入的位置

用同样的方法添加常闭触点，如图 2-56 所示。

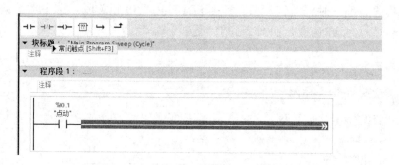

图 2-56   添加常闭触点

（四）线圈 ⊣( )⊢ 的编程

选中水平编程条，单击图标 ⊣( )⊢ 添加线圈，如图 2-57 所示。

单击线圈上方的编辑区域【???】，在输入框直接输入线圈变量的名称，也可以单击图标，在弹出的变量表中，选择变量表中对应的％Q1.0，为新添加的线圈选择变量【M1 运行】，由于这里的输出是不能使用输入 I 的变量的，所以变量表自动将 I 的变量过滤掉了，只显示出了 Q 的变量。线圈的变量链接如图 2-58 所示。

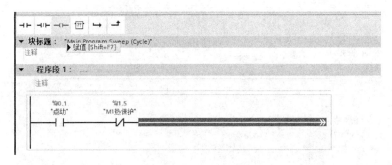

图 2-57 添加线圈

图 2-58 线圈的变量链接

有关常开、常闭触点和线圈串行逻辑的录入请扫二维码观看视频了解。

（五）复制和粘贴指令

梯形图编程时，可以添加梯形图指令、删除梯形图指令、复制梯形图指令、剪切梯形图指令、粘贴梯形图指令、还可进行撤销、恢复、查找和替换指令等操作。

编辑的程序一般是按一个一个梯级执行的，对已有的梯级可以合并，也可拆分。操作时，首先在梯形图编辑窗口的相应位置鼠标选好位置，再单击梯形图符号图标进行编辑。当然必要时也要用键盘填写或用鼠标选择有关参数。

LAD 编程语言向多种功能提供【功能框】指令，如数学、定时器、计数器和移动等。CONV 指令即为教学功能框指令图 2-59 所示为复制 CONV 指令，首先使用鼠标选择指令，再按 Ctrl＋C 组合键进行复制。

图 2-59 复制 CONV 指令

图 2-60 所示为粘贴 CONV 指令，单击要粘贴的程序段，再使用 Ctrl＋V 即可粘贴所复制的 CONV 指令。

粘贴后的 CONV 指令如图 2-61 所示。

粘贴指令后，需要修改指令的相关变量，当要复制的指令比较多时，可以按住 Ctrl 键选择多个指令或块，然后进行复制和粘贴。

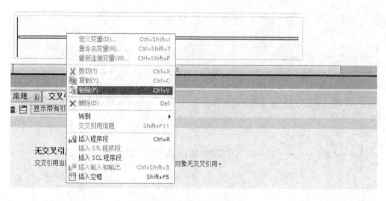

图 2-60　粘贴 CONV 指令

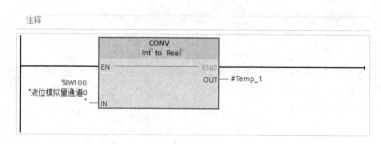

图 2-61　粘贴后的 CONV 指令

（六）程序分支和嵌套的实战

在项目中使用 LAD 语言创建复杂的运算逻辑时，可以插入分支以创建并行电路的逻辑，并行分支向下打开或直接连接到电源线，然后可以使用向上来终止分支。

使用梯形图 LAD 编程语言时，分支用来设计并联电路，分支插在主梯级中可以将多个触点插入分支中，从而实现串联的并联电路，这样便能设计复杂的梯形逻辑了。图 2-62 所示为并联电路的程序编制过程，单击➡图标后，添加急停的常闭，单击➡图标，单击💨并拖拽到位。

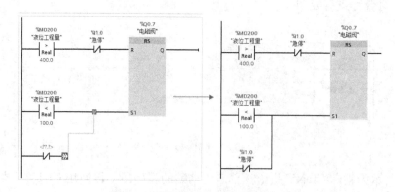

图 2-62　并联电路的程序编制过程

（七）复位 R 指令的实战

选择编程框后，单击指令中的复位 R 指令拖拽到编程框上。添加 R 指令的操作如图 2-63

所示。

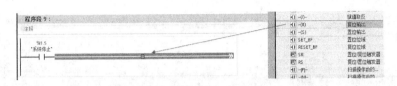

图 2-63　添加 R 指令的操作

复位 R 指令只能添加到程序条的末尾，添加完成后如图 2-64 所示。

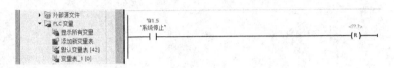

图 2-64　添加完成后的复位 R 指令

单击 R 指令上方的编辑区域【???】可以输入或选择变量表中的变量，如图 2-65 所示。

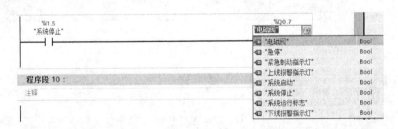

图 2-65　输入或选择 R 指令的变量

选择变量％Q0.7，即当输入 RL0 的％1.5 为 1 时，复位地址％Q0.7 的变量，如图 2-66所示。

图 2-66　选择变量％Q0.7

五、创建全局数据块的实战

创建一个全局数据块时，先单击【项目树】→【程序块】，双击【添加新块】，再单击【添加新块】→【数据块】图标，如图 2-67 所示。

对新添加的全局数据块的参数进行设置，选择类型为【全局 DB】后，单击【确定】按钮，添加完成后将会在项目树的【程序块】下显示出新添加的数据块 1，如图 2-68 所示。

六、扩展指令的深入理解

本书限于篇幅，只对项目中常用的基本指令给出讲解和实战应用，一些扩展指令可以在实际的项目中根据需要进行调用，如【读取时间 RD_SYS_T 指令】。

图 2-67　添加全局数据块

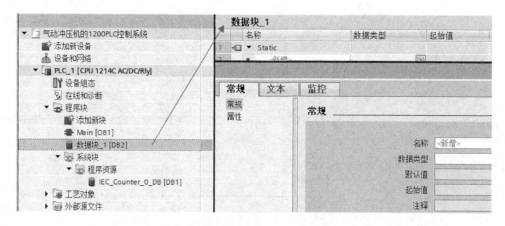

图 2-68　项目树中显示的全局数据块

CPU 时钟指令将模块时间转换为世界协调时间（UTC），因此，模块时间总是存储在 CPU 时钟中，而不带因子"本地时区"或"夏令时"，所以 CPU 时钟将基于模块时间计算 CPU 时钟的本地时间。

读取时间 RD_SYS_T 指令的参数见表 2-20。

表 2-20　　　　　　　　　　　读取时间 RD_SYS_T 指令的参数

参数	声明	数据类型		存储区	说明
		S7-1200	S7-1500		
RET_VAL	Return	Int	Int	I、Q、M、D、L、P	指令的状态
OUT	Output	Dtl	Dt、Dtl、LDt	I、Q、M、D、L、P*	CPU 的日期和时间

在程序中，可以使用读取时间指令 RD_SYS_T 来读取 CPU 时钟的当前日期和当前时间，并通过输出参数 OUT 进行显示，输出参数 RET_VAL（"returnValue"）用于指示处理无错误，单击【指令】→【扩展指令】→【日期和时间】→【时钟功能】，选中指令 RD_SYS_T，拖拽到编程条上即可。读取时间 RD_SYS_T 指令的调用如图 2-69 所示。

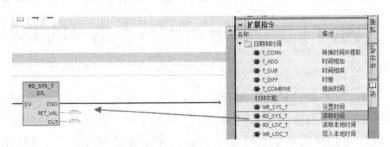

图 2-69　读取时间 RD_SYS_T 指令的调用

调用完成后在〈???〉中填写变量的存取地址即可。

第三章

西门子S7-1200 PLC基本指令的编程

西门子 S7-1200 PLC 的位操作类指令主要包括位逻辑运算、NOT 逻辑反相器、置位和复位指令、上升沿和下降沿指令。这些指令用来执行以位（bit）为单位的逻辑操作，它们是用 PLC 替代继电器控制的基础，PLC 具有逻辑处理功能，可以进行种种位、字节、字、双字逻辑运算。

本章节主要讲解实际项目中常用的指令，并结合不同行业的工艺要求来说明这些指令在程序中的实战应用。

➛ 第一节　位逻辑运算指令的编程

梯形图中每个条件是否为 ON 或 OFF，取决于分配给它的操作数位的状态。一般来说，当该操作数位为 1 时，对应的继电器线圈通电、常开条件变为 ON 和常闭条件变为 OFF；反之，该操作数位为 0，则对应的继电器线圈断电、常开条件变为 OFF 和常闭条件变为 ON。RLO 是逻辑操作结果，用以赋值、置位、复位布尔操作数。同时，RLO 也用来控制定时器和计数器的运行。

一般情况下，基本逻辑指令最根本的就是触点和线圈，触点分为常开触点和常闭触点，线圈也分为常开线圈和常闭线圈。

位逻辑指令主要包括位逻辑运算指令、位操作指令和位测试指令。

一、常开触点和常闭触点指令的功能

常开（动合）触点┤├的激活取决于相关操作数的信号状态。当操作数的信号状态为"1"时，常开触点将闭合，同时输出的信号状态置位为输入的信号状态。当操作数的信号状态为"0"时，常开触点不会动作，同时该指令输出的信号状态复位为"0"。两个或多个常开触点串联时，将逐位进行"与"运算，所有触点都闭合后才产生信号流；两个或多个常开触点并联时，将逐位进行"或"运算，有一个触点闭合就会产生信号流。有关常开、常闭触点和线圈的并行逻辑的录入方法请扫二维码观看。

常闭（动断）触点┤/├的激活取决于相关操作数的信号状态。当操作数的信号状态为"1"时，常闭触点将打开，同时该指令输出的信号状态复位为"0"。当操作数的信号状态为"0"时，不会启用常闭触点，同时将该输入的信号状态传输到输出。两个或多个常闭触点串联时，将逐位进行"与"运算，所有触点都闭合后才产生信号流；两个或多个常闭触点并联时，将进行"或"运算，有一个触点闭合就会产生信号流。

常开和常闭触点指令的参数见表 3-1。

参数	声明	数据类型	存储区		说明
			S7-1200	S7-1500	
〈操作数〉	lnput	Bool	I、Q、M、D、L 或常量	I、Q、M、D、L、T、C 或常量	要查询其信号状态的操作数

表 3-1 　常开和常闭触点指令的参数

二、线圈指令的功能

线圈指令 ─( )─ 的功能就是使用"赋值"来置位指定操作数的位。如果线圈输入的逻辑运算结果（RLO）的信号状态为"1"，则将指定操作数的信号状态置位为"1"。如果线圈输入的信号状态为"0"，则指定操作数的位将复位为"0"，这个指令不会影响 RLO。线圈输入的 RLO 将直接发送到输出。有关线圈和 NOT 指令的说明和应用的扩展内容请扫二维码了解。

线圈指令的参数见表 3-2。

表 3-2 　线圈指令的参数

参数	声明	数据类型	存储区	说明
〈操作数〉	Output	Bool	I、Q、M、D、L	要赋值给 RLO 的操作数

三、S7-1200 PLC 的位逻辑指令在电动机点动运行中的实战应用

在实际的生产过程中，不同的工艺会对生产机械运动部件有不同的要求，如要求电动机能够进行点动控制。本节将通过西门子 S7-1200 PLC 对电动机实现的点动控制，来介绍触点并联 O（Or）/ON（Or Not）指令的应用方法。

1. 电动机点动运行的电气控制方案

点动控制小容量电动机运行时，在基本点动控制电路中只要按下按钮 SB1，电动机就运行并点亮运行指示灯 HL1，松开按钮 SB1 电动机就停止，当电动机过流时，热继电器 FR1 动作，FR1 的常开触点闭合，点亮 HL2 的故障指示灯，本系统中的电动机采用 380V，50Hz 三相四线制电源供电，点动正转控制线路由空气开关 Q1、接触器 KM1、热继电器 FR1 及电动机 M1 组成。点动控制电动机运行的电气控制线路如图 3-1 所示。

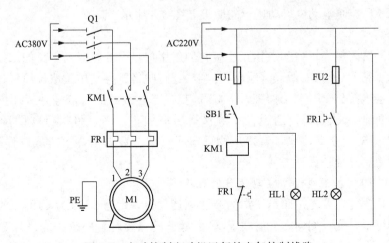

图 3-1　点动控制电动机运行的电气控制线路

2. S7-1200 PLC 控制电动机点动运行的电气原理

点动正转控制线路是通过 PLC 输出信号由接触器来控制电动机运转的最简单的正转控制线路。所谓点动控制是指 PLC 的输出有信号时，电动机就得电运转，否则电动机就失电停转。

本 PLC 控制系统中的电动机采用 380V，50Hz 三相四线制电源供电，点动正转控制线路是由空气开关 Q1、接触器 KM1、热继电器 FR1 及电动机 M1 组成。其中以隔离开关 Q1 为电源隔离短路保护开关，热继电器 FR1 作为过载保护，中间继电器 CR1 的常开触点控制接触器 KM1 的线圈得电、失电，接触器 KM1 的主触头控制电动机 M1 的启动与停止。典型的 PLC 控制电动机点动运行的电气原理如图 3-2 所示。

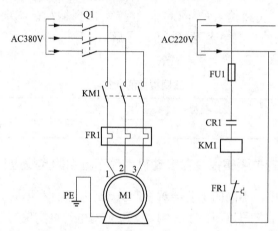

图 3-2　典型的 PLC 控制电动机点动运行的电气原理

3. S7-1200 PLC 控制电动机点动运行的原理

本系统采用 AC220V 电源供电，并且通过直流电源 POWER Unit 将 AC220V 电源转换为 DC24V 的直流电源供给 PLC 用电。空气开关 Q5 作为电源隔离短路保护开关，选用的 PLC 为 S7-1200，订货号为 6ES7-214-1BG40-0XB0，点动按钮 SB1 连接到 PLC 输入的端子 I0.1 上，热继电器的常开触点连接到 I1.5 上，中间继电器 CR1 的线圈连接到 PLC 输出的端子 Q1.0 上，电动机运行指示灯 HL1 连接到端子 Q0.0 上，故障指示灯 HL2 连接到 Q0.2 上，S7-1200 PLC 控制电动机点动运行的原理如图 3-3 所示。

4. 位指令学习

常开触点和常闭触点可将触点相互连接并创建用户自己的组合逻辑。如果指定的输入位使用存储器标识符 I（输入）或 Q（输出），则从过程映像寄存器中读取位值。控制过程中的物理触点信号会连接到 PLC 上的 I 端子。CPU 扫描已连接的输入信号并持续更新过程映像输入寄存器中的相应状态值。通过在 I 偏移量后追加"：P"，可执行立即读取物理输入（如％I0.1：P）。对于立即读取，直接从物理输入读取位数据值，而非从过程映像中读取，立即读取不会更新过程映像。

5. S7-1200 PLC 控制电动机点动运行的程序

编制控制程序前，要先按照第二章的方法创建项目，组态 PLC 为 CPU1200，然后定义变量表，注释可以在变量创建完成后在 PLC 变量表的【注释】中统一完成，定义完成后的变量表如图 3-4 所示。

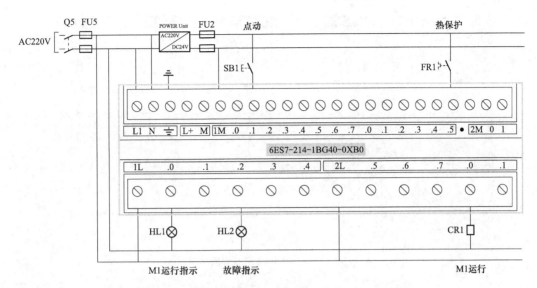

图 3-3　S7-1200 PLC 控制电动机点动运行的原理

PLC 变量

	名称	变量表	数据类型	地址	保持	可从 ...	从 H...	在 H...	注释
1	点动	默认变量表	Bool	%I0.1	☐	☑	☑	☑	连接按钮SB1
2	M1热保护	默认变量表	Bool	%I1.5	☐	☑	☑	☑	连接热继电器FR1的常闭触点
3	M1运行指示	默认变量表	Bool	%Q0.0	☐	☑	☑	☑	连接HL1指示灯灯
4	M1故障指示	默认变量表	Bool	%Q0.2	☐	☑	☑	☑	连接M1故障指示灯
5	M1运行	默认变量表	Bool	%Q1.0	☐	☑	☑	☑	连接中间继电器CR1的常开触点
6	<添加>				☐	☑	☑	☑	

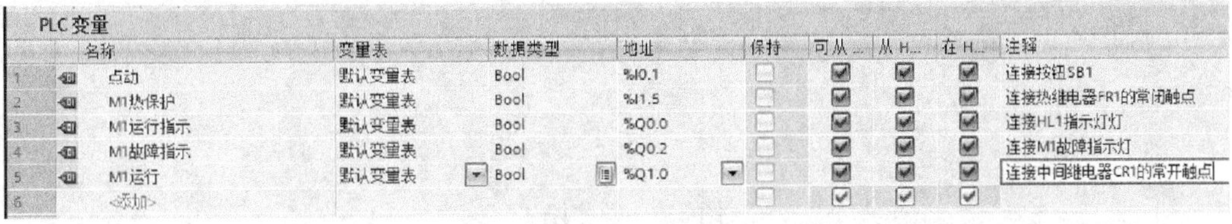

图 3-4　定义完成后的变量表

本 PLC 控制系统采用梯形图 LAD 编程语言，梯形图逻辑指令用图形元素表示 PLC 要完成的操作，其指令语法与传统梯形图相似，以电路图表示为基础。电路图的元件，如常开触点和常闭触点相互组合，从而构成程序段。本系统中的按钮 SB1 是一个常开的自复位按钮，连接到 PLC 的端子 DI0.1 的位置上，在程序中的初始状态也是常开的，图形表示为⊣⊢，与电路中的元件的物理状态相一致。

逻辑块的代码段可表示一个或多个程序段。在梯形逻辑指令中，其操作码是用图素表示的，该图素形象表明 CPU 在做什么，其操作数的表示方法与语句指令相同。

单击【项目树】→【设备】→【PLC _ 1 [CPU 1214C AC\DC\Rly]】→【程序块】→【Main [OB1]】，工作区域会调出 Main 的程序编辑区域，如图 3-5 所示。

当电动机需要点动时，先合上空气开关 Q1，此时电动机 M1 尚未接通电源。按下启动按钮 SB1，中间继电器 CR1 的线圈得电，其常开触点 CR1 闭合，接触器 KM1 的线圈得电，带动接触器 KM1 的 3 对主触头闭合，电动机 M1 便接通电源启动运转。当电动机需要停转时，只要松开启动按钮 SB1，使接触器 KM1 的线圈失电，带动接触器 KM1 的 3 对主触头恢复断开，电动机 M1 失电停转。当电动机过载时 FR1 动作将断开正在运行的电动机 M1，此过程在程序段 1 中实现。可以为这个程序段 1 编写名称，这里为【电动机的点动运行程序】，如图 3-6 所示。

按下启动按钮 SB1，指示灯 HL1 得电被点亮，当电动机过热时，热继电器 FR1 动作，常开触点闭合，点亮故障指示灯 HL2，此过程在程序段 2 和程序段 3 中实现，如图 3-7 所示。

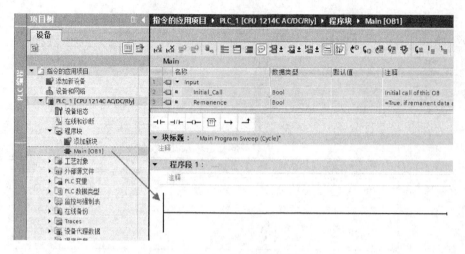

图 3-5 调出 Main 的程序编辑区域

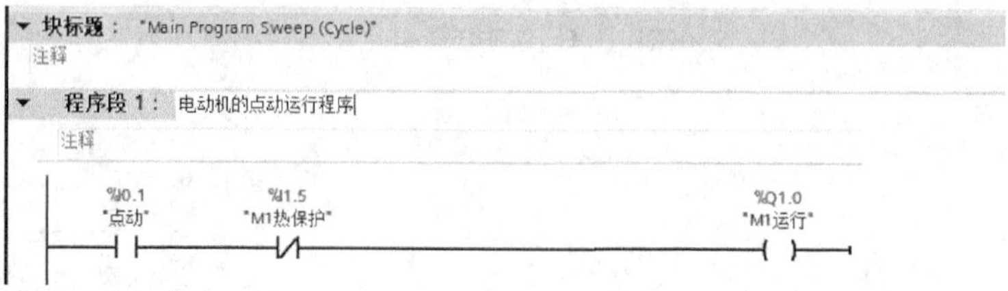

图 3-6 程序段 1

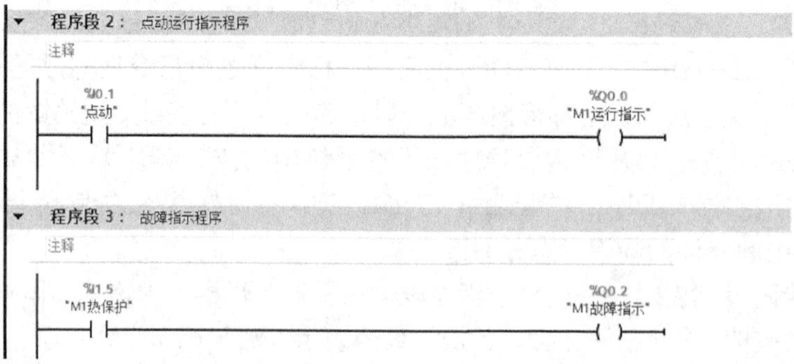

图 3-7 程序段 2 和 3 的程序

在实际的生产应用中，电动机的点动控制电路使用非常广泛，把启动按钮 SB1 换成压力接点、限位接点、水位接点等，就可以实现各种各样的自动控制电路，从而控制小型电动机的自动运行或者阀门的开关。

第二节 置位 S/复位 R 和边沿触发指令的编程

S7-1200 PLC 的置位和复位指令有置位 S 和复位 R1 位指令、置位和复位位域 SET_BF 和 RESET_BF 指令、置位优先 RS 和复位优先 SR 触发器指令，本节将首先给出这些指令的应用，然后结合具体的项目进行实战说明。

一、置位 S/复位 R 指令的深入理解

置位输出 S（置位）激活时，OUT 地址处的数据值设置为 1；S 未激活时，OUT 不变。通俗地说，就是置位后输出保持，而不管输入为何种状态。

复位输出指令 R 激活时，OUT 地址处的数据值设置为 0；R 未激活时，OUT 不变。

对同一元件可以多次使用 S/R 指令（与"＝"指令不同），由于是扫描工作方式，当置位、复位指令同时有效时，写在后面的指令具有优先权。置位/复位指令通常成对使用，也可单独使用或与指令盒配合使用，数据类型为布尔（Bool）。

操作数为：I、Q、M、D、L。

当%I0.1 的状态由 0 变为 1 时，将驱动线圈%Q0.7 置位为 1，无论输入的%I0.1 的状态是否为 1。而当%I1.5 的状态由 0 变为 1 时，将复位%Q0.7 开始的 1 个位，即置位为 0 并保持。LAD 程序的编写和置位 S/复位 R 指令的时序图如图 3-8 所示。

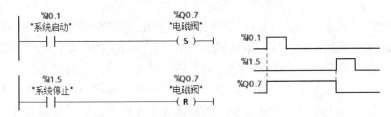

图 3-8　LAD 程序的编写和置位 S/复位 R 指令的时序图

二、扫描操作数的信号上升沿 ⊣P⊢ 指令的深入理解

编程时使用扫描操作数的信号上升沿 ⊣P⊢ 指令，可以确定所指定操作数（<操作数 1>）的信号状态是否从"0"变为"1"。该指令将比较<操作数 1>的当前信号状态与上一次扫描的信号状态，上一次扫描的信号状态保存在边沿存储位（<操作数 2>）中。如果该指令检测到逻辑运算结果（RLO）从"0"变为"1"，则说明出现了一个上升沿。有关上升沿指令和置复位指令的扩展知识请扫二维码观看。

扫描操作数的信号上升沿 ⊣P⊢ 指令的参数见表 3-3。

表 3-3　　　　　　　　　　　扫描操作数的信号上升沿 ⊣P⊢ 指令的参数

参数	声明	数据类型	存储区		说明
			S7-1200	S7-1500	
<操作数 1>	Input	Bool	I、Q、M、D、L 或常量	I、Q、M、D、L、T、C 或常量	要扫描的信号
<操作数 2>	InOut	Bool	I、Q、M、D、L	I、Q、M、D、L	保存上一次查询的信号状态的边沿存储位

三、取反 RLO ⊣ NOT ⊢ 指令的深入理解

使用 ⊣ NOT ⊢ "取反 RLO"指令，可以对逻辑运算结果（RLO）的信号状态进行取反。如果该指令输入的信号状态为"1"，则指令输出的信号状态为"0"；如果该指令输入的信号状态为"0"，则输出的信号状态为"1"。

如图 3-9 所示的程序段中，当满足以下任一条件时，┤NOT├ "取反 RLO" 指令对操作数%Q0.0 进行复位。

操作数%I1.3 和%M1.3 的状态相与后的信号状态为 "1"。

操作数%I1.1 和%M11.0 的状态相与后的信号状态为 "1"。

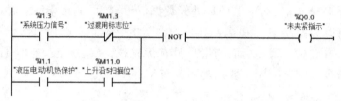

图 3-9　取反 RLO┤NOT├指令的程序

四、置位/复位指令在不锈钢切削机上的实战应用

(一) 工艺过程

不锈钢切削机上的压力开关 YK1，即压力继电器在液压系统中用于安全保护时，是将压力开关设置在夹紧液压缸的一端，液压泵启动后，首先将工件夹紧，此时夹紧液压缸的右腔的压力升高，当升高到压力开关的调定值时，压力开关动作，压力开关的电信号使切削液压缸进刀开始切削。如果工件没有夹紧，切削液压缸必须立即停止进刀，这样可以避免工件没有夹紧就进行切削而出事故，液压系统中的溢流阀是限定压力而设计配置的，一般其值比系统最高工作压力大 10%，切削机的液压系统原理示意图如图 3-10 所示。

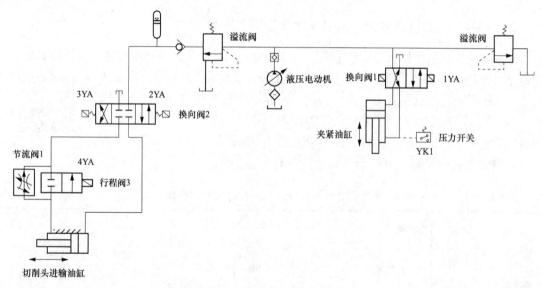

图 3-10　切削机的液压系统原理示意图

这里还编辑了一段异或的程序，来说明异或在程序中的应用，可以根据需要在自己的项目的程序编制中灵活的使用异或来完成项目中对工艺的要求。

有关多位置位和多位复位指令的扩展知识，请扫二维码学习。

(二) 电气原理图

本项目的液压和切削电动机采用 AC380V，50Hz 三相四线制电源供电，控制回路以空气开关 Q1 作为电源隔离短路保护开关，热继电器 FR 作为过载保护，中间继电器 CR1 的常开触点控制接触器 KM1 的线圈得电、失电，中间继电器 CR2 的常开触点控制接触器 KM2 的线圈得电、失电。另外，由于接触器的线圈电压选用的是 DC24V，所以控制回路选用 DC24V 的电源，S7-1200 PLC 控制切削机液压系统的电气原理图如图 3-11 所示。

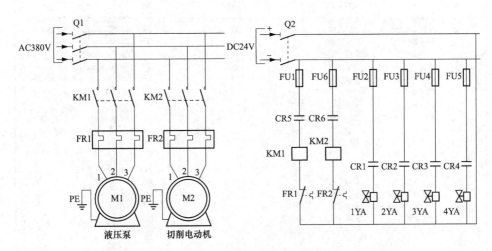

图 3-11 S7-1200 PLC 控制切削机液压系统的电气原理图

(三) PLC 控制原理图

本项目采用 AC220V 电源供电，通过直流电源 POWER Unit 将 AC220V 电源转换为 DC24V 的直流电源供给 PLC 用电。PLC（6ES7-214 1BG40 OXBO）控制原理图如图 3-12 所示。

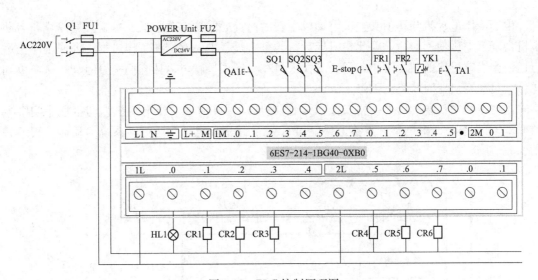

图 3-12 PLC 控制原理图

(四) 切削机液压系统安全保护功能的程序

创建【切削机液压控制系统项目】的新项目，组态 PLC 并定义变量表，CPU 采用 S7-1214，如图 3-13 所示。

	名称	变量表	数据类型	地址 ▲	保持	可从	...	...	注释
1	系统启动按钮	默认变量表	Bool	%I0.0	☐	☑	☑	☑	连接启动按钮QA1
2	切削进给到位	默认变量表	Bool	%I0.3	☐	☑	☑	☑	连接限位开关SQ1
3	切削到位	默认变量表	Bool	%I0.4	☐	☑	☑	☑	连接限位开关SQ2
4	切削油缸I原位信号	默认变量表	Bool	%I0.5	☐	☑	☑	☑	连接限位开关SQ3
5	液压马达热保护	默认变量表	Bool	%I1.1	☐	☑	☑	☑	连接热继电器FR1
6	切削电动机热保护	默认变量表	Bool	%I1.2	☐	☑	☑	☑	连接热继电器FR2
7	系统压力信号	默认变量表	Bool	%I1.3	☐	☑	☑	☑	连接压力开关YK1
8	系统停止按钮	默认变量表	Bool	%I1.5	☐	☑	☑	☑	连接停止按TA1
9	未夹紧指示	默认变量表	Bool	%Q0.0	☐	☑	☑	☑	连接指示灯HL1
10	夹紧松开控制	默认变量表	Bool	%Q0.1	☐	☑	☑	☑	连接中间继电器CR1
11	切削进给控制	默认变量表	Bool	%Q0.2	☐	☑	☑	☑	连接中间继电器CR2
12	切削返回控制	默认变量表	Bool	%Q0.3	☐	☑	☑	☑	连接中间继电器CR3
13	切削调速	默认变... ▼	Bool	%Q0.5 ▼	☐	☑	☑	☑	连接中间继电器CR4
14	液压马达运行控制	默认变量表	Bool	%Q0.6	☐	☑	☑	☑	连接中间继电器CR5
15	切削电动机控制	默认变量表	Bool	%Q0.7	☐	☑	☑	☑	连接中间继电器CR6
16	系统启动	默认变量表	Bool	%M1.0	☐	☑	☑	☑	
17	切削进给信号	默认变量表	Bool	%M2.0	☐	☑	☑	☑	
18	切削到位信号	默认变量表	Bool	%M3.0	☐	☑	☑	☑	
19	工件夹紧	默认变量表	Bool	%M4.0	☐	☑	☑	☑	
20	上升沿1扫描位	默认变量表	Bool	%M10.0	☐	☑	☑		
21	上升沿1存储位	默认变量表	Bool	%M10.1	☐	☑	☑		
22	上升沿2扫描位	默认变量表	Bool	%M10.2	☐	☑	☑		
23	上升沿2存储位	默认变量表	Bool	%M10.3	☐	☑	☑		
24	上升沿3扫描位	默认变量表	Bool	%M10.4	☐	☑	☑		
25	上升沿3存储位	默认变量表	Bool	%M10.5	☐	☑	☑		
26	上升沿4扫描位	默认变量表	Bool	%M10.6	☐	☑	☑		
27	上升沿4存储位	默认变量表	Bool	%M10.7	☐	☑	☑		
28	上升沿5扫描位	默认变量表	Bool	%M11.0	☐	☑	☑		
29	上升沿5存储位	默认变量表	Bool	%M11.1	☐	☑	☑		
30	过度用标志位	默认变量表	Bool	%M1.3	☐	☑	☑		
31	上升沿6扫描位	默认变量表	Bool	%M11.2	☐	☑	☑		
32	上升沿6存储位	默认变量表	Bool	%M11.3	☐	☑	☑	☑	

图 3-13　变量表

由于液压电动机和切削头主轴电动机空转时所消耗的功率非常低，并且频繁停止和启动电机会降低电机使用寿命，因此在机床运行的整个过程中，它们在工作过程中即使不停止运行也不会影响机床的正常工作。只要工作人员在机床现场就可以让它们一直启动运行，直到操作人员离开机床时才将它们停止。

当按下切削设备的启动按钮 QA1 后，设备启动，并启动液压电动机，即接通中间继电器 CR5 的线圈，CR5 的常开点接通接触器 KM1，使液压电动机运行，系统启动运行程序如图 3-14 所示。

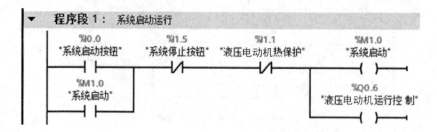

图 3-14　系统启动运行程序

液压电动机启动后对工件进行夹紧，此时夹紧液压缸右腔的压力升高，当升高到压力开关的调定值时，压力开关 YK1 动作，%I1.3 的常开触点接通，然后在程序中置位%Q0.2，使电磁阀 2YA 通电，同时将行程阀 4YA 接通，于是切削液压缸开始快速进刀动作。

　　在加工期间，压力开关的微动开关的常开触点始终闭合。如果工件没有夹紧，压力开关 YK1 的常开触点％I1.3 就会断开，于是连接中间继电器 CR2 的线圈也断开，CR2 的常开触点将断开电磁阀 2YA，切削液压缸立即停止进刀，从而避免工件未夹紧被切削而出事故，为了保证能正常对 CR2、CR3、CR4 在程序中不会因为一直置位或复位造成冲突，程序中使用了【扫描操作数的信号上升沿】─|P|─ 这个指令，％M10.1、％M10.2 和％M10.3 是指令要求的中间存储位，程序如图 3-15 所示。

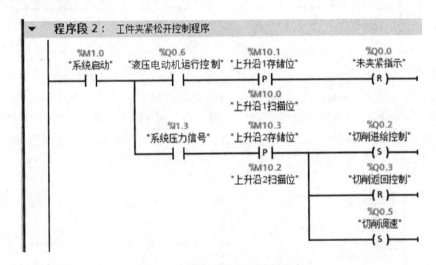

图 3-15　工件夹紧松开控制程序

　　在工件前安装有限位开关 SQ2，当切削油缸在进给时，会碰到限位 SQ2，在碰到此限位后，程序将行程阀 3 的电磁阀 4YA 断电，油液经节流阀 1 进行流动，这样在对工件进行切削时速度转为低速，可避免因活塞动作过快导致切削电动机过载，另外程序使用了【扫描操作数的信号上升沿】─|P|─ 指令，即在程序中检测到位切削和切削进给的由 0 变为 1 的时刻，是 CR2 接通，CR3 断电，并同时将 4YA 行程阀 3 断电，程序中的％M10.4 和％M10.5 是上升沿要求的一个存储上升沿状态的中间存储位，此过程在程序段 3 中实现，如图 3-16 所示。

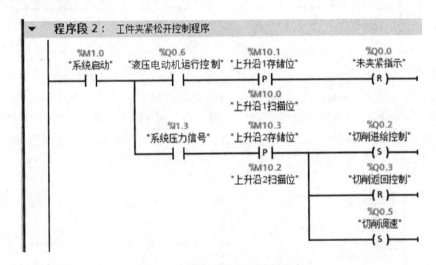

图 3-16　程序段 3

　　切削电动机在压下限位开关 SQ2 后启动，串接在回路中的电动机的热继电器 FR1 的常闭触点起到保护切削电动机的作用，程序中％M10.7 的 ─|P|─ 上升沿指令检测切削调速的上升沿的到达后，来启动切削电动机，即接通 CR6 的中间继电器的线圈，此过程在程序段 4

中实现，如图 3-17 所示。

图 3-17　程序段 4

当到达第一个限位开关 SQ2 时，%I0.3 得电，到此位置后切削电动机开始工作，PLC
同时接通中间继电器 CR4 使行程阀 3 关闭，活塞运动转为慢速工进，随着切削的不断进行，
当切削完成后，活塞会碰到切削到位的限位开关 SQ1，此时 PLC 发出指令使换向阀 2 的右
位工作，油液进入油箱右腔，活塞快速向左返回。即切削到位后，使 PLC 反向运动，并置
位到位标志位%M1.3，此过程在程序段 5 中实现，如图 3-18 所示。

图 3-18　程序段 5

在切削完毕碰到切削的油缸进给到位的限位开关 SQ1 后，程序使用延时定时器 TON，
此定时器用来实现等待 3s 后，控制换向阀两个电磁阀通断的中间继电器 CR2 断电，CR3 得
电，切削油缸活塞将做返回原位的运动，并复位%M1.3 到位标志位，此过程在程序段 6 中
实现，如图 3-19 所示。

图 3-19　程序段 6

当切削油缸的活塞回到原位的 SQ3 时，接通了％I0.5，活塞回到原点后将换向阀 2 上的电磁阀 2YA 和 3YA 断电，并使换向阀 1 上的电磁阀得电，松开夹紧的工件，一个工作流程就结束了，此过程在程序段 7 中实现，如图 3-20 所示。

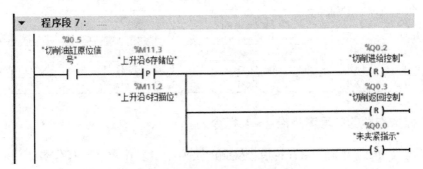

图 3-20　切削油缸的控制程序

在程序段 8 中实现的是压力不足时指示灯的报警显示，指示灯 HL1 的显示在逻辑上与压力开关的信号刚好相反，所以在程序中使用 NOT 指令将压力开关信号取反后，给到未夹紧指示灯，程序段 8 如图 3-21 所示。

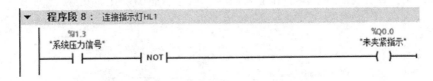

图 3-21　未夹紧指示的控制程序

若将程序段 8 中的常开触点％I1.3 换成常闭触点，后面的 NOT 指令就可以省略了。

第三节　置位/复位指令 SR 的编程

置位/复位触发器 SR 是复位优先锁存。如果置位 S 和复位 R 信号都为真，则地址 In-Out 的值将为 0。

一、置位/复位触发器 SR 指令

编程时，可以使用置位/复位触发器 SR 指令，根据输入 S 和 R1 的信号状态置位或复位指定操作数的位。如果输入 S 的信号状态为"1"且输入 R1 的信号状态为"0"，则将指定的操作数置位为"1"。如果输入 S 的信号状态为"0"且输入 R1 的信号状态为"1"，则将指定的操作数复位为"0"。有关 SR 指令的说明和应用的扩展知识点，请扫二维码观看。

输入 R1 的优先级高于输入 S。输入 S 和 R1 的信号状态都为"1"时，指定操作数的信号状态将复位为"0"。

如果两个输入 S 和 R1 的信号状态都为"0"，则不会执行该指令。因此操作数的信号状态保持不变。

操作数的当前信号状态被传送到输出 Q，并可在此进行查询。

置位/复位触发器 SR 指令的参数见表 3-4。

表 3-4　　　　　　　　　　　置位/复位触发器 SR 指令的参数

参数	声明	数据类型	存储区		说明
			S7-1200	S7-1500	
S	Input	BOOL	I、Q、M、D、L 或常量	I、Q、M、D、L、T、C 或常量	使能置位
R1	Input	BOOL	I、Q、M、D、L 或常量	I、Q、M、D、L、T、C 或常量	使能复位
<操作数>	InOut	BOOL	I、Q、M、D、L	I、Q、M、D、L	待置位或复位的操作数
Q	Output	BOOL	I、Q、M、D、L	I、Q、M、D、L	操作数的信号状态

二、扫描操作数的信号下降沿 ┤N├ 指令

扫描操作数的信号下降沿 ┤N├ 指令检测的是所指定操作数（<操作数 1>）的信号状态是否从 "1" 变为 "0"，这个 ┤N├ 指令将比较<操作数 1>的当前信号状态与上一次扫描的信号状态，上一次扫描的信号状态保存在边沿存储位（<操作数 2>）中。如果扫描操作数的信号下降沿 N 指令检测到逻辑运算结果（RLO）从 "1" 变为 "0"，则说明出现了一个下降沿。

图 3-22 所示为出现信号下降沿和上升沿时，信号状态的变化。

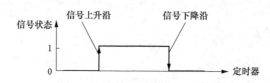

图 3-22　信号状态在上升沿和下降沿的变化

编程时，每次执行扫描操作数的信号下降沿 ┤N├ 指令时，都会查询信号下降沿。检测到信号下降沿时，<操作数 1>的信号状态将在一个程序周期内保持置位为 "1"。在其他任何情况下，操作数的信号状态均为 "0"。

在扫描操作数的信号下降沿 ┤N├ 指令上方的操作数占位符中，指定要查询的操作数（<操作数 1>）。在扫描操作数的信号下降沿 N 指令下方的操作数占位符中，指定边沿存储位（<操作数 2>）。

扫描操作数的信号下降沿 N 指令的参数见表 3-5。

表 3-5　　　　　　　　　　扫描操作数的信号下降沿 N 指令的参数

参数	声明	数据类型	存储区		说明
			S7-1200	S7-1500	
<操作数 1>	Input	BOOL	I、Q、M、D、L 或常量	I、Q、M、D、L、T、C 或常量	要扫描的信号
<操作数 2>	InOut	BOOL	I、Q、M、D、L	I、Q、M、D、L	保存上一次扫描的信号状态的边沿存储位

三、置位/复位指令 SR 在蔬菜大棚照明和通风控制系统中的实战应用

（一）蔬菜大棚照明和通风控制系统的工艺要求

在蔬菜大棚照明和通风控制系统的项目中，使用一个按钮 QA1 来控制照明灯的开关，

然后使用另一个按钮 QA2 来控制通风机的启停，并说明 SR 触发器和指令的异或在程序中是如何进行编程的。

（二）电气原理图

主电路采用 AC380V，50Hz 三相四线制电源供电，空气开关 Q1 作为电源隔离短路保护开关，在控制电路中选配了熔断器 FU10 作为短路保护元件，中间继电器 CR1 的 3 个触点分别控制 3 个地方的照明灯 HL1、HL2 和 HL3，CR2 的常开触点控制的是接触器 KM1 的线圈，当 CR2 的触点闭合后，KM1 的线圈也闭合，其主触点闭合，电动机 M1 运行，进行通风，反之亦然，蔬菜大棚照明通风控制系统的电气原理图如图 3-23 所示。

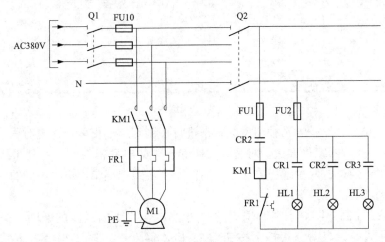

图 3-23　蔬菜大棚照明通风控制系统的电气原理图

（三）PLC 控制原理图

本项目采用 AC220V 电源供电，电控柜上使用绿色启动按钮 QA1 和 QA2 作为照明和电动机运行的启动按钮，CPU 采用 S7-1214，PLC 控制原理图如图 3-24 所示。

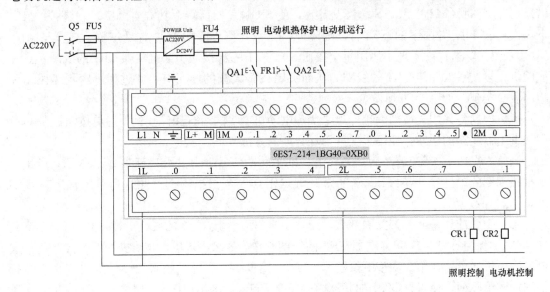

图 3-24　PLC 控制原理图

（四）蔬菜大棚照明和通风控制系统的程序编制

创建新项目【蔬菜大棚照明和通风西门子 S7-1200 控制系统】，添加控制器为 S7-1214C，根据 CPU 的 I/O 端子编写变量表，如图 3-25 所示。

	名称	变量表	数据类型	地址	保持	可从 …	从 H…	在 H…	注释
1	照明按钮	默认变量表	Bool	%I0.1		☑	☑	☑	连接按钮 SA1
2	电动机热保护	默认变量表	Bool	%I0.3		☑	☑	☑	连接热继电器 FR1
3	电动机按钮	默认变…	Bool	%I0.5		☑	☑	☑	连接按钮 SA2
4	照明控制	默认变量表	Bool	%Q0.6		☑	☑	☑	连接中间继电器 CR1
5	电动机运行控制	默认变量表	Bool	%Q0.7		☑	☑	☑	连接中间继电器 CR2
6	上升沿状态变量1	默认变量表	Bool	%M0.0		☑	☑	☑	
7	上升沿存储变量1	默认变量表	Bool	%M0.1		☑	☑	☑	
8	上升沿状态变量2	默认变量表	Bool	%M2.0		☑	☑	☑	
9	上升沿存储变量2	默认变量表	Bool	%M0.2		☑	☑	☑	
10	上升沿标志位	默认变量表	Bool	%M0.3		☑	☑	☑	
11	上升沿状态变量3	默认变量表	Bool	%M0.4		☑	☑	☑	
12	上升沿存储变量3	默认变量表	Bool	%M0.5		☑	☑	☑	
13	置复位的标志位	默认变量表	Bool	%M1.0		☑	☑	☑	

图 3-25　变量表

使用单按钮对一个设备的两种相反的状态进行控制的方法很多，这里对蔬菜大棚的照明线路采用了置位/复位的编程方法，对蔬菜大棚的通风的电动机控制线路就采用了上升沿和异或的方法，可以通过这两种编程方法在以后的工程实践中编辑出更多不同的，更加实用的程序来适应不同项目的工艺需求。

单按钮 QA1 控制照明灯点亮和熄灭的中间继电器 CR1 的线圈的通断，是使用了置复位 SR 指令来完成的，当第一次按下按钮 QA1 后，输入点％I0.1 得电，然后用它的后沿同时触发 SR 触发器的 S、R 端，置位端 S 串接了由 SR 触发器输出的位信号％M2.0 的常闭触点去触发 S，复位端 R1 也串接了由 SR 触发器输出的位信号％M2.0 的常开触点去触发 R。

控制的过程就是当按一下按钮 QA1 后，按钮 QA1 的复位抬起瞬间（照明按钮的下降沿），如果此时％M2.0＝0，S 端触发有效，使 SR 触发器反转，其输出由 "0" 上跳为 "1"，下一次再按下照明按钮的下降沿，则％M2.0＝1，则 SR 功能块的复位输入有效，则％M2.0 变为 0，这样就实现了使用单个按钮 SA1 按下一次接通中间继电器 CR1 的线圈，点亮照明灯，再按一次关闭 CR1 的线圈，从而关闭蔬菜大棚的照明灯，此过程可由程序段 1 和程序段 2 实现，如图 3-26 所示。

通风控制是采用异或的编程方法来实现电动机 M1 的运行和停止的，即单按钮控制 CR2 中间继电器线圈的通断，使用了上升沿和异或的方法。

当第一次按下按钮 QA2 后，第一个％I0.7 脉冲信号（上升沿）到来时，％M3.0 产生一个扫描周期的单脉冲，使％M3.0 的常开触点闭合一个扫描周期，此过程可由程序段 3 实现，如图 3-27 所示。

第一个脉冲到来一个扫描周期后，％M3.0 断开，连接 CR2 的％Q0.7 接通，第二个支路使％Q0.7 保持接通，中间继电器 CR2 的线圈得电，KM1 得电→电动机 M1 运行，蔬菜大棚的通风机通风，当第二次按下按钮 QA2 时，代表第二个脉冲到来，％M3.0 再产生一个扫描周期的单脉冲，使得％Q0.7 的状态由接通变为断开，KM1 失电→电动机 M1 停止，通风机停止通风，此过程可由程序段 4 实现，如图 3-28 所示。

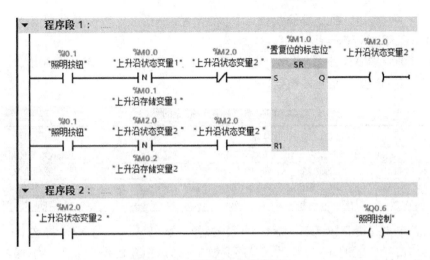

图 3-26　程序段 1 和程序段 2

图 3-27　程序段 3

图 3-28　程序段 4

通过上面 4 段程序的编制，至此，应该熟悉了置位/复位触发器 SR、上升沿 P 和下降沿 N 的指令在程序中的应用，同时还应该掌握异或编程的方法。另外，也可以参照这个程序来实现单按钮控制电路元件的通断。

有关指令上的置位和复位指令的应用的扩展知识，请扫二维码了解。

● 第四节　缩放 SCALE 和复位 / 置位 RS 指令的编程

一、缩放 SCALE 指令的深入理解

西门子 S7-1200 中的模拟量输入 SCALE 和输出 UNSCALE 功能块在编程时是常用的两个功能块，用来处理数据的转换，本章将通过两个实例来说明其应用方法。

有关转换指令标准化和比例化模拟量输入/输出的方法扩展知识请扫二维码学习了解。

SCALE_X（标定）指令是按参数 MIN 和 MAX 所指定的数据类型和值范围对标准化的实参数 VALUE 进行标定。

其中，0.0＜＝VALUE＜＝1.0，而 OUT＝VALUE(MAX－MIN)＋MIN。

SCALE_X（标定）指令的参数见表 3-6。

表 3-6　　　　　　　　　　　　　　　SCALE_X（标定）指令的参数

参数	数据类型	说明
MIN	SInt, Int, DInt, USInt, UInt, UDInt, Real, LReal	输入范围的最小值
VALUE	SCALE_X：Real, LReal	要标定或标准化的输入值
MAX	SInt, Int, DInt, USInt, UInt, UDInt, Real, LReal	输入范围的最大值
OUT	SCALE_X：SInt, Int, DInt, USInt, UInt, UDInt, Real, LReal	标定或标准化后的输出值

编程时，单击【指令】→【基本指令】→【转换指令】→【SCALE_X】，将这个指令拖入程序段上，再单击指令框的【???】，从下拉列表中选择该指令的数据类型，注意参数 MIN、MAX 和 OUT 的数据类型必须相同。添加 SCALE_X 指令如图 3-29 所示。

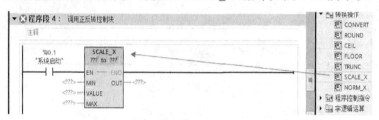

图 3-29　添加 SCALE_X 指令

当缩放 SCALE_X 指令的变量连接的是 CPU 的模拟量时，S7-1214 的模拟量通道 0 的起始地址是％IW64，如果编程后，又通过 CPU 的常规属性的【I/O 地址】对两个模拟量通道的地址进行修改，如修改为％IW100，那么，TIA Portal 会提示用户是否对程序中的所有变量的地址进行修改，如图 3-30 所示，这里选择全部修改，即替换新的变量地址。

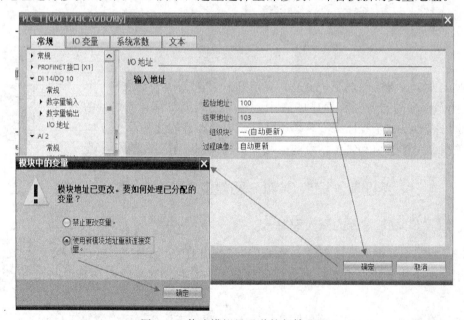

图 3-30　修改模拟量通道的起始地址

二、复位/置位指令 RS 的深入理解

复位/置位 RS 指令是置位优先锁存指令，是置位优先的。如果置位（S1）和复位（R）信号都为真，则地址 INOUT 的值将为 1。RS 指令的参数见表 3-7。

表 3-7   RS 指令的参数

参数	数据类型	说明
S, S1	Bool	置位输入：1 表示优先
R, R1	Bool	复位输入：1 表示优先
INOUT	Bool	分配的位变量 "INOUT"
Q	Bool	遵循 "INOUT" 位的状态

编程时，单击【指令】→【基本指令】→【位逻辑运算】→【RS】，将这个指令拖入程序段上，再单击指令框的 "???"，从下拉列表中选择该指令的数据类型，另外，RS 指令必须拖入到程序条的最右端。添加 RS 指令如图 3-31 所示。

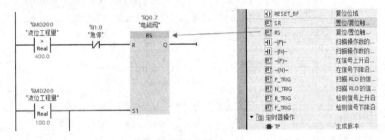

图 3-31   添加 RS 指令

三、SCALE 功能块在西门子 S7-1200 PLC 液位自动控制系统中的实战应用

（一）液位控制系统的深入理解

在实际的工业应用中常常由传感器采集压力、温度、速度等非电信号，并将这些非电量转换为电压或电流信号后，再传输给 PLC 的控制系统，这些信号都是模拟量，需要对 PLC 中采集的模拟量信号做进一步的加工处理，方便用来计算、比较和显示。

液位控制系统是以液位为被控参数的系统，液位控制一般是指对被控制对象的液位进行控制调节，通过对水箱的液位高低进行调节，以达到所要求的控制精度。本例程就是使用 S7-1214C PLC 对水箱的液位进行工程量的转换，并自动控制水箱的液位在 100～400，低于 100 会报警并接通电磁阀 YA1，高于 400 会切断电磁阀从而停止补给，液位自动控制系统示意图如图 3-32 所示。

（二）PLC 控制原理图

本系统采用 AC 220V 电源供电，并且通过直流电源 POWER Unit 将 AC 220V 电源转换为 DC24V 的直流电源供给 PLC 用电。空气开关 Q1 作为电源隔离短路保护开关，所选 PLC 的 CPU 为 1214，订货号为 6ES7-214-1BG40-0XB0，自复位 QA1 是正转启动按钮，连接到 PLC 输入的端子 I0.1 上，液位变送器 Level G1 连接到 2M 和 0 上，紧急制动的指示灯连接到 PLC 输出的 Q0.2 端子上，上线报警指示灯 HL1 连接到端子 Q0.0 上，下线报警指

示灯连接到 Q0.1 上，PLC 控制原理图如图 3-33 所示。

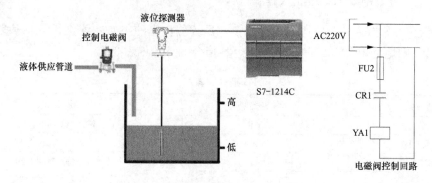

图 3-32　液位自动控制系统示意图

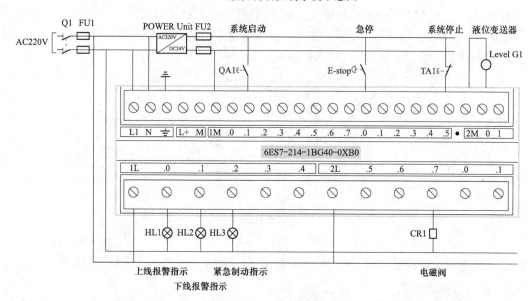

图 3-33　PLC 控制原理图

　　本项目中 PLC 的模拟量转换的工作是在模拟量通道 0 上，连接一个液位计传感器 Level G1 的变送器，信号为 0~10V，工作时这个液位传感器将测得的温度值转换为一个范围为 0~10V 的连续电压信号输入给 S7-1200 PLC。这个模拟量经过 PLC 内部的 A/D 转换后被转换成了数字量，范围为 0~27648，并存储在特定地址的寄存器中，具体转换流程如图 3-34 所示。

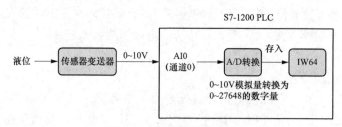

图 3-34　模拟量转换流程

(三) 项目硬件组态

　　创建新项目【液位自动控制项目】，添加控制器 CPU-1214C，并按照 CPU 的 I/O 端子编写变量表，单击【项目树】下的【设备组态】，在 S7-1200 上就可以查看端子的连接了，如图 3-35 所示。

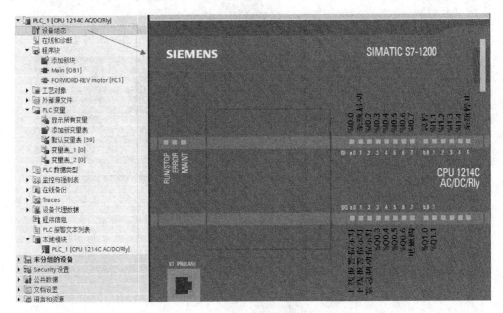

图 3-35　设备上的 I\O 端子连接

在项目树下的变量表中创建与 CPU I/O 端子相对应的变量，完成后的变量表如图 3-36 所示。

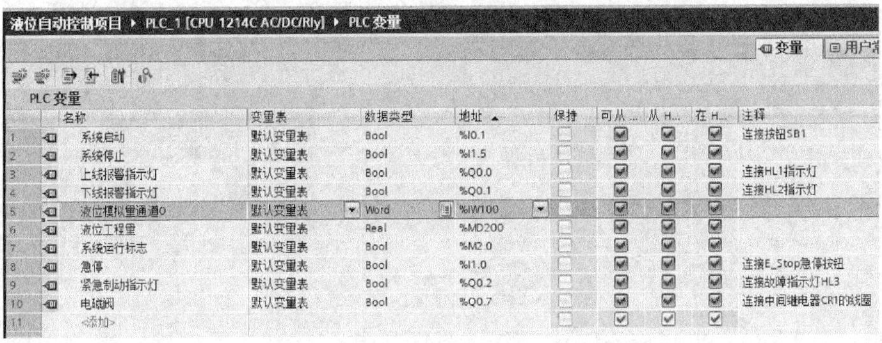

图 3-36　变量表

CPU1214C 内部集成了 2 路模拟量输入通道，分别为通道 0 和通道 1，可以同时接收并处理两个传感器输入的模拟量信号，对应的地址为 IW64 和 IW66，每个地址对应的长度为一个字，16 位，组态时，选择【项目树】→【PLC_1［CPU1214 AC\DC\Rly］】→【本地模块】，右击【PLC_1［CPU1214 AC\DC\Rly］】，在右键菜单中单击【属性】，如图 3-37 所示。

在【PLC_1［CPU1214 AC\DC\Rly］】的属性页中可以修改默认的模拟量的输入地址，通道 0 的默认地址为 IW64，如图 3-38 所示。

单击模拟量下的 I/O 地址，可以修改通道 0 的地址，如修改地址为 100，之后单击【确定】，如图 3-39 所示。

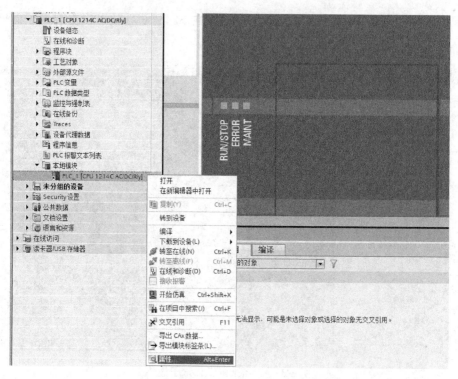

图 3-37　打开 CPU 属性

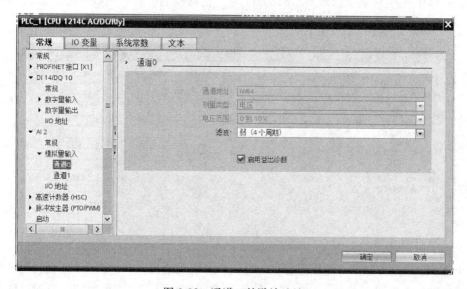

图 3-38　通道口的默认地址

（四）程序编制

　　首先在【Main】主程序 OB 中，创建两个实数的临时变量 Temp_1 和 percent_temp，作为模拟量转换的中间变量。临时变量只在本扫描周期内有作用，下一个扫描周期就会被自动复位，所以如果项目中的数据不需要在下一个扫描周期内使用的，就可以把这个数据创建为临时变量。

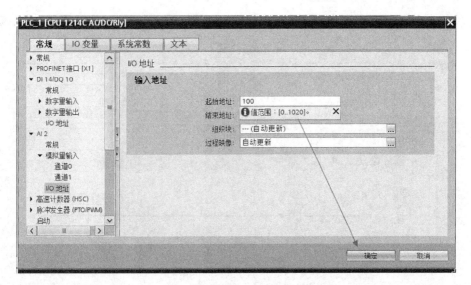

图 3-39 修改通道 0 的地址为 100

在程序段 1 中，当按下系统启动按钮 QA1 后，置位了系统启动标志％M2.0，使用停止按钮 TA1 复位这个启动标志位，按下急停按钮％1.0 后系统将停止，程序段 1 如图 3-40 所示。

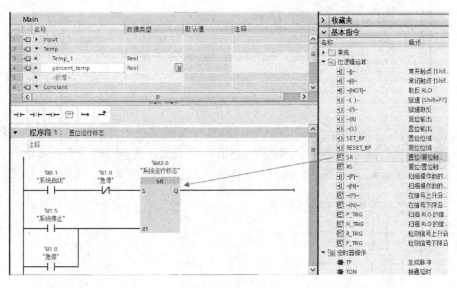

图 3-40 程序段 1

PLC 默认模拟信号的输入电压范围是 0～10V，转换成数字信号的范围是 0～27648，在程序段 2 中，使用指令 CONV 将模拟量通道 0，地址为％IW100 的整数首先转换为实数，再用 DIV 除法指令把这个输入的值转换为 1214CPU 中的工程量，这个工程量的单位表示的是介于下限 0.0L 和上限 500.0L（LO_LIM 和 HI_LIM）之间的实型值。将结果写入 SCALE_X 的输出引脚【OUT】连接的％MD200 的引脚上。程序段 2 如图 3-41 所示。

在程序段 3 中，将％MD200 中的实际的液位值与设定的 400 的高位报警设置值相比较，如果高于设定值将使 S7-1214C 的输出端子％Q0.0 得电，连接在这个端子上的水位高于设定值的报警灯 HL1 点亮。程序段 3 如图 3-42 所示。

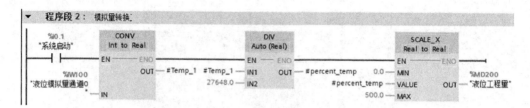

图 3-41　程序段 2

程序段 3: 液位高

图 3-42　程序段 3

在程序段 4 中，将％MD200 中实际的液位值与设定的 100 的低位报警设置值相比较，如果低于设定值将使 S7-1214C 的输出端子％Q0.1 得电，连接在这个端子上的水位高于设定值的报警灯 HL2 点亮。程序段 4 如图 3-43 所示。

程序段 4: 液位低

图 3-43　程序段 4

在程序段 5 中，当水位低于 100 的设定值时，接通％Q0.7 上的中间继电器 CR1 的线圈，CR1 的常开触点接通电磁阀，液体进行补给，当水位达到 400 时，断开％Q0.7 上的中间继电器 CR1 的线圈，从而切断电磁阀。程序段 5 如图 3-44 所示。

程序段 5: 电磁阀通断的控制

图 3-44　程序段 5

当出现紧急情况时，按下急停按钮，点亮 HL3 指示有故障，此过程可由程序段 6 实现，如图 3-45 所示。

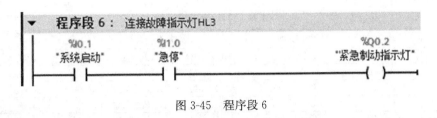

图 3-45　程序段 6

第五节　运算指令的编程

一、数学函数指令的深入理解

西门子 S7-1200 PLC 的运算指令包括计算指令 CALCULATE、加指令 ADD、减指令 SUB、乘指令 MUL、除指令 DIV、返回除法的余数指令 MOD、取反指令 NEG、递增指令 INC、递减指令 DEC、计算绝对值指令 ABS、获取最小值指令 MIN、获取最大值指令 MAX、设置限值指令 LIMIT、计算平方指令 SQR、计算平方根指令 SQRT、计算自然对数指令 LN、计算指数值指令 EXP、计算正弦值指令 SIN、计算余弦值指令 COS、计算正切值指令 TAN、计算反正弦值指令 ASIN、计算反余弦值指令 ACOS、计算反正切值指令 ATAN、返回分数指令 FRAC、取幂指令 EXPT。

PLC 的数据运算功能包括可以进行字、双字整数运算，也可以进行浮点数值的运算。

（一）加减乘除指令

1. 加指令 ADD

加指令 ADD 是将输入 IN1 的值与输入 IN2 的值相加，并在输出 OUT（OUT：＝IN1＋IN2）处查询总和。有关 ADD 指令的程序编制与应用的扩展内容请扫二维码学习。

加指令 ADD 的参数见表 3-8。

表 3-8　　　　　　　　　　　　　ADD 指令的参数

参数	声明	数据类型	存储区	说明
EN	Input	Bool	I、Q、M、D、L 或常量	使能输入
ENO	Output	Bool	I、Q、M、D、L	使能输出
IN1	Input	整数、浮点数	I、Q、M、D、L、P 或常量	要相加的第一个数
IN2	Input	整数、浮点数	I、Q、M、D、L、P 或常量	要相加的第二个数
INn	Input	整数、浮点数	I、Q、M、D、L、P 或常量	要相加的可选输入值
OUT	Output	整数、浮点数	I、Q、M、D、L、P	总和

2. 减指令 SUB

减指令 SUB 是将输入 IN2 的值从输入 IN1 的值中减去，并在输出 OUT（OUT：＝IN1－IN2）处查询差值。有关 SUB 指令的程序编制和应用的扩展内容请扫二维码观看学习。

减指令 SUB 的参数见表 3-9。

表 3-9 减指令 SUB 的参数

参数	声明	数据类型	存储区	说明
EN	Input	Bool	I、Q、M、D、L 或常量	使能输入
ENO	Output	Bool	I、Q、M、D、L	使能输出
IN1	Input	整数、浮点数	I、Q、M、D、L、P 或常量	被减数
IN2	Input	整数、浮点数	I、Q、M、D、L、P 或常量	相减
OUT	Output	整数、浮点数	I、Q、M、D、L、P	差值

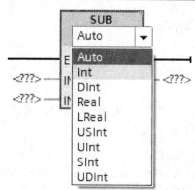

图 3-46 减指令 SUB 支持的类型

输入 ADD 和 SUB 时，可以单击指令框的【???】，从下拉列表中选择该指令的数据类型。在 1200 里，减指令 SUB 只需要一个指令块便兼容所有类型，如整数，浮点数等。减指令 SUB 支持的类型如图 3-46 所示。

在 SUB 指令的左侧的 IN1 参数输入要进行运算的变量，比如是 Real 类型，SUB 指令自动切换为 Real 类型。如果是 Int 类型，SUB 指令自动切换为 Int 类型。

3. 乘指令 MUL

乘指令 MUL 是将输入 IN1 的值与输入 IN2 的值相乘，并在输出 OUT（OUT：＝IN1 * IN2）处查询乘积。有关 MUL 指令的程序编制与应用的扩展内容请扫二维码观看学习。

编程时可以在 MUL 指令功能框中展开输入的数字，在功能框中以升序对相加的输入进行编号，乘指令 MUL 执行时，将所有输入的参数的值相乘，乘积存储在输出 OUT 当中。

乘指令 MUL 的参数见表 3-10。

表 3-10 乘指令 MUL 的参数

参数	声明	数据类型	存储区	说明
EN	Input	Bool	I、Q、M、D、L 或常量	使能输入
ENO	Output	Bool	I、Q、M、D、L	使能输出
IN1	Input	整数、浮点数	I、Q、M、D、L、P 或常量	乘数
IN2	Input	整数、浮点数	I、Q、M、D、L、P 或常量	相乘的数
INn	Input	整数、浮点数	I、Q、M、D、L、P 或常量	可相乘的可选输入值
OUT	Output	整数、浮点数	I、Q、M、D、L、P	乘积

4. 除指令 DIV

除指令 DIV 是将输入 IN1 的值除以输入 IN2 的值，并在输出 OUT 当中，即 OUT：＝IN1/IN2。有关除指令 DIV 的程序编制与应用的扩展内容请扫二维码观看学习。

除指令 DIV 的参数见表 3-11。

表 3-11 除指令 DIV 的参数

参数	声明	数据类型	存储区	说明
EN	Input	Bool	I、Q、M、D、L 或常量	使能输入
ENO	Output	Bool	I、Q、M、D、L	使能输出
IN1	Input	整数、浮点数	I、Q、M、D、L、P 或常量	被除数
IN2	Input	整数、浮点数	I、Q、M、D、L、P 或常量	除数
OUT	Output	整数、浮点数	I、Q、M、D、L、P	商值

(二)计算类指令

计算类指令包括计算平方根指令 SQRT、计算平方指令 SQR、计算自然对数指令 LN、计算指数值指令 EXP、计算正弦值指令 SIN、计算余弦值指令 COS、计算正切值指令 TAN、计算反正弦值指令 ASIN、计算反余弦值指令 ACOS、计算反正切值指令 ATAN、返回小数指令 FRAC、取幂指令 FXPT。有关三角函数的运算和加减乘除的在线监视的扩展内容请扫二维码学习。

1. 计算平方根指令 SQRT

计算平方根指令 SQRT 是计算输入 IN 的浮点数值的平方根，并将结果写入输出 OUT。如果输入值大于零，则该指令的结果为正数。如果输入值小于零，则输出 OUT 返回一个无效浮点数。如果输入 IN 的值为"0"，则结果也为"0"。

2. 计算平方指令 SQR

计算平方指令 SQR 是计算输入 IN 的浮点数值的平方，并将结果写入输出 OUT 中。

3. 计算自然对数指令 LN

计算自然对数指令 LN 是计算输入 IN 处的值以（e＝2.718282）为底的自然对数。计算结果将存储在输出 OUT 中。如果输入值大于零，则该指令的结果为正数。如果输入值小于零，则输出 OUT 返回一个无效浮点数。

4. 计算指数值指令 EXP

计算指数值指令 EXP 是以 e（e＝2.718282e）为底计算输入 IN 的值的指数，并将结果存储在输出 OUT 中，即 OUT＝eIN。

5. 计算正弦值指令 SIN

计算正弦值指令 SIN 是计算角度的正弦值，角度大小在 IN 输入处以弧度的形式指定，指令结果被发送到输出的 OUT 当中。

6. 计算余弦值指令 COS

计算余弦值指令 COS 是计算角度的余弦值，角度大小在 IN 输入处以弧度的形式指定，指令结果被发送到输出 OUT 中。

7. 计算正切值指令 TAN

计算正切值指令 TAN 是计算角度的正切值，角度大小在 IN 输入处以弧度的形式指定，指令结果被发送到输出 OUT 中。

8. 计算反正弦值指令 ASIN

计算反正弦值指令 ASIN 是根据输入 IN 指定的正弦值，计算与该值对应的角度值，只能为输入 IN 指定范围－1 到＋1 内的有效浮点数，计算出的角度值以弧度为单位，在输出 OUT 中输出，范围在 $-\pi/2$ 到 $+\pi/2$ 之间。

9. 计算反余弦值指令 ACOS

计算反余弦值指令 ACOS 是根据输入 IN 指定的余弦值，计算与该值对应的角度值，只能为输入 IN 指定范围－1 到＋1 内的有效浮点数，计算出的角度值以弧度为单位，在输出 OUT 中输出，范围在 0 到 $+\pi$ 之间。

10. 计算反正切值指令 ATAN

计算反正切值指令 ATAN 是根据输入 IN 指定的正切值，计算与该值对应的角度值，输入 IN 中的值只能是有效的浮点数（或－NaN/＋NaN），计算出的角度值以弧度形式在输出 OUT 中输出，范围在－π/2 到＋π/2 之间。

11. 返回小数指令 FRAC

返回小数指令 FRAC 是用来在程序中确定输入 IN 的值的小数位的。结果存储在输出 OUT 中。比如，如果输入 IN 的值为 893.9587，则输出 OUT 返回值就是 0.9587。

12. 取幂指令 FXPT

取幂指令 FXPT 计算以输入 IN1 的值为底，以输入 IN2 的值为幂的结果。指令结果放在输出 OUT 中，即 OUT＝IN1IN2。这个指令只能为输入 IN1 指定有效的浮点数，也可以将整数指定给输入 IN2。

13. 计算类指令的参数

计算类指令的参数见表 3-12。

表 3-12　　　　　　　　　　　计算类指令的参数

参数	声明	数据类型	存储区
EN	Input	Bool	I、Q、M、D、L 或常量
ENO	Output	Bool	I、Q、M、D、L
IN	Input	浮点数	I、Q、M、D、L、P 或常量
OUT	Output	浮点数	I、Q、M、D、L、P

（三）计算指令 CALCULATE

计算指令 CALCULATE 定义并执行表达式，根据所选数据类型计算数学运算或复杂逻辑运算。

编程时可以单击指令框的【???】，从下拉列表中选择该指令的数据类型，并根据所选的数据类型，可以组合某些指令的函数以执行复杂计算。将在一个对话框中指定待计算的表达式，单击指令框上方的计算器图标可打开该对话框，表达式可以包含输入参数的名称和指令的语法，但不能指定操作数名称和操作数地址。

在初始状态下，指令功能框的引脚至少包含两个输入即 IN1 和 IN2，实际使用这个指令时可以扩展输入的数目，在功能框中按升序对插入的输入编号。

使用输入的值来执行指定表达式，表达式中不一定会使用所有的已定义输入，该指令的结果将传送到输出 OUT 中。

CALCULATE 指令可用于创建作用于多个输入上的数学函数（IN1，IN2，IN_n），并根据读者定义的等式在 OUT 处生成结果。编程时首先选择数据类型，所有输入和输出的数据类型必须相同，还要添加其他输入，需要单击最后一个输入处的图标。

IN 和 OUT 参数必须具有相同的数据类型（通过对输入参数进行隐式转换），计算指令 CALCULATE 的数据类型见表 3-13。

表 3-13　　　　　　　　　　计算指令 CALCULATE 的数据类型

参数	数据类型[1]
IN1，IN2，…，IN_n	SInt，Int，DInt，USInt，UInt，UDInt，Real，LReal，Byte，Word，DWord
OUT	SInt，Int，DInt，USInt，UInt，UDInt，Real，LReal，Byte，Word，DWord

当执行 CALCULATE 并成功完成计算中的所有单个运算时，ENO＝1，否则 ENO＝0。

计算指令 CALCULATE 的参数见表 3-14。

表 3-14　　　　　　　　　　　　　　　　计算指令 CALCULATE 的参数

参数	声明	数据类型	存储区	说明
EN	Input	Bool	I、Q、M、D、L 或常量	使能输入
ENO	Output	Bool	I、Q、M、D、L	使能输出
IN1	Input	位字符串、整数、浮点数	I、Q、M、D、L、P 或常量	第一个可用的输入
IN2	Input	位字符串、整数、浮点数	I、Q、M、D、L、P 或常量	第二个可用的输入
INn	Input	位字符串、整数、浮点数	I、Q、M、D、L、P 或常量	其他插入的值
OUT	Output	位字符串、整数、浮点数	I、Q、M、D、L、P	最终结果要传送到的输出

（四）返回除法的余数指令 MOD

返回除法的余数指令 MOD 是将输入 IN1 的值除以输入 IN2 的值，并通过输出 OUT 查询余数。

返回除法的余数指令 MOD 的参数见表 3-15。

表 3-15　　　　　　　　　　　　　　　返回除法的余数指令 MOD 的参数

参数	声明	数据类型	存储区	说明
EN	Input	Bool	I、Q、M、D、L 或常量	使能输入
ENO	Output	Bool	I、Q、M、D、L	使能输出
IN1	Input	整数	I、Q、M、D、L、P 或常量	被除数
IN2	Input	整数	I、Q、M、D、L、P 或常量	除数
OUT	Output	整数	I、Q、M、D、L、P	除法的余数

（五）取反指令 NEG

取反指令 NEG 在程序中更改输入 IN 中值的符号，并在输出 OUT 中查询结果。比如，如果输入 IN 为正值，则该值为负，其等效值将发送到输出 OUT 当中。

取反指令 NEG 的参数见表 3-16。

表 3-16　　　　　　　　　　　　　　　　取反指令 NEG 的参数

参数	声明	数据类型		存储区	说明
		S7-1200	S7-1500		
EN	Input	Bool	Bool	I、Q、M、D、L 或常量	使能输入
ENO	Output	Bool	Bool	I、Q、M、D、L	使能输出
IN	Input	SInt、Int、DInt、浮点数	SInt、Int、DInt、LInt、浮点数	I、Q、M、D、L、P 或常量	输入值
OUT	Output	SInt、Int、DInt、浮点数	SInt、Int、DInt、LInt、浮点数	I、Q、M、D、L、P	输入值取反

（六）递增指令 INC 和递减指令 DEC

递增指令 INC 是将参数 IN/OUT 中操作数的值更改为下一个更大的值，并查询结果。只有使能输入 EN 的信号状态为"1"时，才执行"递增"指令。如果在执行期间未发生溢出错误，则使能输出 ENO 的信号状态也为"1"。

递减指令 DEC 将参数 IN/OUT 中操作数的值更改为下一个更小的值，并查询结果。只有使能输入 EN 的信号状态为"1"时，才执行"递减"指令。如果在执行期间未超出所选数据类型的值范围，则使能输出 ENO 的信号状态也为"1"。

递增指令 INC 和递减指令 DEC 的参数见表 3-17。

表 3-17　　　　　　　　　　　递增指令 INC 和递减指令 DEC 的参数

参数	声明	数据类型	存储区
EN	Input	Bool	I、Q、M、D、L 或常量
ENO	Output	Bool	I、Q、M、D、L
IN/OUT	InOut	整数	I、Q、M、D、L

（七）计算绝对值指令 ABS

计算绝对值指令 ABS 是计算输入 IN 处指定的值的绝对值，指令结果被发送到输出 OUT。计算绝对值指令 ABS 的参数见表 3-18。

表 3-18　　　　　　　　　　　计算绝对值指令 ABS 的参数

参数	声明	数据类型		存储区	说明
		S7-1200	S7-1500		
EN	Input	Bool	Bool	I、Q、M、D、L 或常量	使能输入
ENO	Output	Bool	Bool	I、Q、M、D、L	使能输出
IN	Input	SInt、Int、DInt、浮点数	SInt、Int、DInt、LInt、浮点数	I、Q、M、D、L、P 或常量	输入值
OUT	Output	SInt、Int、DInt、浮点数	SInt、Int、DInt、LInt、浮点数	I、Q、M、D、L、P	输入值的绝对值

二、数学函数指令的输入

编程时，首先选中程序段中的编程的逻辑水平条，单击【指令】→【基本指令】→【数学函数】，用左键将要输入的指令拖拽到编程条上的方框处即可，添加乘指令 MUL 的操作如图 3-47 所示。

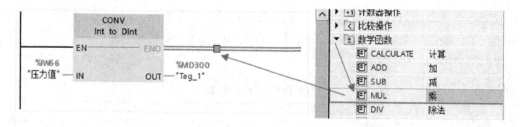

图 3-47　添加乘指令 MUL 的操作

乘指令输入完成后，可在功能框图中单击【???】，选择数据类型。添加完成后的乘指令 MUL 如图 3-48 所示。

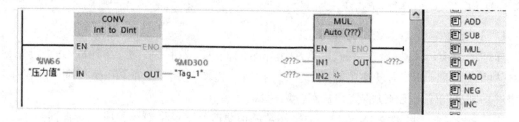

图 3-48　添加完成后的乘指令 MUL

设置 MUL 输入/输出端子的变量和数据，输入 IN1 这里连接的是变量％MD300，IN2 连接的是常量10000，如图 3-49 所示。

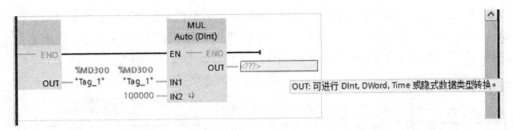

图 3-49　设置 MUL 输入/输出端子的变量和数据

　　MUL 的输出端子 OUT 连接的是变量%MD400。同样的方法，添加除指令 DIV，将【基本指令】→【数学函数】下的 DIV 拖拽到程序条上的方框处，如图 3-50 所示。

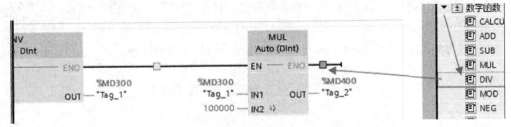

图 3-50　变量链接和除指令 DIV 的添加

　　其他数学函数指令的输入与乘指令 MUL 的添加相同，不同的是指令的输入/输出值需要根据指令的不同进行调整。

三、数学函数指令在工程计算项目中的编程应用

　　在 S7-1214C 的两个模拟量输入端子上可以连接测量信号，如压力的测量信号，连接差压变送器的 0～5V 的信号，可以测量压力容器的压力值。液位测量差压法的工作示意图如图 3-51 所示。

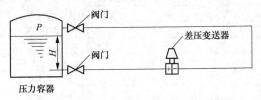

图 3-51　液位测量差压法的工作示意图

　　差压变送器的 0～5V 信号连接在模拟量通道 1 上，连接测量的信号为压力传感器时，如果量程为 0～0.1MPa，而变送器转换成对应的电压信号为 0～5V 的话，设转换后地址 IW66 中的数值为 X，将模拟量输入转换的数字值还原成对应的物理量的单位为 Pa 的压力值 P 的公式为

$$\frac{X}{13824} = \frac{P}{0.1 \times 10^6} \qquad P = \frac{X \times 10^5}{13824}$$

　　S7-1214 PLC 默认的两个通道的模拟信号输入的电压范围是 0～10V，转换成数字信号的范围是 0～27648，而本项目中压力传感器输出的电压范围是 0～5V，存入通道 1 的地址为%IW66 的变量中，范围是 0～13824，对应的压力传感器的测量压力范围是 0～0.1MPa。

　　有关 convert 浮点转换整形的四舍五入方法的扩展知识点，请扫二维码学习。

　　编程时，通道 1 中的变量%IW66 的数据类型为 Int 整型，在与值 100000 相乘以后，其结

果会超出 Int 的范围，所以编程时首先使用 CONV 指令将数据类型转换为双整型 DInt。按照上面推导出的公式，先进行乘法，再进行除法将 0～5V 的数值转换成以 Pa 为单位的压力值，并将结果存储于中间变量的寄存器 %MD500 当中，工程量的转换程序如图 3-52 所示。

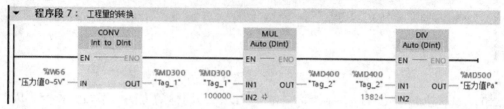

图 3-52　工程量的转换程序

在执行除法指令时，S7-1200 PLC 会将余数舍去而只保留商值，因此会影响计算出来的值的精度，所以在编写程序时，遇到类似的计算一定要注意先乘后除。

有关数学函数 MOD 模除指令的应用的扩展知识请扫二维码了解。

➡ 第六节　比较指令的编程

一、比较指令的深入理解

比较指令是将两个操作数按指定的条件比较，操作数可以是整数，也可以是实数，在梯形图中用触点表示比较结果，比较条件成立时，触点就闭合，否则断开，比较触点可以装入，也可以串、并联。

比较指令的说明见表 3-19。

表 3-19　　　　　　　　　　　　比较指令的说明

关系类型	满足以下条件时比较结果为真…
=	IN1 等于 IN2
<>	IN1 不等于 IN2
>=	IN1 大于或等于 IN2
<=	IN1 小于或等于 IN2
>	IN1 大于 IN2
<	IN1 小于 IN2

（一）数值比较

数值比较指令用于比较两个数值，即 IN1 的数值是大于、小于还是等于 IN2 的数值，如：

IN1 = IN2　　　　　　IN1＞= IN2　　　　IN1＜= IN2

IN1＞IN2　　　　　　IN1＜IN2　　　　　IN1＜＞IN2

注意：①字节比较操作是无符号的；②整数比较操作是有符号的；③双字比较操作是有符号的；④实数比较操作是有符号的。

使用 LAD 和 FBD 两种编程方法编程时，当相比较后的结果为真时，比较指令激活触点（LAD）或输出（FBD）。有关大于、等于比较指令的编程应用与下载的扩展知识，请扫二维码观看视频。

而使用 STL 编程时，当相比较后的结果为真时，比较指令将 1 载入栈顶，再将 1 与栈顶值作"与"或者"或"运算（STL）。

当使用 IEC 比较指令时，可以使用各种数据类型作为输入，但两个输入的数据类型必须一致。

字符串比较指令是比较两个字符串的 ASCII 码字符，如：

IN1 = IN2　　IN1<>IN2

当相比较后的结果为真时，比较指令使触点闭合（LAD）或者输出接通（FBD），或者对 1 进行 LD、A 或 O 操作，并置入栈顶（STL）。

比较指令的数据类型有 Byte，Word，DWord，SInt，Int，DInt，USInt，UInt，UDInt，Real，LReal，String，WString，Char，Char，Time，Date，TOD，DTL，常数。

（二）范围内值指令 IN_Range 和范围外值指令 OUT_Range

范围内值指令 IN_Range 和范围外值指令 OUT_Range 测试输入的值是在指定的值范围之内还是之外，如果比较结果为 TRUE，则功能框输出为 TRUE，是范围内值和范围外值指令。输入参数 MIN、VAL 和 MAX 的数据类型必须相同。

当 MIN<=VAL<=MAX，IN_RANGE 比较结果为真，当 VAL<MIN 或 VAL>MAX，OUT_RANGE 比较结果为真。

范围内值指令 IN_Range 的参数见表 3-20。

表 3-20　　　　范围内值指令 IN_Range 和范围外值指令 OUT_Range 的参数

参数	声明	数据类型	存储区	说明
功能框输入	Input	Bool	I、Q、M、D、L 或常量	上一个逻辑运算的结果
MIN	Input	整数、浮点数	I、Q、M、D、L 或常量	取值范围的下限
VAL	Input	整数、浮点数	I、Q、M、D、L 或常量	比较值
MAX	Input	整数、浮点数	I、Q、M、D、L 或常量	取值范围的上限
功能框输出	Output	Bool	I、Q、M、D、L	比较结果

（三）检查有效性指令 OK 和检查无效性指令 Not OK

OK 和 Not OK 是两个检查有效性的指令，用于测试输入数据参考是否为符合 IEEE 规范 754 的有效实数。使用 LAD 和 FBD 编程时，如果该 LAD 触点为 TRUE，则激活该触点并传递能流，如果该 FBD 功能框为真，则功能框输出为真。有关最小值、最大值和限幅值指令的扩展知识，请扫二维码观看。

检查有效性指令 OK 和检查无效性指令 Not OK 的参数见表 3-21。

表 3-21　　　　检查有效性指令 OK 和检查无效性指令 Not OK 的参数

参数	声明	数据类型	存储区	说明
<操作数>	Input	浮点数	I、Q、M、D、L	要查询的值

（四）相同和不同比较指令

相同和不同比较指令包括 EQ_Type（数据类型与变量的数据类型进行比较所得的结果为 EQUAL）、NE_Type（数据类型与变量的数据类型进行比较所得的结果为 UNEQUAL）、EQ_ElemType（ARRAY 元素的数据类型与变量的数据类型进行比较所得的结果为 EQUAL）、NE_ElemType（ARRAY 元素的数据类型与变量的数据类型进行比较所得的结果为 UNEQUAL）。

其中，比较数据类型与变量数据类型是否"相等"指令 EQ_Type 的参数见表 3-22。

表3-22　　　　　　比较数据类型与变量数据类型是否"相等"指令 EQ_Type 的参数

参数	声明	数据类型	存储区		说明
			S7-1200	S7-1500	
<操作数 1>	Input	Variant	L（可在块接口的"Input""InOut"和"Temp"部分进行声明）		第一个操作数
<操作数 2>	Input	位字符串、整数、浮点数、定时器、日期时间、字符串、AR-RAY、PLC 数据类型	I、Q、M、D、L	I、Q、M、D、L、P	第二个操作数

（五）空比较指令

空比较指令有 IS_NULL 和 NOT_NULL，可用来决定输入是否实际上指向对象，<Operand>必须为 Variant 数据类型。

空比较指令 IS_NULL（查询等于零的指针）测试 Operand 的 Variant 所指向的变量是否为空，即是否不指向任何对象。

NOT_NULL（查询等于零的指针）指令测试 Operand 的 Variant 所指向的变量是否不为空，即是否指向一个对象。

（六）检查数组指令 IS_ARRAY

可以使用检查数组指令 IS_ARRAY 来查询 Variant 是否指向 Array 数据类型的变量。这个指令的操作数必须是 Variant 数据类型。如果操作数是数组，则指令返回 1（真）。

二、比较指令的输入

首先选中程序段中的编程的逻辑水平条，单击【指令】→【基本指令】→【数学函数】，用左键将要输入的指令拖拽到编程条上，添加比较指令 CMP（等于指令）的操作如图 3-53 所示。

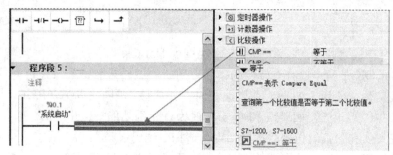

图 3-53　添加比较指令 CMP

CMP（等于指令）输入完成后，在功能框图中单击【???】，选择数据类型，这里选择【Real】，如图 3-54 所示。

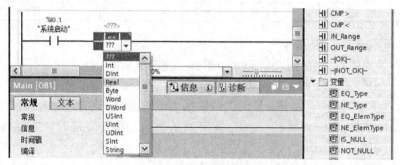

图 3-54　选择数据类型

输入完成后的 CMP（等于指令）如图 3-55 所示。

图 3-55　输入完成后的 CMP（等于指令）

指令添加完成后，还要输入 CMP 的两个比较值，判断第一个比较值是否等于第二个比较值，单击比较值图标，在变量表中选择即可，如图 3-56 所示。

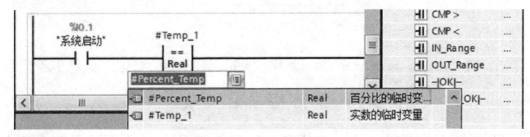

图 3-56　输入比较值

其他比较指令的输入与 CMP 的输入基本相同，但指令的比较值需要根据指令的不同进行调整。

三、比较指令在压力容器项目中的实战应用

（一）锅炉温度测量上的工艺要求

本项目采用 S7-1211C 的 CPU，订货号为 6ES7 211-1BE40-0XB0，CPU 1211C 的端子为 AC/DC/RLY，两个模拟量输入端子连接的测量信号为 0～10V，要实现的是使用一个温度测量仪来检测锅炉的温度，当温度为 60℃～100℃时，启动循环水泵 M1 为暖气片进行供热，而项目中的温度测量仪的变送器输出的信号是 0～20mA，所以系统需要扩展一个能处理电流信号的模块。锅炉供热控制系统的工作示意图如图 3-57 所示。

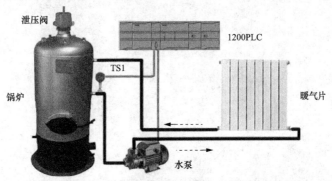

图 3-57　锅炉供热控制系统的工作示意图

（二）PLC 控制原理图

S7-1211C（6ES7 211-1BE40-0XB0）的 I/O 点数为 6 点输入和 4 点输出，可以扩展一个模拟量信号模板。S7-1211C 和扩展模板的控制原理图如图 3-58 所示。

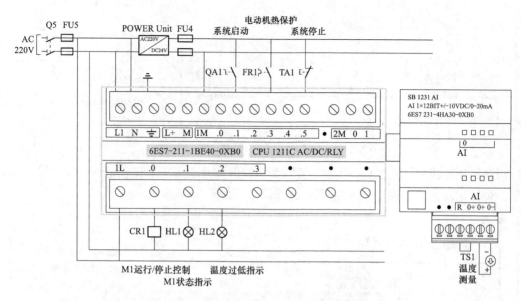

图 3-58　S7-1211C 和扩展模板的控制原理图

温度测量仪表的变送器 TS1 送出的是电流 0～20mA 的信号，将这个信号连接到模拟量扩展模块 1231AI 的通道上。

（三）编程实现

创建新项目，添加新设备 CPU，在硬件目录下双击模拟量模板 AI，选择添加模拟量信号模板 6ES7 231-4HA30-0XB0，添加完成后，双击设备视图中项目中的 S7-1211C，TIA V15 会自动为系统中的设备分配 I/O 地址。

编辑变量表，如图 3-59 所示。

PLC_1 [CPU 1211C AC/DC/Rly]

名称	类型	地址	变量表	注释
	Bool	%I0.0		
系统启动	Bool	%I0.1	默认变量表	连接QA1常开按钮
	Bool	%I0.2		
电机热保护	Bool	%I0.3	默认变量表	连接热继电器FR1
	Bool	%I0.4		
系统停止	Bool	%I0.5	默认变量表	连接TA1常闭按钮
电动机M1运行控制	Bool	%Q0.0	默认变量表	连接中间继电器CR1线...
电动机M1状态指示	Bool	%Q0.1	默认变量表	连接指示灯HL1
	Bool	%Q0.2		
	Bool	%Q0.3		
温度检查信号	Int	%IW80	默认变量表	连接温度测量变送器TS1

图 3-59　变量表

在 OB1 的程序中，编写临时变量，如图 3-60 所示。

本项目中采用的是 SB 1231 模拟量输入信号板，型号 SB1231 AI 1×12 位，订货号为 6ES7 231-4HA30-0XB0，可以连接电压或电流的差动信号，测量范围可以是±10V、±5V、±2.5V 或者 0～20mA，精度 11 位+符号位，满量程范围是－27648～27648。程序段 1 为系统启动程序，按下按钮 QA1，系统启动，%M1.0 为 1，如图 3-61 所示。

Main

	名称	数据类型	默认值	注释
1	▼ Input			
2	■ Initial_Call	Bool		Initial call of this OB
3	■ Remanence	Bool		=True, if remanent data are available
4	▼ Temp			
5	■ Temp_1	Real		实数的临时变量
6	■ Percent_Temp	Real		百分比的临时变量

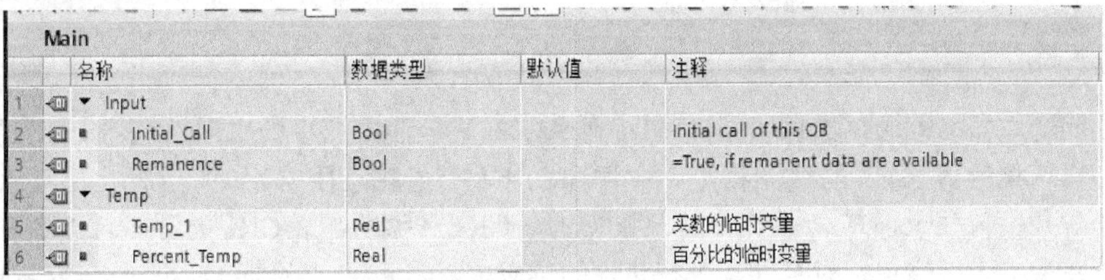

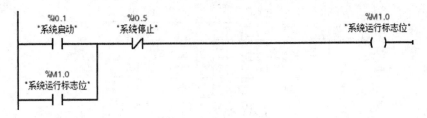

图 3-60 临时变量

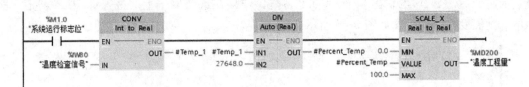

图 3-61 系统启动程序

项目中的温度测量变送器 TS1 的输出信号的电流信号为 0～20mA，转换成数字信号的范围是 0～27648，在程序段 2 中首先使用指令 CONV 将模拟量通道 0，地址为%IW80 的整数转换为实数，再用 DIV 除法指令将这个输入的值转换为 S7-1231 信号模板中的工程量，这个工程量的单位表示的是介于下限 60℃和上限 100℃（LO _ LIM 和 HI _ LIM）之间的实型值。将结果写入 SCALE _ X 的输出引脚【OUT】连接的%MD200 的引脚上。程序段 2 为工程量转换程序，如图 3-62 所示。

图 3-62 工程量转换程序

将%MD200 中的实际的温度值与设定的 60℃和 100℃的温度值相比较，如果实时测量出的温度值在这个范围之内，程序将使 S7-1211C 的输出端子%Q0.0 得电，连接在这个端子上的中间继电器 CR1 的线圈将得电，水泵运行控制程序如图 3-63 所示。

本项目的电动机采用 AC380V，50Hz 三相四线制电源供电，控制回路以空气开关 Q1 作为电源隔离短路保护开关，热继电器 FR1 作为过载保护，中间继电器 CR1 的常开触点控制接触器 KM1 的线圈得电、失电。

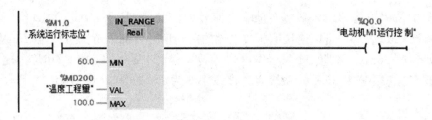

图 3-63 水泵电动机运行的控制程序

中间继电器 CR1 的线圈得电后，串接在 AC220V 控制电路中的中间继电器 CR1 的常开触点闭合，接触器 KM1 的线圈得电，主回路的 KM1 主触点闭合，M1 运行，循环水泵工作，暖气片进行热水循环，当温度低于 60℃时，CR1 线圈失电，CR1 的常开触点断开，水泵电动机 M1 运行停止，对暖气片进行热水的供应也就停止了，水泵电动机的启停控制原理如图 3-64 所示。

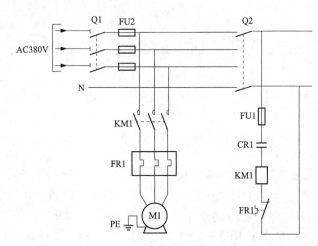

图 3-64 水泵电动机的启停控制原理

将%MD200 中存储的实际的液位值与设定的 60.0 的低位报警设置值相比较，如果低于设定值将使 S7-1211C 的输出端子%Q0.2 得电，连接在这个端子上的报警灯 HL2 点亮，程序段 4 为温度异常的程序如图 3-65 所示。

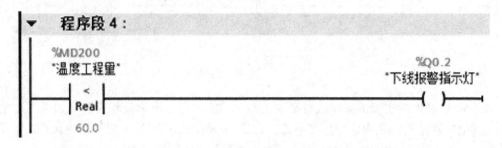

图 3-65 温度异常指示程序

在程序段 5 中，当%Q0.0 上的中间继电器 CR1 的线圈得电后，同时接通%Q0.1 端子上的指示灯，显示锅炉正在为暖气片提供热水循环，供热循环泵运行指示程序如图 3-66所示。

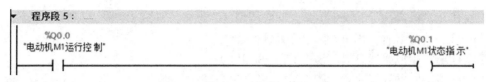

图 3-66　供热循环泵运行指示程序

➤ 第七节　定时器指令的编程

一、定时器的基本知识

（一）定时器指令的概述

西门子 S7-1200 和 S7-1500 系列 PLC 的定时器与以往的 S7-300/400 的定时器是不同的，使用的是 IEC 定时器，这种定时器的设定值和当前值的数据都是存储在指定的数据块中，在创建 IEC 定时器时会自动进行数据块的创建，当然，用户程序在使用 IEC 定时器的数量时要受到 CPU 存储容量大小的限制。

IEC 定时器的参数有 4 个相同的端子，输入端子 IN 是 IEC 定时器的使能端，PT 是定时器的设定值，输出端子 Q 是定时器的输出端，ET 是定时器的当前值。

（二）定时器的工作过程

定时器与电气控制系统的时间继电器基本相同。使用时要提前输入时间预置值，当定时器的输入条件满足且开始计时，当前值从 0 开始按一定的时间单位增加；当定时器的当前值达到预置的设定值时，定时器动作，此时它的常开触点闭合，常闭触点断开，这样，利用定时器的触点就可以按照延时时间来实现各种控制规律或动作了。有关 TON 定时器的应用与仿真的扩展知识，请扫二维码观看。

如果从运行模式阶段切换到停止模式，或 CPU 循环上电，并且启动了新运行模式阶段，则存储在之前运行模式阶段中的定时器数据将丢失，为避免此类情况发生，用户可以将定时器数据结构指定为保持（TP、TON、TONR 和 TOF 定时器）。

编程时，添加定时器指令后，如果接受调用选项对话框中的默认设置，则自动分配的背景数据块的数据是不具备保持功能的。

要使定时器数据具有保持性，必须使用全局数据块或多重背景数据块。

TON 在接通条件为 ON 时，开始定时，定时时间到，定时线圈接通，如果定时过程中接通条件为 OFF，那么定时器定时时间复位。

TOF 在接通条件为 ON 时，定时线圈接通，开始定时，定时时间，定时线圈断开，如果定时过程中接通条件为 OFF，那么定时器定时时间复位。

TONR 在接通条件为 ON 时，开始定时，定时时间到，定时线圈接通，如果定时过程中接通条件为 OFF，那么定时器定时时间保持，定时器接通条件再次为 ON 时，继续定时剩下的时间，直到定时完成。

（三）西门子 S7-1200 定时器的种类

定时器是 PLC 中累计时间增量的内部器件，在自动控制系统中很多领域都需要用定时器进行定时控制，灵活地使用定时器可以编制出动作要求复杂的控制程序，西门子 S7-1200 的定时器分功能框定时器和线圈型定时器两种。

有关线圈型 RT 定时器的应用与仿真的扩展知识请扫二维码观看视频学习。

1. 功能框定时器

（1）TP：生成脉冲（S7-1200，S7-1500）。

（2）TON：生成接通延时（S7-1200，S7-1500）。

（3）TOF：生成关断延时（S7-1200，S7-1500）。

（4）TONR：时间累加器（S7-1200，S7-1500）。

2. 线圈型定时器

（1）—(TP)—：启动脉冲定时器（S7-1200，S7-1500）。

（2）—(TON)—：启动接通延时定时器（S7-1200，S7-1500）。

（3）—(TOF)—：启动关断延时定时器（S7-1200，S7-1500）。

（4）—(TONR)—：时间累加器（S7-1200，S7-1500）。

（5）—(RT)—：复位定时器（S7-1200，S7-1500）。

（6）—(PT)—：加载持续时间（S7-1200，S7-1500）。

二、S7-1200 定时器的深入理解

S7-1200 常用的定时器有用于生成脉冲的定时器 TP、用于单间隔计时的接通延时定时器（TON）、用于累计一定数量的定时间隔的时间累加器定时器 TONR、用于延长时间以超过关闭（或假条件）的关断延时定时器 TOF。

（一）生成脉冲定时器指令 TP

生成脉冲定时器指令 TP，可以生成具有预设宽度时间的脉冲。TP 定 时器运行期间，更改 PT 和 IN 是没有任何影响的。有关 TP 定时器的应用与仿真的扩展知识请扫二维码观看视频。

编程时使用成脉冲定时器指令 TP，可以将输出 Q 置位为 PT 预设的一段时间，当定时器的使能端的状态从 OFF 变为 ON 时，可启动该定时器 TP 指令，定时器开始计时。无论后续使能端的状态如何变化，都将输出 Q 置位由 PT 指定的一段时间。若定时器正在计时，即使检测到使能端的信号再次从 OFF 变为 ON 的状态，输出 Q 的信号状态也不会受到影响。

每次调用生成脉冲定时器指令 TP，都会为其分配一个 IEC 定时器用于存储指令数据。生成的脉冲定时器指令 TP 和时序图如图 3-67 所示。

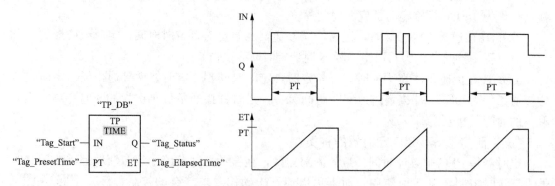

图 3-67 生成的脉冲定时器指令 TP 和时序图

生成脉冲定时器指令 TP 的参数见表 3-23。

表 3-23 生成脉冲定时器指令 TP 的参数

参数	声明	数据类型		存储区		说明
		S7-1200	S7-1500	S7-1200	S7-1500	
IN	Input	Bool	Bool	I、Q、M、D、L 或常量	I、Q、M、D、L、T、C、P 或常量	启动输入
PT	Input	Time	Time、LTime	I、Q、M、D、L 或常量	I、Q、M、D、L、P 或常量	脉冲的持续时间；PT 参数的值必须为正数
Q	Output	Bool	Bool	I、Q、M、D、L	I、Q、M、D、L、P	脉冲输出
ET	Output	Time	Time、LTime	I、Q、M、D、L	I、Q、M、D、L、P	当前定时器的值

（二）接通延时定时器指令 TON

接通延时定时器指令 TON，接通延时定时器输出端 Q 在预设的延时时间过后，输出状态为 ON。有关 TON 定时器的应用与仿真的扩展知识，请扫二维码学习。

当生成接通延时定时器指令 TON 的使能端为 1 时启动该指令。定时器指令启动后开始计时。在定时器的当前值 ET 与设定值 PT 相等于时，输出端 Q 输出为 ON。只要使能端的状态仍为 ON，输出端 Q 就保持输出为 ON。若使能端的信号状态变为 OFF，则将复位输出端 Q 为 OFF。在使能端再次变为 ON 时，该定时器功能将再次启动。可以在输出 ET 处查询到当前时间值。该定时器值从 T♯0s 开始，在达到持续时间值 PT 后结束。只要输入 IN 的信号状态变为"0"，输出 ET 就复位。

每次调用生成接通延时定时器指令 TON，必须将其分配给存储指令数据的 IEC 定时器。接通延时定时器指令 TON 和时序图如图 3-68 所示。

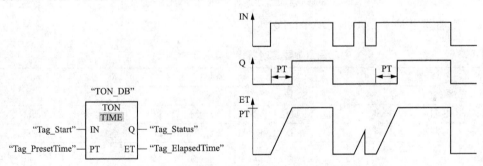

图 3-68　接通延时定时器指令 TON 和时序图

接通延时定时器指令 TON 的参数见表 3-24。

表 3-24 接通延时定时器指令 TON 的参数

参数	声明	数据类型		存储区		说明
		S7-1200	S7-1500	S7-1200	S7-1500	
IN	Input	Bool	Bool	I、Q、M、D、L 或常量	I、Q、M、D、L、T、C、P 或常量	启动输入
PT	Input	Time	Time、LTime	I、Q、M、D、L 或常量	I、Q、M、D、L、P 或常量	接通延时的持续时间；PT 参数的值必须为正数
Q	Output	Bool	Bool	I、Q、M、D、L	I、Q、M、D、L、P	超过时间 PT 后，置位的输出
ET	Output	Time	Time、LTime	I、Q、M、D、L	I、Q、M、D、L、P	当前定时器的值

（三）时间累加器定时器指令 TONR

编程时，可以使用时间累加器定时器指令 TONR 来累加由参数 PT 设定的时间段内的时间值。当输入 IN 的逻辑运算结果 RLO 从"0"变为"1"，即上升沿时，定时器开始计时，输出 Q 的值为 0。执行 TONF 并且设定的时间 PT 开始计时。当 PT 正在计时的时候，加上在 IN 输入的信号状态为"1"时记录的时间值，累加得到的时间值将写入到输出 ET 中。当达到当前设定的时间值 PT 时，输出 Q 的信号状态为"1"。即使输入 IN 的信号状态变为"0"，输出 Q 仍会保持置位为"1"。有关 TONR 定时器的应用与仿真的深入理解请扫二维码观看视频。

无论启动输入的信号状态如何，输入 R 为 1 时都将复位输出 ET 和 Q。

每次调用时间累加器定时器指令 TONR，必须为其分配一个用于存储指令数据的 IEC 定时器。时间累加器定时器指令 TONR 和时序图如图 3-69 所示。

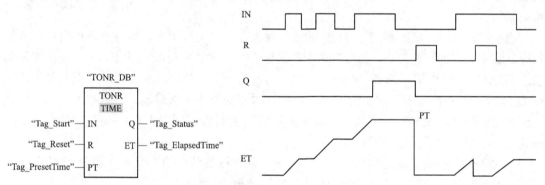

图 3-69　时间累加器定时器指令 TONR 和时序图

时间累加器定时器 TONR 指令的参数见表 3-25。

表 3-25　　　　　　　　　　时间累加器定时器指令 TONR 的参数

参数	声明	数据类型		存储区		说明
		S7-1200	S7-1500	S7-1200	S7-1500	
IN	Input	Bool	Bool	I、Q、M、D、L 或常量	I、Q、M、D、L、T、C、P 或常量	启动输入
R	Input	Bool	Bool	I、Q、M、D、L 或常量	I、Q、M、D、L、P 或常量	复位输入
PT	Input	Time	Time、LTime	I、Q、M、D、L 或常量	I、Q、M、D、L、P 或常量	时间记录的最长持续时间；PT 参数的值必须为正数
Q	Output	Bool	Bool	I、Q、M、D、L	I、Q、M、D、L、P	超出时间值 PT 之后要置位的输出
ET	Output	Time	Time、LTime	I、Q、M、D、L	I、Q、M、D、L、P	当前定时器的值

（四）关断延时定时器指令 TOF

编程时，可以使用关断延时定时器指令 TOF，将输出 Q 的设置延迟为由 PT 组态的时间。当输入 IN 的逻辑运算结果 RLO 从"0"变为"1"时，即信号上升沿时，定时器 TOF 启动，将置位输出 Q 为 1。当输入信号从 1 变为 0 时，定时器开始计时，输出 Q 保持为 1。有关 TOF 定时器的应用与仿真的深入理解，请扫二维码观看视频。

编程时可以在输出 ET 处查询当前的时间值，这个定时器值从 T#0s 开始，在达到设定的时间值 PT 后结束。当 ET 的时间值大于等于设定的时间值 PT，并且输入 IN 保持为 0 时，输出 Q 变为 0，但当输入 IN 从 0 变为 1，则定时器复位，当从 1 变为 0 时，定时器重新开始计时。

每次调用关断延时定时器指令 TOF，必须将其分配给存储指令数据的 IEC 定时器。关断延时定时器指令 TOF 和时序图如图 3-70 所示。

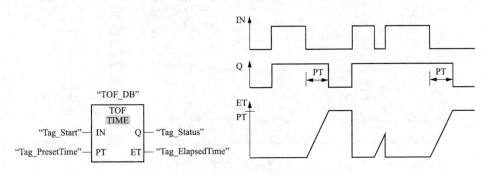

图 3-70 关断延时定时器指令 TOF 和时序图

关断延时定时器指令 TOF 的参数见表 3-26。

表 3-26　　　　　　　　　　关断延时定时器指令 TOF 的参数

参数	声明	数据类型		存储区		说明
		S7-1200	S7-1500	S7-1200	S7-1500	
IN	Input	Bool	Bool	I、Q、M、D、L 或常量	I、Q、M、D、L、T、C、P 或常量	启动输入
PT	Input	Time	Time、LTime	I、Q、M、D、L 或常量	I、Q、M、D、L、P 或常量	关断延时的持续时间；PT 参数的值必须为正数
Q	Output	Bool	Bool	I、Q、M、D、L	I、Q、M、D、L、P	定时器 PT 计时结束后要复位的输出
ET	Output	Time	Time、LTime	I、Q、M、D、L	I、Q、M、D、L、P	当前定时器的值

（五）定时器指令的添加

创建 IEC 定时器时，单击要插入定时器的水平编程条，然后单击【指令】→【基本指令】→【定时器操作】，可以将定时器功能框指令直接拖入 FB 块的水平编程条上的绿色方块处，生成多重背景，在 TIA V15 中，还可以将功能框指令直接拖入 FB、FC 块中，生成参数实例。图 3-71 所示为添加 TON 定时器，添加的方式是将要插入的定时器功能框拖拽到编程位置。

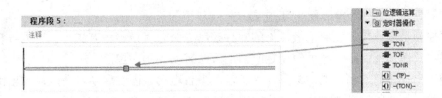

图 3-71 添加 TON 定时器

此时，TIA V15 会弹出一个【调用选项】的对话框，如图 3-72 所示。这里可以选择IEC 定时器的添加方式为手动或自动，同时也可修改数据块的名称，如果采用默认名称，则直接单击【确定】即可。

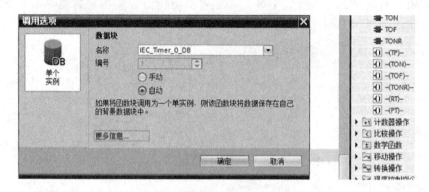

图 3-72 【调用选项】对话框

用同样的方法可以添加 TOF 和 TONF 定时器，IEC 定时器添加完成后，在【项目树】→【设备】→【PLC_1［CPU1214C AC\DC\Rly］】→【程序块】→【系统块】下就可以看到新生成的背景数据块了，如图 3-73 所示。

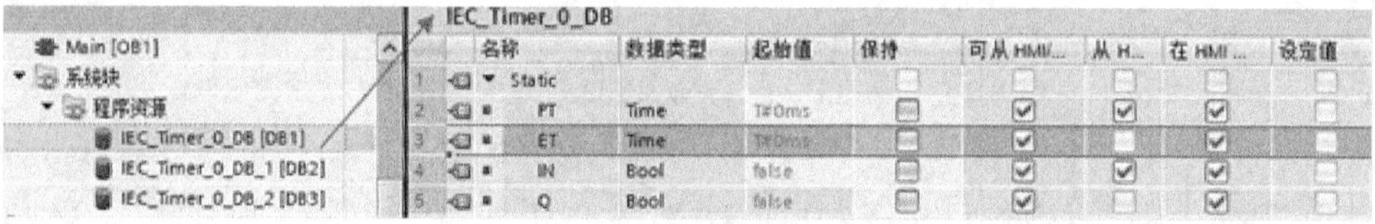

		名称	数据类型	起始值	保持	可从HMI...	从 H...	在 HMI...	设定值
1		▼ Static							
2		PT	Time	T#0ms	☐	☑	☑	☑	☐
3		ET	Time	T#0ms	☐	☑		☑	☐
4		IN	Bool	false	☐	☑	☑	☑	☐
5		Q	Bool	false	☐	☑		☑	☐

图 3-73 新生成的背景数据块

在 IEC 定时器指令中单击【???】可以输入变量，IEC 定时器的时间值是一个 32 位的双整型变量 DInt，默认单位为毫秒（ms），最大的定时值是 2147483647ms。

格式是在时间值的前面加上【T#】，如 22 毫秒的格式为 T#22ms。

西门子 S7-1200 系列 PLC 的定时器采用的是 IEC 格式的定时器，每个定时器就是一个FB 块，因此每个定时器在使用时都需要分配相应的背景 DB 块来存储定时器的相应的数据。

西门子 S7-1200 PLC 的定时器采用的是 IEC 格式的定时器，每个定时器就是一个 FB块，因此每个定时器在使用时都需要分配相应的背景 DB 块来存储定时器的相应的数据。

三、定时器指令在顺序启动多台电动机的 PLC 系统中的实战应用

（一）顺序启动多台电动机的工艺要求

顺序控制是工业控制领域中最常见的一种控制方法，有很多种方法可以实现，在实际编程中要根据具体情况而定，这里使用定时器的方法来实现顺序控制。

使用一个按钮启动多台电动机时，为了避免多台电动机同时启动，造成启动电流过大的问题，需要采用间隔启动的方式，如用间隔 10s 分别启动的方式来启动 5 台电动机，5 台电动机顺序启动的动作时序图如图 3-74 所示。

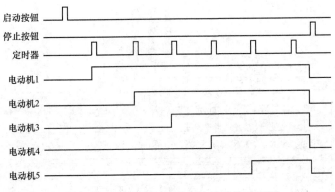

图 3-74 5台电动机顺序启动的动作时序图

(二) 电气原理图

本项目内的电动机采用 AC380V, 50Hz 三相四线制电源供电,电动机现场操作设置绿色启动按钮 SA1、红色停止按钮 TA1、电动机运转指示灯绿色 HL1,停止指示灯为红色 HL2。

电动机 M1 运行的控制回路是由空气开关 Q1、接触器 KM1、热继电器 FR1 及电动机 M1 组成。其中以空气开关 Q1 作为电源隔离短路保护开关,热继电器 FR1 作为过载保护,中间继电器 CR1 的常开触点控制接触器 KM1 的线圈得电、失电,接触器 KM1 的主触头控制电动机 M1 的启动与停止,空气开关 Q2 是控制回路的隔离短路保护开关,电气原理图如图 3-75 所示。

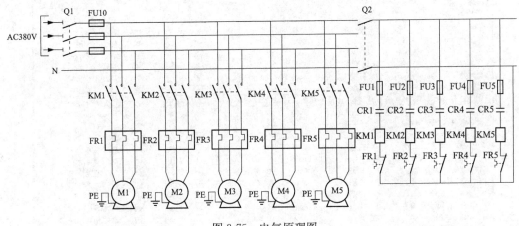

图 3-75 电气原理图

(三) PLC 控制原理图

本示例采用 AC220V 电源供电,并且通过直流电源 POWER Unit 将 AC220V 电源转换为 DC24V 的直流电源供给 PLC 用电。空气开关 Q1 作为电源隔离短路保护开关,PLC 采用西门子 S7-1200,如图 3-76 所示。

(四) 单按钮顺序启动 5 台电动机的 PLC 的程序

创建一个【单按钮启动多台电动机的西门子 S7-1200 控制系统】的 TIA V15 项目,为项目添加控制器,选择 6ES7-214-1BG40-0XB0,在【变量表】创建与 CPU 的 I/O 对应的端子的变量,以及中间变量 M,如图 3-77 所示。

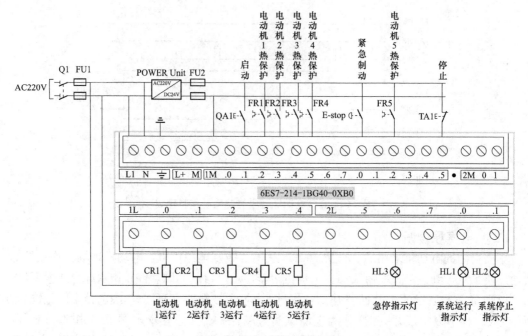

图 3-76 PLC 控制原理图

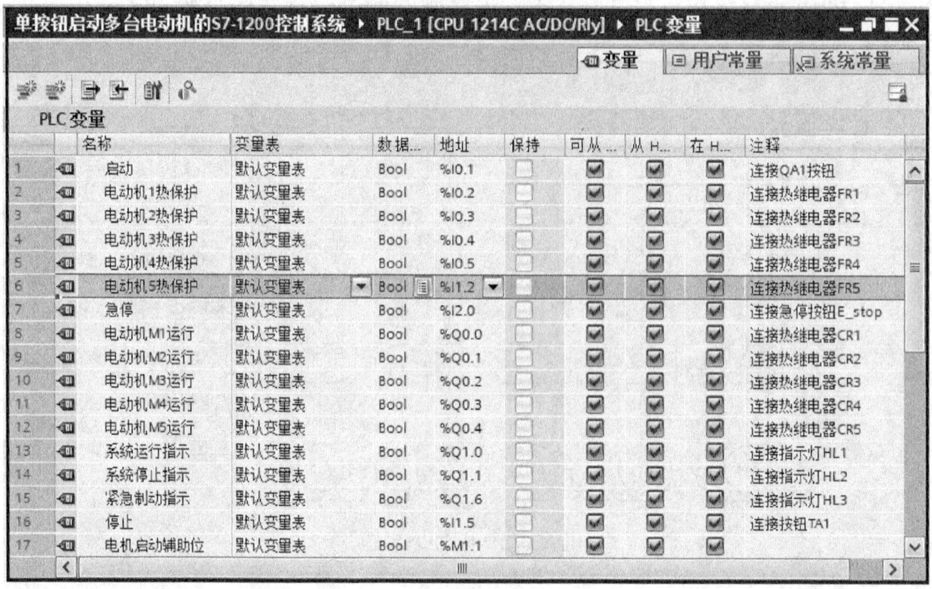

图 3-77 变量表

在程序段1中，当按下按钮 QA1 后，%Q0.0 得电闭合，使连接在%Q0.0 端子上的中间继电器 CR1 的线圈接通，串接在接触器 KM1 的线圈回路中的 CR1 的常开触点闭合，KM1 的线圈得电，KM1 的主触点闭合，电动机 M1 运转，同时，%Q0.0 得电闭合，定时器 TON 的实例运行，当时间到达设定的 10s 后电动机启动辅助位接通一个扫描周期。程序段1如图 3-78 所示。

辅助定时器运行，当时间到达设定的 10s 后，M1.1 接通，然后 M1.1 的常闭触点又断开计时器的输出，这样 M1.1 每隔 10s 接通一个扫描周期，然后在程序段5中的 Q0.1 接通，电动机 M2 启动，第二台电动机运行并自锁，Q0.1 在程序段4中的常开点也接通了。定时器 TON 的实例又开始得电计时。这样往复启动了另外 4 台电动机。即 Q0.1、Q0.2、Q0.3 和 Q0.4 顺序得电。

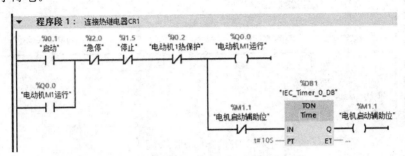

图 3-78 程序段 1

在按下停止按钮 TA1 (I1.5＝1) 时全部停止,定时器的设定值是 10s,启动第二台电动机的程序如图 3-79 所示。注意因为程序是按从前到后扫描的,所以程序要先编写启动电动机 5 的程序,然后编写启动电动机 4 的程序,以此类推,不能从电动机 2 写到电动机 5,否则将因为程序扫描的关系导致电动机 2 到电动机 5 在电动机 1 启动后 10s 后一起启动。

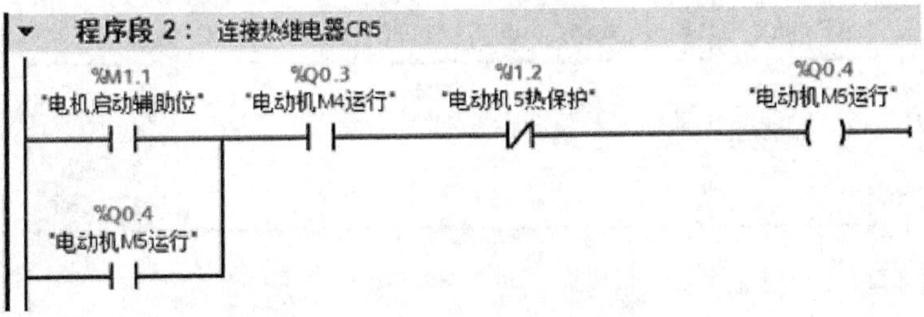

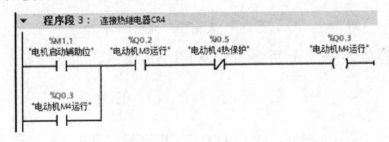

图 3-79 启动电动机 2 的程序

启动第三台电动机的程序如图 3-80 所示。

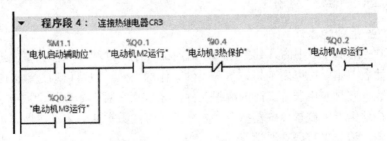

图 3-80 启动电动机 3 的程序

启动第四台电动机的程序如图 3-81 所示。

图 3-81 启动电动机 4 的程序

启动第五台电动机的程序如图 3-82 所示。

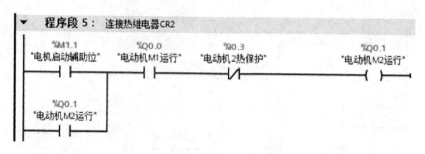

图 3-82 启动电动机 5 的程序

当 5 台电动机全部启动运行后，这 5 台电动机的线圈的常开触点都接通，点亮 HL1 的指示灯，当有故障发生时，按下急停按钮，点亮紧急制动指示灯 HL3，按下停止按钮 TA1 后，其常开触点点亮 HL2 指示灯，连接指示灯的程序如图 3-83 所示。

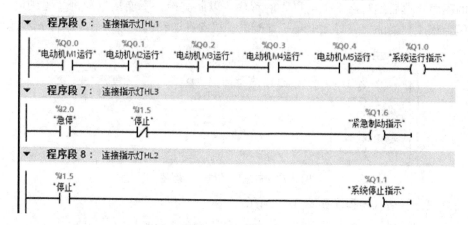

图 3-83 连接指示灯的程序

读者可以参照这个程序清单来增减所控制的电动机的台数。

第八节 计数器指令的编程

在项目程序中，可以使用西门子 S7-1200 PLC 中的计数器指令对内部程序事件和外部过程事件进行计数，每个计数器的计数器数据都使用数据块进行存储。

一、计数器指令的深入理解

（一）计数器指令的概述

西门子 1200 系列 PLC 中的计数器是用来对内部程序事件和外部过程事件进行计数的指令，通俗点说计数器指令可以用来累计编程元件动作的次数，也可以通过输入端子累计外部事件发生的次数，它是应用非常广泛的编程元件，经常用来对产品进行计数或进行特定功能的编程。用户在编辑器中放置计数器指令时要分配相应的数据块。有关计数器的种类和程序编制的扩展知识，请扫二维码观看学习。

（二）计数器的工作过程

西门子 S7-1200 中的计数器与电气控制系统中的计数器基本相同，使用时要提前输入它的设定值，即计数的个数。当输入触发条件满足时，计数器开始累计其输入端脉冲电位跳变（上升沿或下降沿）的次数，当计数器计数达到预定的设定值时，其常开触点闭合，常闭触点断开。

西门子 S7-1200 计数值的数值范围取决于所选的数据类型。如果计数值是无符号整型数，则可以减计数到零或加计数到设计范围的极限值。如果计数值是有符号整数，则可以减计数到负整数限值或加计数到正整数限值。用户程序中可以使用的计数器数量只受 CPU 存储器容量的限制。

（三）计数器的种类

西门子 S7-1200 的计数器指令有加计数器指令 CTU、减计数器指令 CTD、加减计数器指令 CTUD。

编程时，使用 LAD 和 FBD 编程语言时，可以从指令名称下的下拉列表中选择计数值数据类型。在使用 STEP 7 软件进行编程时，在插入指令时自动创建 DB，而在使用 SCL 编程语言时，"IEC_Counter_0_DB" 是背景 DB 的名称。

二、西门子 S7-1200 计数器的深入理解

西门子 S7-1200 计数器指令占用的存储器空间如下。

（1）对于 SInt 或 USInt 数据类型，计数器指令占用 3 个字节。

（2）对于 Int 或 UInt 数据类型，计数器指令占用 6 个字节。

（3）对于 DInt 或 UDInt 数据类型，计数器指令占用 12 个字节。

西门子 S7-1200 计数器指令使用软件计数器，软件计数器的最大计数速率受其所在的 OB 的执行速率限制，另外，计数器指令所在的 OB 的执行频率必须足够高，以检测 CU 或 CD 输入的所有跳变。

（一）加计数器指令 CTU

当加计数器指令 CTU 的参数 CU 的值从 0 变为 1 时，CTU 会使计数值加 1。CTU 时序图显示了计数值为无符号整数时的运行（其中 PV=3）。如果参数 CV（当前计数值）的值大于或等于参数 PV（预设计数值）的值，则计数器输出参数 Q=1。如果复位参数 R 的值从 0 变为 1，则当前计数值重置为 0。有关计数器指令 CTU 程序的编制和仿真的扩展知识请扫二维码学习。

加计数器指令 CTU 和时序图如图 3-84 所示。

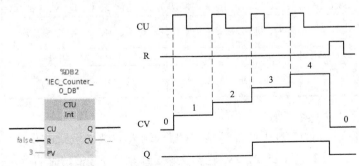

图 3-84　加计数器指令 CTU 和时序图

加计数器指令 CTU 的参数见表 3-27。

表 3-27　　　　　　　　　　　**加计数器指令 CTU 的参数**

参数	声明	数据类型	存储区		说明
			S7-1200	S7-1500	
CU	Input	Bool	I、Q、M、D、L 或常数	I、Q、M、D、L 或常数	计数输入
R	Input	Bool	I、Q、M、D、L、P 或常数	I、Q、M、T、C、D、L、P 或常数	复位输入
PV	Input	整数	I、Q、M、D、L、P 或常数	I、Q、M、D、L、P 或常数	置位输出 Q 的值
Q	Output	Bool	I、Q、M、D、L	I、Q、M、D、L	计数器状态
CV	Output	整数、Char、WChar、Date	I、Q、M、D、L、P	I、Q、M、D、L、P	当前计数器值

（二）减计数器指令 CTD

当减计数器指令 CTD 的参数 CD 的值从 0 变为 1 时，CTD 会使计数值减 1。CTD 时序图显示了计数值为无符号整数时的运行（其中，PV=3）。如果参数 CV（当前计数值）的值等于或小于 0，则计数器输出参数 Q=1。如果参数 LOAD 的值从 0 变为 1，则参数 PV（预设值）的值将作为新的 CV（当前计数值）装载到计数器。有关计数器 CTD 和 CTUD 程序的编制和仿真的扩展知识请扫二维码观看学习。

减计数器指令 CTD 和时序图如图 3-85 所示。

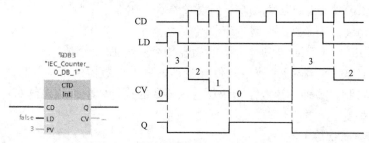

图 3-85　减计数器指令 CTD 和时序图

减计数器指令 CTD 的参数见表 3-28。

表 3-28　　　　　　　　　　　**减计数器指令 CTD 的参数**

参数	声明	数据类型	存储区		说明
			S7-1200	S7-1500	
CD	Input	Bool	I、Q、M、D、L 或常数	I、Q、M、D、L 或常数	计数输入
LD	Input	Bool	I、Q、M、D、L、P 或常数	I、Q、M、T、C、D、L、P 或常数	装载输入
PV	Input	整数	I、Q、M、D、L、P 或常数	I、Q、M、D、L、P 或常数	使用 LD=1 置位输出 CV 的目标值
Q	Output	Bool	I、Q、M、D、L	I、Q、M、D、L	计数器状态
CV	Output	整数、Char、WChar、Date	I、Q、M、D、L、P	I、Q、M、D、L、P	当前计数器值

（三）加减计数器指令 CTUD

当加减计数器指令 CTUD 中的加计数（CU）输入或减计数（CD）输入从 0 转换为 1 时，CTUD 将加 1 或减 1。CTUD 时序图显示了计数值为无符号整数时的运行（其中 PV=4）。如果参数 CV 的值大于等于参数 PV 的值，则计数器输出参数 QU=1。如果参数 CV 的值小于或等于零，则计数器输出参数 QD＝1。如果参数 LOAD 的值从 0 变为 1，则参数 PV 的值将作为新的 CV 装载到计数器。如果复位参数 R 的值从 0 变为 1，则当前计数值重置为 0。加减计数器指令 CTUD 和时序图如图 3-86 所示。

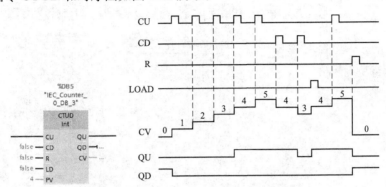

图 3-86　加减计数器指令 CTUD 和时序图

加减计数器指令 CTUD 的参数见表 3-29。

表 3-29　　　　　　　　　　　加减计数器指令 CTUD 的参数表

参数	声明	数据类型	存储区		说明
			S7-1200	S7-1500	
CU	Input	Bool	I、Q、M、D、L 或常数	I、Q、M、D、L 或常数	加计数输入
CD	Input	Bool	I、Q、M、D、L 或常数	I、Q、M、D、L 或常数	减计数输入
R	Input	Bool	I、Q、M、D、L、P 或常数	I、Q、M、T、C、D、L、P 或常数	复位输入
LD	Input	Bool	I、Q、M、D、L、P 或常数	I、Q、M、T、C、D、L、P 或常数	装载输入
PV	Input	整数	I、Q、M、D、L、P 或常数	I、Q、M、D、L、P 或常数	输出 QU 被设置的值/LD＝1 的情况下，输出 CV 被设置的值
QU	Output	Bool	I、Q、M、D、L	I、Q、M、D、L	加计数器状态
QD	Output	Bool	I、Q、M、D、L	I、Q、M、D、L	减计数器状态
CV	Output	整数、Char、WChar、Date	I、Q、M、D、L、P	I、Q、M、D、L、P	当前计数器值

（四）计数器指令的添加

添加加计数器指令 CTU 时，单击程序段中的水平编程条，单击【基本指令】→【计数器操作】→【CTU】，将其拖拽到编程条上的绿色方块处进行添加，如图 3-87 所示。

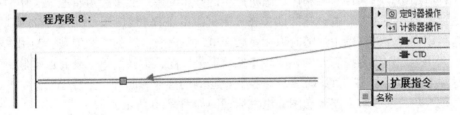

图 3-87　添加加计数器指令 CTU

拖拽后，会弹出计数器【调用选项】的对话框，如果接受调用选项对话框中的默认设置，TIAV15 则将自动分配一个数据不能进行保持的背景数据块。这里点选【自动】，单击

【确定】添加计数器的数据块，如图 3-88 所示。

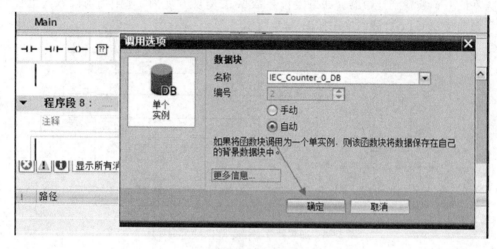

图 3-88　添加计数器的数据块

添加完成的 CTU 如图 3-89 所示，此时还要单击【???】对 PV 进行编辑。

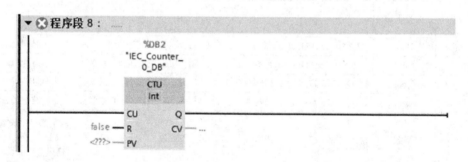

图 3-89　完成的 CTU 指令

要使西门子 S7-1200 计数器的背景数据块中的数据具有保持性，必须使用全局数据块或多重背景数据块。

三、计数器指令在气动冲压机 PLC 控制系统中的实战应用

（一）气动冲压机 PLC 控制系统的工艺要求

在工程应用中，气动冲压机利用压缩机产生的高压气体，通过管道将压缩气体输送至电磁阀，通过脚踏开关来控制电磁阀的动作来控制气缸的工作和返回，从而达到冲孔的目的。压缩空气可以存储在储气罐中，随时取用，因而电动机没有空转的能源浪费。利用气缸做工作部件、利用电磁阀作为控制元件，故障率低、安全性高、维修简单、维修成本低、生产效率高。这里使用西门子 S7-1200 PLC 通过控制电磁阀的接通和断开，来控制气缸的 5 次往复运动，气动冲压机、气缸回路示意图和电气原理图如图 3-90 所示。

（二）PLC 控制原理图

本项目采用 AC220V 电源供电，POWER Unit 转换为 DC24V 的直流电源供给 PLC 用电。空气开关 Q1 作为电源隔离短路保护开关，PLC 采用西门子 S7-1214C，PLC 控制原理

图如图 3-91 所示。

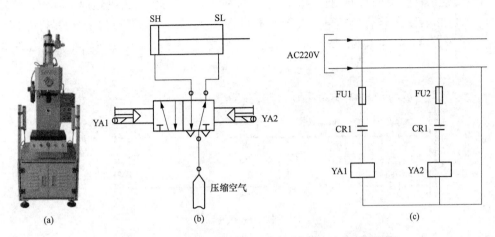

图 3-90　气动冲压机、气缸回路示意图和电气原理图

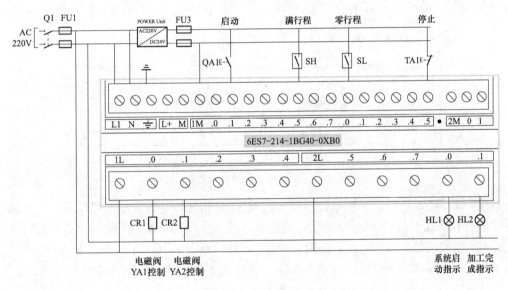

图 3-91　PLC 控制原理图

为启动按钮 QA1 配置输入点 I1.1，为停止按钮 TA1 配置输入点 I1.4，其他配置见表 3-30。

表 3-30　　　　　　　　　　　　　　　　　PLC 输入/输出配置

符号地址	绝对地址	数据类型	说明
QA	I1.1	Bool	启动按钮
TA	I1.4	Bool	停止按钮
SH	I1.3	Bool	位置传感器
SL	I1.6	Bool	位置传感器
SOL1	Q4.1	Bool	换向阀电磁线圈
SOL2	Q4.0	Bool	换向阀电磁线圈
M0	M0.0	Bool	启动线圈

（三）气缸往复控制项目的创建步骤

气缸连续往复运动回路由气缸、电磁阀、管路和压缩空气的气源罐组成。其中，气缸在电磁阀 YA1 和 YA2 的组合接通下，会到达不同的行程位置，即满行程 SH 和零行程 SL。

在程序段 1 中，按下 QA1 按钮后，启动系统标志位并点亮系统运行指示灯，如图 3-92 所示。

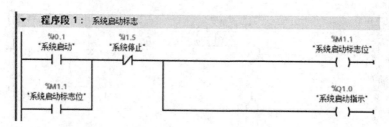

图 3-92 程序段 1

系统启动后，接通中间继电器 CR1 使气缸前进，当气缸到达满行程位置使 SH 信号得电后，气缸停止前进并开始后退，程序段 2 和程序段 3 为气缸前进后退一次的程序如图 3-93 所示。

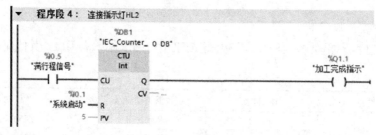

图 3-93 气缸前进后退一次的程序

连接到 CTU 计数器的 R 的系统启动按钮 QA1 在系统启动后复位 CTU，每一次气缸前进到达满行程 SH 位置后，CTU 加法计数器都计数一次，PV 预设值为 5，也就是说计数到 5 次后，加工完成指示灯就点亮，同时，串接在程序 2 中的 %Q1.1 的常闭触点断开了气缸前进的电路，这样就完成了一个工件的加工。程序段 4 为计数器程序，如图 3-94 所示。

![程序段4 计数器程序]

图 3-94 计数器程序

在一个工件加工完成后，操作者看到加工完成指示灯点亮之后，需要按下停止按钮 TA1，然后再去将加工好的工件拆卸下来，换上待加工的新工件，然后再按下 QA1 按钮进行一个新的工件的加工过程，这样可以保证机械在换工件的过程中不会误动作，从而保证工作人员的安全。

112

第四章

西门子S7-1200 PLC逻辑块和PID功能块的编程

西门子 S7-1200 PLC 的程序可以在块当中进行编制，可以在 TIA Portal 软件中创建需要的块，在每个块中编制程序，程序中可以调用模块映射的输入/输出点，这些点可以是模拟量也可以是数字量，可以根据工艺的要求在程序中进行逻辑操作，将操作的结果通过输出模块驱动外部的设备，比如灯、继电器、接触器、变频器和伺服等传动设备的启停及运转，也可以通过网络传送信号到前面说过的这些元件上去，网络连接还可以连接到 HMI 触摸屏设备，与 DCS 或其他控制中心进行通信，各种网络总线很多，设备厂商一般都集成了常用的网络系统，对没有集成到设备当中的网络，一般可以通过在设备中添加通信卡的方式进行该种网络的通信。

鉴于【块】在西门子 S7-1200 系列 PLC 程序中的重要性，本章首先介绍一下什么是西门子软件中的【块】，然后在后面的项目中创建块并使用块对项目进行实战应用的讲解。

临时变量 TEMP 在 FB 功能块和 FC 功能中都可以使用，但在 FB 和 FC 调用完 Temp 临时变量之后，临时变量会随之消失，数据不具备保持性。

● 第一节　S7-1200 中块的深入理解

一、TIA Portal 软件中的用户块

在对 S7-1200 编程时使用结构化的编程方法，能够将复杂的自动化任务分割成反映过程控制功能或可多次处理的小任务，可以更易于控制复杂的任务，这些任务以相应的程序段表示，称为块。这种结构化的编程方法，使大程序更易于理解，阅读程序变得更容易。对于用户相同功能的多个工艺设备，可以一次编程，多次调用，简化了程序结构，程序变得更容易修改，节省了编程和调试的时间。

TIA Portal 编程软件中的块包括组织块（OB）、功能块（FB）、功能（FC）、共享数据块（共享 DB）等块，这样可以将程序分成单个、独立的程序段。

由于 OB、FB、FC 中包含程序段，也称为逻辑块。在工程的设计阶段，确定选用某个 CPU 模块后，每种逻辑块许可用的数量和长度也就确定了。

TIA Portal 编程软件中的块从其功能、结构及其应用角度来看，是用户程序的一部分。可以将用于进行数据处理或过程控制的程序指令存储在这些块（OB，FB 和 FC）中，还可以将程序执行期间产生的数据保存在数据块（DB）中，以备在程序的其他地方使用。

二、组织块(OB)

OB组织块是操作系统和用户程序之间的接口，OB组织块可以用于执行下列具体的程序：①在CPU启动时；②在一个循环或延时时间到达时；③当发生硬件中断时；④当发生故障时；⑤组织块根据其优先级执行。

在TIA Portal编程软件中单击【添加新块】对话框，在用户程序中创建新的组织块OB。组织块OB表示操作系统和用户程序之间的接口，组织块由操作系统调用，控制循环中断驱动的程序执行、PLC启动特性和错误处理。

可以对组织块进行编程来确定CPU特性，由于组织块OB构成了CPU和用户程序的接口，读者可以把全部程序存在OB1中，让它连续不断地循环处理，也可以把程序放在不同的块中，在OB1中根据需要调用这些程序块。除OB1外，操作系统根据不同的事件可以调用其他的OB块。

组织块能够确定单个程序段执行的顺序（启动事件），一个OB调用可以中断另一个OB的执行，哪个OB允许中断另一个OB取决于其优先级，高优先级的OB可以中断低优先级的OB，其中，背景OB的优先级最低。

启动事件触发OB调用称为中断，在启动OB时，由操作系统提供。启动信息指定OB的启动事件、OB启动的日期和时间、所发生的错误以及诊断事件。

OB组织块分为3个优先组，高优先组中的组织块可中断低优先组中的组织块，如果同一个优先组中的组织块同时触发将按其优先级由高到低进行排队依次执行，如果同一个优先级的组织块同时触发时，将按块的编号由小到大依次执行

TIA Portal软件中S7-1200的组织块OB有启动组织块、循环执行的程序组织块和用于中断驱动程序执行的组织块。

（一）启动组织块

启动组织块OB可以确定CPU启动特性的边界条件，如RUN对应的初始值，这就需要编写启动程序。启动程序包括一个或多个启动组织块OB，组织块OB编号为100或大于等于123。

启动程序在从STOP模式切换到RUN模式期间执行一次，但启动程序不能使用输入过程映像中的当前值，也不能去设置这些值。

启动组织块OB执行完毕后，将读入输入过程映像并启动循环程序。

启动例程的执行是没有时间限制的，因此，没有激活扫描循环监视时间，所有不能使用时间驱动或中断驱动组织块。

S7-1200的嵌套深度是指可从OB调用功能（FC）或功能块（FB）等程序代码块的深度。

（1）从程序循环OB或启动OB开始调用FC和FB等程序代码块，嵌套深度为16层。

（2）从延时中断、循环中断、硬件中断、时间错误中断或诊断错误中断OB开始调用FC和FB等程序代码块，嵌套深度为4层。

（二）循环执行的程序组织块

要启动程序执行，项目中至少要有一个程序循环OB。操作系统每个周期调用该程序循环组织块OB一次，从而启动用户程序的执行。在用户的项目中是可以使用多个组织块OB

的，程序循环组织块 OB 的编号大于等于 123。使用多个程序循环 OB 时，将按照 OB 编号依次调用，但首先调用 OB 编号最低的程序循环 OB。

程序循环 OB 的优先等级为 1，是所有组织块 OB 的最低优先级，所以任何其他事件类别的事件都是可以中断循环程序的。

对循环程序执行进行编程，可通过在循环 OB 以及所调用的块中编写用户程序对循环程序执行进行编程。在执行启动程序后，就会开始第一次循环程序执行，每次循环程序执行结束后，循环会重新开始。

一个程序执行周期包括以下步骤。

（1）操作系统启动最大循环时间。

（2）操作系统将输出过程映像中的值写到输出模块。

（3）操作系统读取输入模块的输入状态，并更新输入过程映像。

（4）操作系统处理用户程序并执行程序中包含的运算。

（5）在循环结束时，操作系统执行所有未决的任务，如加载和删除块，或调用其他循环 OB。

（6）最后，CPU 返回到循环起点，并重新启动扫描循环监视时间。

S7-1200 允许使用多个程序循环 OB，按 OB 的编号顺序执行。OB1 是默认设置，程序循环 OB 的优先级为 1，可被高优先级的组织块中断；程序循环执行一次需要的时间即为程序的循环扫描周期时间。最长循环时间默认设置为 150ms。如果用户的程序超过了最长循环时间，操作系统将调用 OB80（时间故障 OB），如果 OB80 不存在，则 CPU 停机。

（三）用于中断驱动程序执行的组织块

用于中断驱动程序执行的组织块有时间中断 OB、状态中断 OB、更新中断 OB、供应商或配置文件特定的中断 OB、延时中断 OB、循环中断 OB、硬件中断 OB、时间错误 OB、诊断中断 OB、插拔中断 OB、机架错误 OB、MC 伺服 OB、MC-PreServo OB、MC-PostServo OB、MC 插补器 OB。

其中，时间中断组织块 OB 的编号不小于 123，时间中断组织块 OB 在预设时间（带有日时钟的日期）只运行一次，在预设的起始时间周期性运行，可设置的时间间隔有每分钟、每小时、每天、每周、每月、每年和每月底。

在 TIA Portal V15 中，创建循环中断组织块，单击【项目树】→【PLC_1 [CPU1214 AC \ DC \ Rly]】→【程序块】→【添加新块】，在【添加新块】属性页面中单击【组织块】，选择【Cyclic interupt】，设置循环时间为 30ms，然后添加标题和注释，单击【确定】，循环中断组织块的创建如图 4-1 所示。

在新创建的循环组织块 OB 中调用 FC1 时，首先打开 OB 块，然后直接在【项目树】下的【程序块】中，找到 FC 块，将块拖入 OB 块中的程序段的水平编程条上即可。

三、功能（FC）

功能（FC）是用于对一组输入值执行特定运算的代码块，FC 将运算结果存储在存储器当中。比如将电动机星—三角启动或者电动机正反转编写在 FC 块中，然后就可以在其他块中调用，也可以在程序中的不同位置进行多次调用。这种调用机制简化了对经常重复发生的任务的编程。FC 没有自己的背景数据块（DB），FC 采用了局部数据堆栈，使用的是临时数据，也不保存临时数据。如果用户要长期存储数据，可将输出值赋给全局数据块中的全局变量，进行存储，如 M 存储器或全局 DB。

图 4-1 循环中断组织块的创建

（一）创建功能

创建功能（FC）时，单击【项目树】→【PLC_1（cpu1214C AC\DC\Rly)】→【程序块】→【添加新块】，在【添加新块】中选择【函数 FC】，输入块的名称【FORWORD-REV motor】，单击【确定】即可，如图 4-2 所示。

创建完成后，在项目树下的程序块下就有新的 FC 了，名称为 FORWORD-REV motor，新的 FC 会显示在【项目树】里的【程序块】下，如图 4-3 所示。

（二）创建 FC 中的变量

双击打开新创建的 FC1，然后在右侧的工作区域的上方，编写 FC1 块的临时变量，双击打开 FC1，在 FC1 的工作区域的上方的临时变量表中编写，比如编写输入变量 Input 时，单击输入栏输入变量的【名称】，并可在【注释】栏下输入对应的注释，如图 4-4 所示。

之后在这个新的 FC 功能里，就可以根据项目的工艺要求编写对应的程序。

四、功能块(FB)

功能块（FB）是使用背景数据块保存其参数和静态数据的代码块。FB 有背景数据块存储 FB 的数据，背景 DB 提供与 FB 的实例（或调用）关联的一块存储区并在 FB 完成后存储数据，在编程时，可以将不同的背景 DB 与调用的不同的 FB 块进行关联，通过代码块对 FB 和背景 DB 进行调用，来构建程序，然后 CPU 执行该 FB 中的程序代码，并将块参数和静态局部数据存储在背景 DB 中。FB 执行完成后，CPU 会返回到调用该 FB 的代码块中，背景 DB 保留该 FB 实例的值，随后在同一扫描周期或其他扫描周期中调用该功能块时就可以使用这些值了。

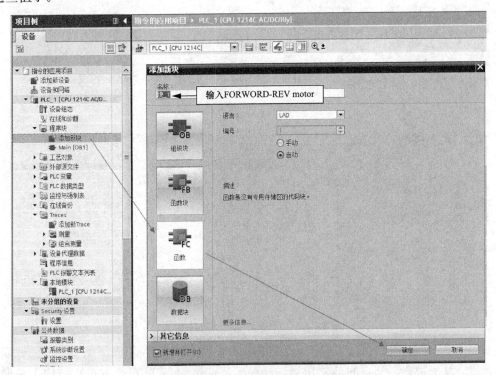

图 4-2 创建功能（FC）

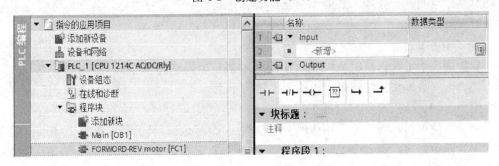

图 4-3 新的 FC

创建功能块时，单击【项目树】→【PLC_1（cpu1214C AC\DC\Rly)】→【程序块】→【添加新块】，在【添加新块】中选择【函数块 FB】，然后输入块的名称并选择语言，如图 4-5 所示。

五、数据块（DB）

数据块（DB）用于存储程序中的数据，存储的是用户程序使用的变量数据，数据块有全局数据块和背景数据块。

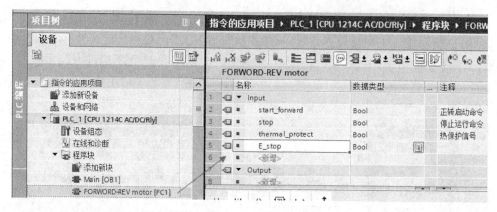

图 4-4　编写 FC1 块的临时变量

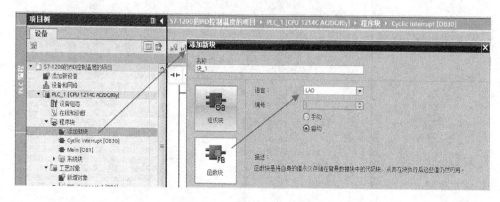

图 4-5　功能块（FB）的创建

西门子 S7-1200 PLC 可以通过优化块访问，将在块的可用存储区域中自动排列已声明的数据元素，从而提高存储空间的使用率，并根据所使用的 CPU 对数据进行结构化和保存。系统将对存储空间进行处理。数据元素在声明中分配了一个唯一的符号名称，可以按照符号名称进行变量的寻址。

1. 全局数据块

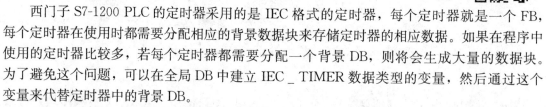

全局数据块中的数据是所有块可以使用的数据。数据块的大小与 CPU 的型号相关，全局数据块的结构可以根据需要进行定义。

西门子 S7-1200 PLC 的定时器采用的是 IEC 格式的定时器，每个定时器就是一个 FB，每个定时器在使用时都需要分配相应的背景数据块来存储定时器的相应数据。如果在程序中使用的定时器比较多，若每个定时器都需要分配一个背景 DB，则将会生成大量的数据块。为了避免这个问题，可以在全局 DB 中建立 IEC＿TIMER 数据类型的变量，然后通过这个变量来代替定时器中的背景 DB。

当在程序的 OB 中或是 FC 中使用到定时器时，可以先在全局 DB 中建立相应的 IEC＿TIMER 始数据类型的变量，在调用定时器指令时，TIA 会提示分配 DB，此时，可以单击取消，然后在定时器的输入背景数据块处，选择输入在全局 DB 中建立的 IEC＿TIMER 的数据类型的变量即可。

2. 背景数据块

单击【项目树】→【程序块】→【添加新块】，选择【数据块 DB】，然后配置 DB 块，在

【名称】处可以键入 DB 块的符号名，如果不做更改，那么将保留系统分配的默认符号名，这里为新创建的 DB 数据块分配的符号名为【数据块_10】。

在【类型】处可以通过下拉菜单选择所要创建的数据块类型，即【全局数据块】或【背景数据块】。如果要创建背景数据块，下拉菜单中列出了此项目中已有的 FB 供用户选择，这里选择【星三角启动块_2】。

创建数据块时的【语言】是不能更改的。

【编号】默认配置为【自动】，即系统自动为所生成的数据块来分配数据块的号码。当然也可以选择【手动】，则【编号】处的下拉菜单变为高亮状态，以便用户自行分配 DB 块的编号。

对块进行访问时，默认选项为【已优化】，当选择此项时，数据块中的变量仅有符号名，没有地址偏移量的信息，该数据块可以通过符号进行寻址访问。选择【已优化】创建数据块可优化 CPU 对存储空间的分配及访问，从而提升 CPU 的性能，单击【确定】创建。创建背景数据块如图 4-6 所示。

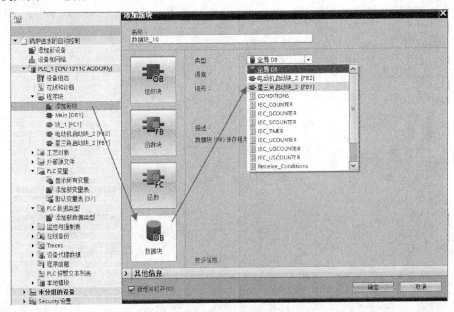

图 4-6　创建背景数据块

创建完成的数据块，可以在【项目树】进行查看，可以按名称逐行添加数据块中的变量，如图 4-7 所示。

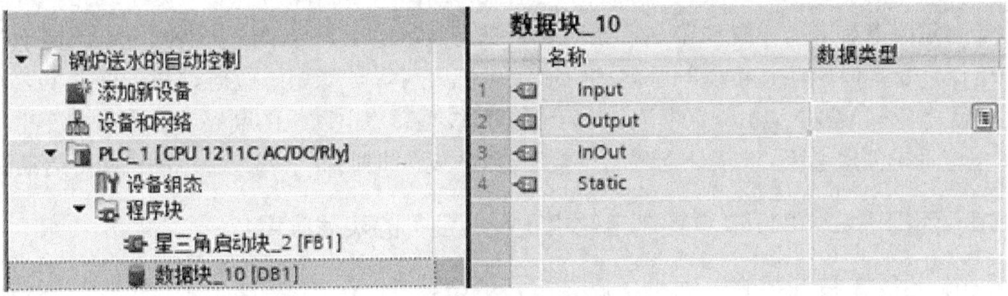

图 4-7　添加数据块中的变量

119

⚫ 第二节 FC在电动机正反转运行中的实战应用

一、电气控制的电动机正反转运行的实战应用

电动机的正反转的控制线路有无互锁、具有电气互锁和具有双重互锁3种，如图4-8所示。因为正反转切换时的倒相（即互换A、B、C 3相中的任意两相，以实现电机旋转方向的改变）可能出现相间短路，而无互锁电路对这种情况没有保护作用，故在实际的工程中一般不采用。电气互锁电路是通过电气触点的互锁防止正、反转同时动作；双重互锁电路是在正反转接触器上加入了机械互锁和电气互锁，因此，可靠性更高。

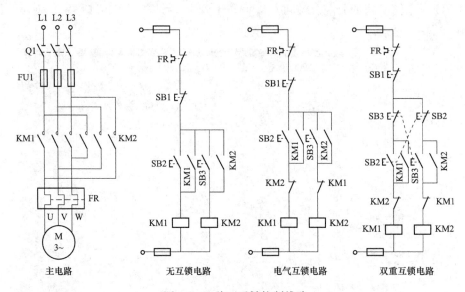

图4-8 3种正反转控制线路

电气互锁电路工作时，按下自复位按钮SB2，电动机正转，同时KM1的常开触点对SB2进行自锁，常闭触点断开KM2线圈的主回路，反之亦然，按下SB1常闭按钮停止电动机的运行，当电动机热继电器动作时，其串接在控制回路中的常闭触点也将停止切断控制回路，从而停止电动机的运行。

电路中的断路器Q1选用塑壳式低压断路器时，其断路器额定电压等于或大于线路额定电压，额定电流等于或大于线路或设备额定电流，断路器通断能力等于或大于线路中可能出现的最大短路电流，欠压脱扣器额定电压等于线路额定电压，分励脱扣器额定电压等于控制电源电压，长延时电流整定值等于电动机额定电流，对保护笼型感应电动机的断路器，瞬时整定电流为8～15倍电动机额定电流；对于保护绕线型感应电动机的断路器，瞬时整定电流为3～6倍电动机额定电流。6倍长延时电流整定值的可返回时间等于或大于电动机实际启动时。

二、西门子S7-1200 PLC控制电动机正反转运行的实战应用

（一）设计单按钮控制电动机正反转运行的电路

主电路采用AC380V，50Hz三相四线制电源供电，空气开关Q1作为电源隔离短路保

护开关，在控制电路中选配了熔断器 FU1 作为短路保护元件，电动机正反转的电路图如图 4-9 所示。

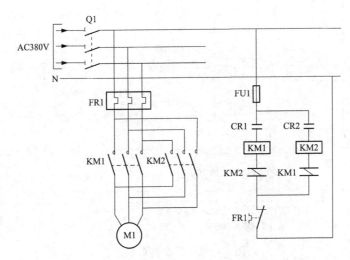

图 4-9　电动机正反转的电路图

热继电器是利用电流的热效应来切断电路的保护电器，它在控制电路中用作电动机的过载保护，既能保证电动机不超过容许的过载，又可以最大限度地保证电动机的过载能力。当然，首先要保证电动机的正常启动。

带有电磁机构的电气元件，当电磁线圈通电后，线圈电流产生磁场，使静铁心产生电磁吸力吸引衔铁带动触点动作，常闭触点断开常开触点闭合，当线圈断电时，电磁力消失，衔铁在释放弹簧的作用下释放，使触点复原。

（二）电动机正反转运行的西门子 S7-1200 PLC 控制电路

本系统采用 AC220V 电源供电，POWER Unit 转换 DC24V 的直流电源供给 PLC 用电。空气开关 Q5 作为电源隔离短路保护开关，选用的 PLC 为 CPU1214，订货号为 6ES7-214-1BG40-0XB0，自复位 QA1 是正转启动按钮，连接到 PLC 输入的端子 I0.1 上，热继电器的常开触点连接到 I0.3 上，正转运行的中间继电器 CR1 的线圈连接到 PLC 输出的 Q1.0 端子上，系统运行指示灯 HL1 连接到端子 Q0.0 上，系统停止指示灯连接到 Q0.1 上，CPU1200 的控制原理图如图 4-10 所示。

（三）西门子 S7-1200 PLC 的程序编制

创建新项目，对应 PLC 端子的接线来编写变量表，如图 4-11 所示。

按照本章第一节中的方法创建新的功能 FC1，在 FC1 中输入临时变量，这里的正反转输出控制采用的是 InOut 输入输出变量，既可以作为输出也可以作为输入变量，如果采用的是 Output 输出变量，编译时会提示错误，FC1 中的变量表如图 4-12 所示。

在 FC1 的程序段 1 中编写控制电动机正转的程序，在块标题中输入块的标题，如图 4-13 所示。

在程序段 2 中编写控制电动机反转的程序，如图 4-14 所示。

电动机正反转控制的主程序是在 OB1 中调用功能％FC1 块来完成的，打开 Main［OB1］主程序，然后将 FC1 块拖入程序段上的绿色方块处即可，如图 4-15 所示。

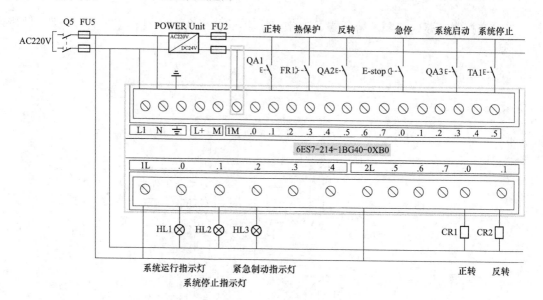

图 4-10   PLC 控制原理图

		名称	变量表	数据类型	地址	保持	可从...	从 H...	在 H...
1		正转按钮	默认变量表	Bool	%I0.1		☑	☑	☑
2		M1热保护	默认变量表	Bool	%I0.3		☑	☑	☑
3		系统运行指示灯	默认变量表	Bool	%Q0.0		☑	☑	☑
4		紧急制动指示灯	默认变量表	Bool	%Q0.2		☑	☑	☑
5		急停	默认变量表	Bool	%I1.0		☑	☑	☑
6		反转按钮	默认变量表	Bool	%I0.5		☑	☑	☑
7		系统启动	默认变量表	Bool	%I1.3		☑	☑	☑
8		系统停止	默认变量表	Bool	%I1.5		☑	☑	☑
9		正转运行	默认变量表	Bool	%Q1.0		☑	☑	☑
10		反转运行	默认变量表	Bool	%Q1.1		☑	☑	☑
11		<添加>					☑	☑	☑

图 4-11   变量表

FORWORD-REV motor

		名称	数据类型	默认值	注释
1	▼	Input			
2		start_forward	Bool		正转启动命令
3		stop	Bool		停止运行命令
4		thermal_protect	Bool		热保护信号
5		E_stop	Bool		急停信号
6		start_reverse	Bool		反转启动命令
7	▼	Output			
8		<新增>			
9	▼	InOut			
10		startFOR_KM1	Bool		电动机正转运行
11		startREV_KM2	Bool		电动机反转运行
12		<新增>			

图 4-12   FC1 中的变量表

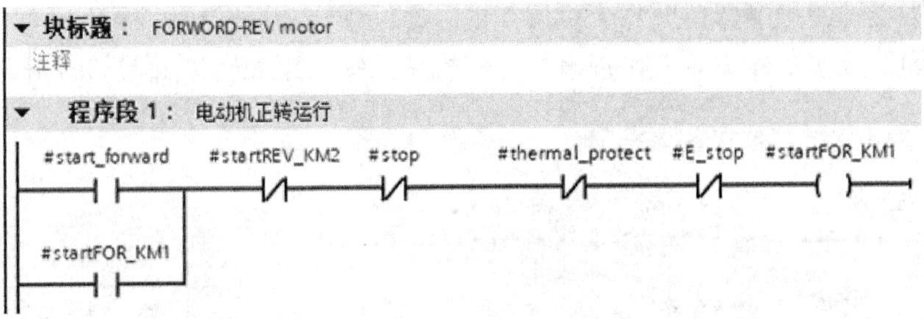

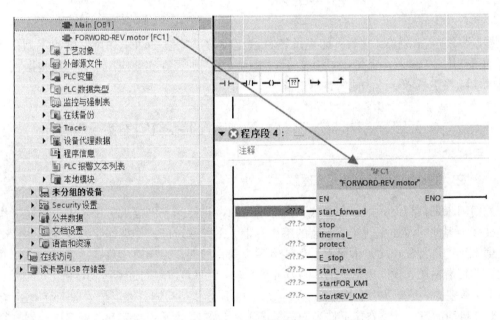

图 4-13　控制电动机正转的程序

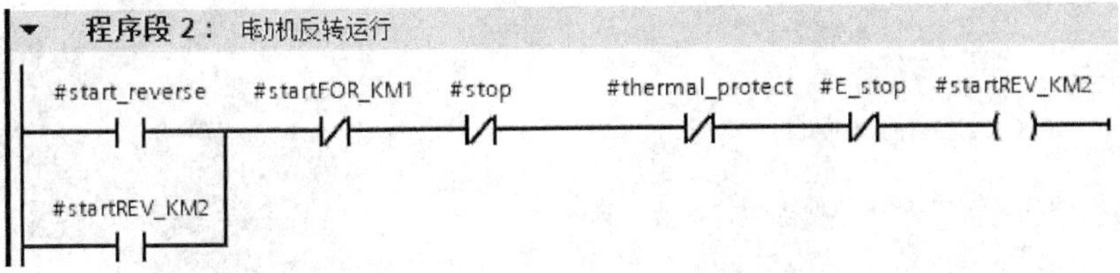

图 4-14　控制电动机反转的程序

图 4-15　主程序

西门子 TIA Portal V15 中的 FC 是不带存储器的代码块，也就是说 FC 中是没有可以存储块参数值的数据存储器的，所以读者在调用函数 FC 时，必须给所有形式参数分配实际参数。单击 FC 块的【???】，分配变量表中的实际参数，分配完成后如图 4-16 所示。

虽然在程序中编制了电气上的正反转互锁，但是如果这两个正反转的接触器其中一个接触器的主触点因过载等原因熔在一起，而另一个又投入吸合的情况，或由于油泥等原因不能释放，或由于接触器因外部或内部原因卡住，那么都会出现相间短路的严重故障，从而导致接触器、空气开关等设备的损坏。

因此，正反转的接触器还应加入机械互锁以确保正转和反转接触器不会同时吸合，避免由于上述原因造成接触器失效而出现事故。带机械互锁的正反转接触器如图 4-17 所示。

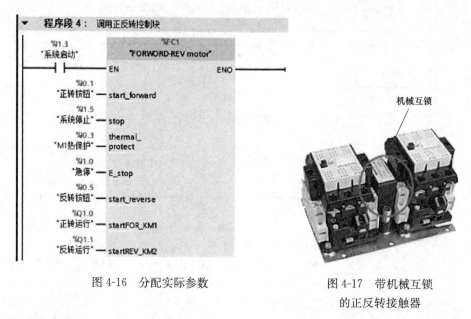

图 4-16　分配实际参数　　　　　　　　图 4-17　带机械互锁
的正反转接触器

接触器继电器的控制电动机的正反转方法比较常见，但自动化和可靠度都不高；PLC 控制的可靠度和自动化程度都比较高，但成本也相对增加。在实际应用中，可以根据项目和预算的实际需要参考本节的内容进行选配。

第三节　功能块 FB 在龙门刨床控制系统中的实战应用

一、龙门刨床控制系统的深入理解

龙门刨床是具有门式框架和卧式长床身的刨床，主要用于刨削大型工件，也可在工作台上装夹多个零件同时加工。龙门刨床的工作台带着工件通过门式框架作直线往复运动，空行程速度大于工作行程速度。横梁上一般装有两个垂直刀架，刀架滑座可在垂直面内回转一个角度，并可沿横梁作横向进给运动，刨刀可在刀架上做垂直或斜向进给运动，横梁可在两立柱上作上下调整。一般在两个立柱上还安装可沿立柱上下移动的侧刀架以扩大加工范围工作台，回程时能机动抬刀，以免划伤工件表面。机床工作台的驱动可用欧陆 590 直流调速器进行控制，调速范围较大，在低速时也能获得较大的驱动力，龙门刨床的结构示意图如图 4-18 所示。

二、直流调速器和润滑及冷却电动机的控制

直流电动机具有良好的启动特性和调速特性。在调速性能要求较高的大型设备，比如轧钢机上都是采用直流电动机进行负载的拖动的。龙门刨床工作台的移动使用直流调速器 590（欧陆 590）进行控制，系统采用 AC380V，50Hz 三相四线制电源供电，直流调速器 U1 控制直流电动机 M2 的运转，冷却风机 M1 的运行由直流调速器 U1 的端子 D5 和 D6 控制的 KM1 接通或断开，U1 运行 KM1 线圈接通，U1 停止 KM1 线圈断电，直流调速器电路如图 4-19 所示。

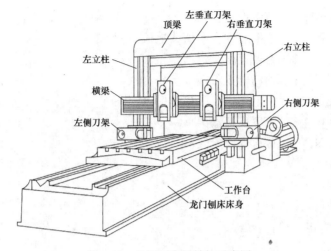

图 4-18 龙门刨床的结构示意图

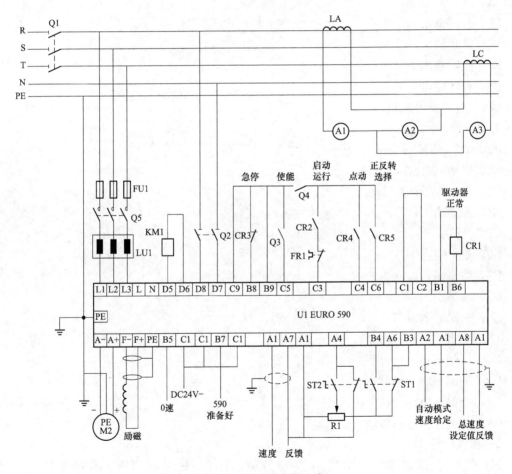

图 4-19 直流调速器电路

(1) 欧陆 590 直流调速器控制板。

1) 接线组件 A:

A1, 0V (信号), 零伏基准;

A2，模拟输入 NO.1，速度设定值；

A3，模拟输入 NO.2，辅助速度设定值或电流；

A4，模拟输入 NO.3，斜坡速度设定值；

A5，模拟输入 NO.4，辅助电流限幅（负）；

A6，模拟输入 NO.5，主电动机极限或辅助电流限幅（正）；

A7，模拟输出 NO.1，速度反馈输出；

A8，模拟输出 NO.2，总速度设定值；

A9，电流表输出。

2）接线组件 B：

B1，0V（信号）；

B2，模拟测速发电动机；

B3，+10V 基准；

B4，-10V 基准；

B5，数字输出 NO.1；

B6，数字输出 NO.2；

B7，数字输出 NO.3；

B8，程序停机；

B9，惯性滑行停机。

3）接线组件 C：

C1，0V（信号）；

C2，热敏电阻/微测温器；

C3，起动/运行输入端；

C4，点动输入；

C5，允许；

C6，数字输入 NO.1；

C7，数字输入 NO.2；

C8，数字输入 NO.3；

C9，+24V 电源。

4）接线组件 G：

G1，不使用；

G2，外部+24V 电源；

G3，+24V 微测速仪电源；

G4，微测速仪电源接地。

5）接线组件 H：

H1（XMT-）和 H2（XMT+）为串行通信口 P1 发送端；H3（隔离的 0V）和 H4（隔离的 0V）为信号接地端；H5（RCV-）和 H6（RCV+）为串行通信口 P1 接收端。

（2）欧陆 590 电源板。D1（FE）和 D2（FE）为励磁桥的外部交流输入；D3（励磁输出+）和 D4（励磁输出-）为电动机励磁接线；D5 为主接触器线圈（L）（线）；D6 为主接触器线圈（N）（中）；D7 为辅助电源（N）；D8 为辅助电源（L）。

（3）欧陆 590 电源接线端。L1、L2、L3 为交流 110～500V；A＋为电枢正接线端；A－为电枢负接线端。

主电源回路中配置了电流互感器 LA 和 LC，电流表 A1、A2 和 A3 用来显示主电路的电流值。欧陆 590 直流调速器的参数复位方法是同时按住向上和向下键，然后松开并按住电源（至少按住 2s），此时面板会显示恢复出厂值，复位后用户一定要保存参数，不然断电后又会恢复到上次设定的参数了。

润滑和冷却电动机的控制回路以空气开关 Q1 作为电源隔离短路保护开关，热继电器 FR1 和 FR2 作为过载保护，电气控制原理图如图 4-20 所示。

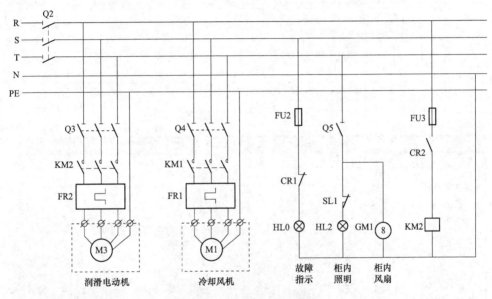

图 4-20　电气控制原理图

三、龙门刨床工作台的西门子 S7-1200 PLC 的控制电路

下面介绍如何使用 S7-1200 PLC 对龙门刨床工作台所使用的直流调速器 590 的使能、启停、速度反馈等功能进行控制，通过本案例，能够更直观地掌握 PLC 控制直流调速器的技巧和应用，龙门刨床控制系统西门子 PLC 控制系统 CPU 选配 6ES7-215-1BG40-0XB0，PLC 控制原理图如图 4-21 所示。

四、创建龙门刨床的项目并制作变量表

创建新项目添加 PLC，再打开【设备网络】双击 S7-1215C，在下方的【I/O】选项卡中的地址栏中按照电气设计图上的 I/O 输入变量的名称、地址、数据类型和注释，然后在【常量】选项卡中修改模拟量的输入/输出地址，如图 4-22 所示。

编制完成的变量表如图 4-23 所示。

五、OB1 中的程序编制

在程序段 1 中先建立一个常为 0 的位变量 M1.0，为后面的程序调用做准备，如图 4-24

所示。

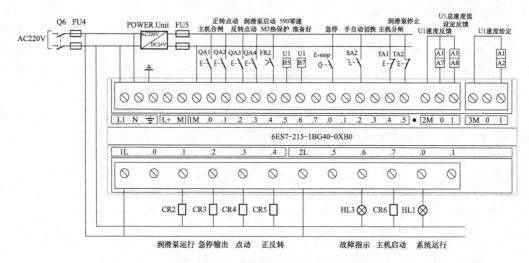

图 4-21　PLC 控制原理图

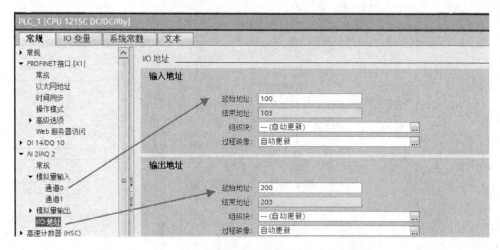

图 4-22　修改模拟量的输入/输出地址

　　龙门刨床中工作台控制所使用的 590 的直流调速的 A8（总速度设定值反馈）和 A1 模拟量 0V 基准到模拟量输入第一通道，在程序段 2 中将模拟量输入转换为 0～3000 转的实际直流的数值，就是电动机速度的总给定值。将 590 返回的速度总给定值转换为工作量程序如图 4-25 所示。

　　龙门刨床中工作台控制所使用的直流调速器 590 的 A7（速度实际值反馈）和 A1 模拟量 0V 基准到模拟量输入第二通道，在程序段 3 中将模拟量输入转换为 0～3000 转的实际直流的数值，即电动机速度的实际值。将 590 返回的速度实际值转换为工作量程序如图 4-26 所示。

　　龙门刨床工作台主机启动运行要求直流调速器 590 的使能信号在 Q3 开关闭合后给出，使能信号为 1 后，如果风机没有过载，主机的润滑泵开启（必须保证此泵运行，否则直流电动机的运行将损坏减速机齿轮箱），按下润滑泵启动按钮启动后，如果急停按钮没有被按下或润滑泵热保护没有动作，将运行润滑泵。启动润滑泵程序如图 4-27 所示。

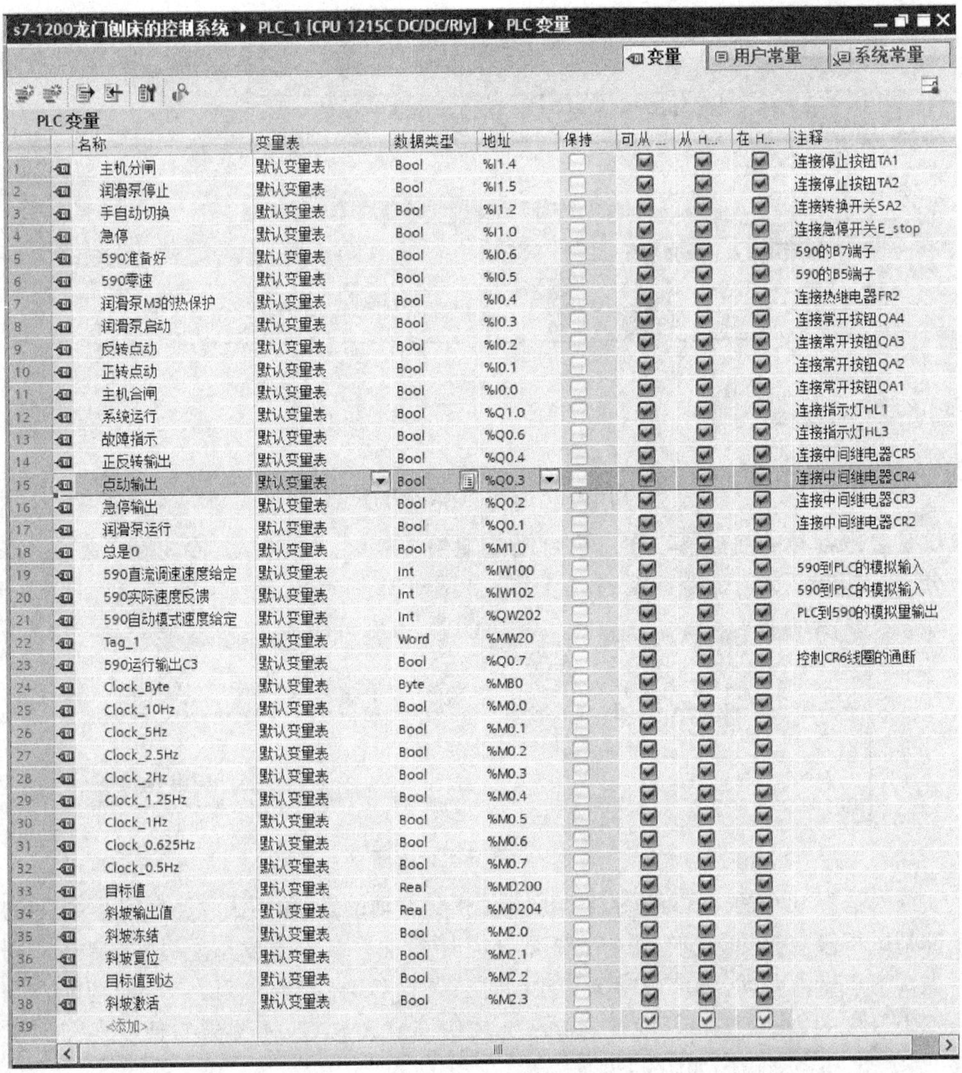

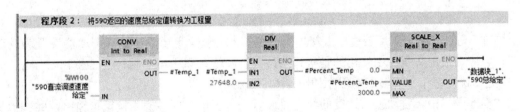

图 4-23 变量表

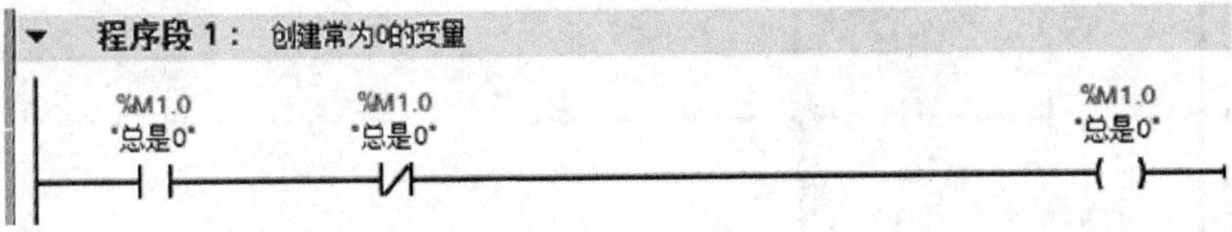

图 4-24 创建常为 0 的位变量

图 4-25 将 590 返回的速度总给定值转换为工程量

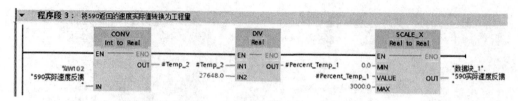

图 4-26　将590返回的速度实际值转换为工程量

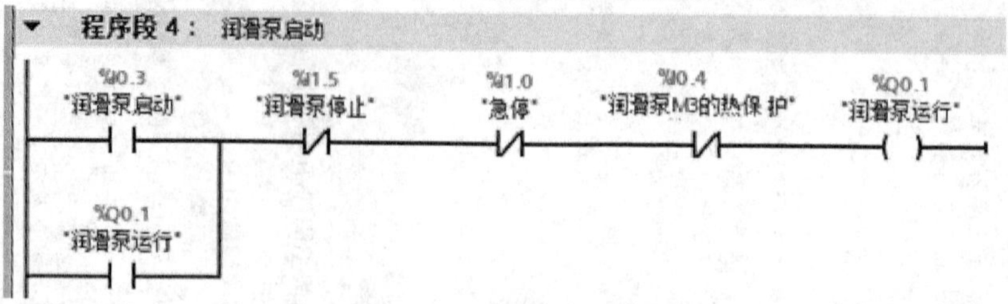

图 4-27　启动润滑泵程序

在没有急停信号的前提下，按主机合闸按钮给 C3（590 的启动/停止端子）运行命令，按主机分闸按钮断开运行命令，系统运行程序如图 4-28 所示。

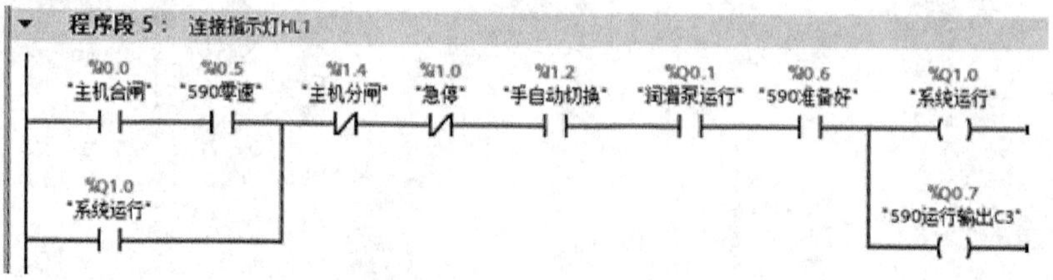

图 4-28　系统运行程序

点动输入选择 590 的输入端子 C4，正点动和反点动的选择使用 590 的 C5。点动的启动前提条件是风机没有过热、没有急停、润滑泵已经启动并且 590 没有通过 C3 启动，则点动有效，当按下点动有效时，Q0.3 输入为 1，则 590 的 C5 被接通，因为 C5 的功能在 590 直流调速器中设成的点动速度 1，或点动速度 2 的切换输入点 C5 连接到的是 JOG/SLACK 的变量号 228。正转点动程序如图 4-29 所示。

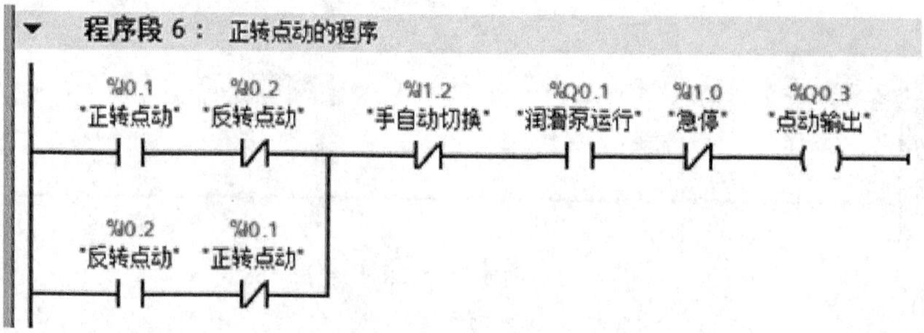

图 4-29　正转点动程序

同样，输出 Q0.4 正反转输出点接通 590 的 C6 端子，此端子在 590 调速器设置为速度反向，急停的输出，程序中使用的是常开点，当急停输入点得电后输出急停输出，停止 590 的 B8 进行快速停车。反转点动程序如图 4-30 所示。

在程序段 9 中，自动模式速度的给定斜坡后，将主机速度转换为模拟量输出，此模拟量输出接到模拟量输出模块的第一通道，如图 4-31 所示。

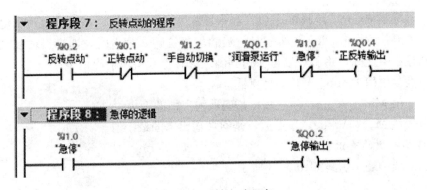

图 4-30 反转点动程序

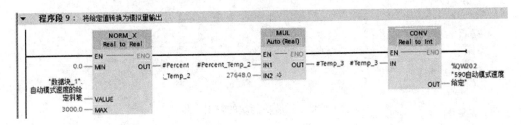

图 4-31 程序段 9

六、FB 的详细编程

在【项目树】中单击【添加新块】创建 FB，即斜坡功能块 FB1，斜坡功能块在工程中应用很广泛，在张力控制，直流调速器、变频器和伺服控制中得到了广泛的应用，本项目使用 FB 实现了浮点数格式的斜坡功能，当设置斜坡的目标值时，斜坡功能不会马上输出到目标值，而是先比较当前输出点与斜坡目标点的大小，然后按照在功能块输入的加速步长或减速步长，以及功能设置的时间间隔（加或减）直到斜坡接近斜坡的目标值（两者的差别小于加速步长和减速步长）为止。

1. 斜坡功能块的输入变量

斜坡功能块的输入变量如图 4-32 所示。

		名称	数据类型	默认值	保持
		斜坡功能块			
1		▼ Input			
2		Ramp_target	Real	0.0	非保持
3		Ramp_AccRate	Real	0.0	非保持
4		Ramp_DecRate	Real	0.0	非保持
5		Ramp_hold	Bool	false	非保持
6		Ramp_Reset	Bool	false	非保持
7		Reset_Value	Real	0.0	非保持
8		Max_Value	Real	0.0	非保持
9		Min_Value	Real	0.0	非保持

图 4-32 斜坡功能块的输入变量

（1）斜坡目标值 Ramp _ target 浮点数；

（2）加速步长 Ramp _ AccRate，浮点数；

（3）减速步长 Ramp _ DecRate，浮点数；

（4）斜坡冻结 Ramp_hold 布尔量，当斜坡冻结输入为 1 时，斜坡输出不变化；

（5）斜坡复位 Ramp_Reset 布尔量，当斜坡复位输入为 1 时，如果斜坡复位的数值处于最大值和最小值之间，将斜坡复位值送到斜坡计算值和斜坡输出值中；

（6）斜坡复位值 Ramp_Value 浮点数；

（7）最小值 Min_Value，浮点数，是斜坡输出值的最小值；

（8）最大值 Max_Value，浮点数，是斜坡输出值的最小值。

2. 斜坡功能块的输出引脚

斜坡功能块的输出引脚如图 4-33 所示。

图 4-33　斜坡功能块的输出变量

（1）斜坡的计算输出值 Ramp_output，此输出值是斜坡功能块的输出结果，浮点数格式；

（2）斜坡到达 Ramp_reached，布尔量，当斜坡给定值和斜坡输出值的差值小于加、减速步长时输出为 1；

（3）斜坡激活 Ramp_Active，激活条件与斜坡到达相反，布尔变量，定时器 Timer_200ms，用于每 200ms 加、减斜坡。

3. 斜坡功能块的状态变量

斜坡功能块的状态变量主要用于存储计算的中间结果，也用于监视功能块运行的变量，如图 4-34 所示。

图 4-34　功能块的状态变量

（1）中间计算变量 Out_Value，浮点数；

（2）中间变量的绝对值 Out_ValueAbs，浮点数；

（3）输出值和目标值之间的差值 Err，浮点数；

（4）输出值和目标值之间的差值的绝对值，浮点数；

（5）200ms 脉冲 pulse_200ms，布尔量；

（6）加速步长的绝对值 AccAbs，浮点数；

（7）减速步长的绝对值 DecAbs，浮点数；

（8）最小值绝对值的取反 Minus _ Minabs，浮点数。

4．FB1 中的程序编制

在 FB 功能块的程序段中，先将加速步长和减速步长取绝对值，取绝对值的目的是为了防止用户输入负的加减速步长导致后面的判断、运算出错。程序段 1 为取绝对值的程序如图 4-35 所示。

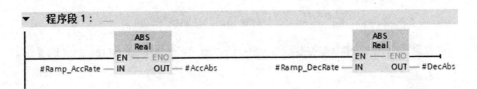

图 4-35　取绝对值的程序

计算给定目标值和目前斜坡输出值偏差，并将此偏差值取绝对值，为后面的判断做准备。程序段 2 为计算偏差值和偏差值的绝对值程序，如图 4-36 所示。

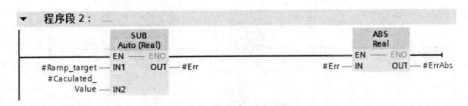

图 4-36　计算偏差值和偏差值的绝对值程序

在程序段 3 中，判断斜坡输出值的最大和最小限幅值有没有设置错误，如果最小值大于最大值则功能块输入错误，输出限位错误标志和限位错误内部标志位（用于后面的斜坡计算）。限幅值错误的判断程序如图 4-37 所示。

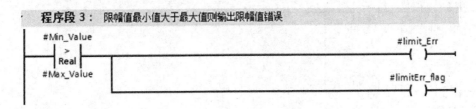

图 4-37　限幅值错误的判断程序

在程序段 4 中，判断目标值是否大于最小值且小于最大值，如果不在这个范围内则输出目标位置错误标志位，同时输出内部目标错误位，目标值错误的判断程序如图 4-38 所示。

在程序段 5 和程序段 6 中，对计算的斜坡值进行限幅，当计算值大于最大值时，将其赋值为最大值，当计算值小于最小值时，将其赋值为最小值，计算值的限幅程序如图 4-39 所示。

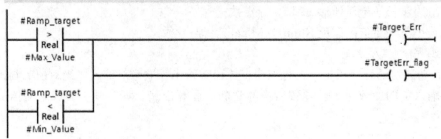

程序段 4: 目标值必须在最大值和最小值范围之间. 否则报目标值错误

图 4-38 目标值错误的判断程序

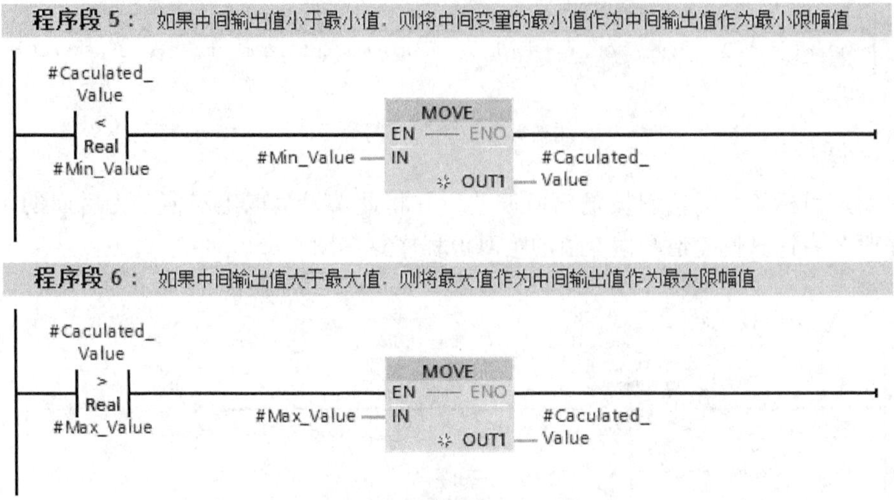

程序段 5: 如果中间输出值小于最小值. 则将中间变量的最小值作为中间输出值作为最小限幅值

程序段 6: 如果中间输出值大于最大值. 则将最大值作为中间输出值作为最大限幅值

图 4-39 计算值的限幅程序

在程序段 7 中，当斜坡误差大于加速步长绝对值和减速步长绝对值，且没有激活斜坡保持和斜坡复位功能，则输出斜坡激活标志位，如图 4-40 所示。

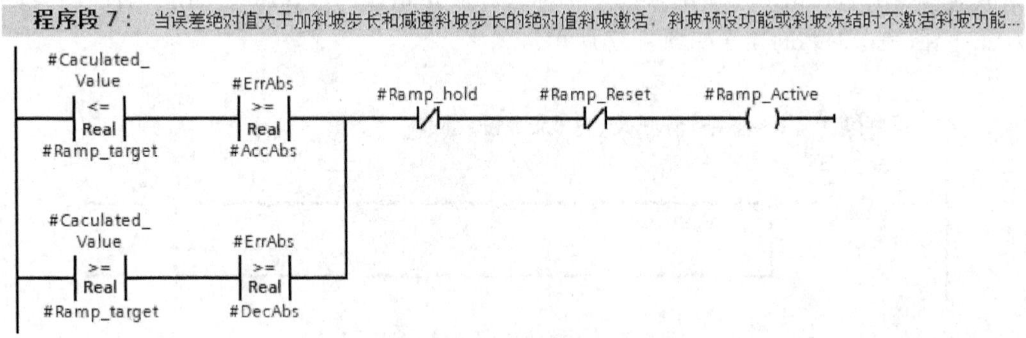

程序段 7: 当误差绝对值大于加速斜坡步长和减速斜坡步长的绝对值斜坡激活. 斜坡预设功能或斜坡冻结时不激活斜坡功能...

图 4-40 输出斜坡激活标志位程序

当斜坡计算值大于斜坡的目标值且斜坡误差绝对值大于加速步长绝对值或斜坡计算值大于斜坡目标值且此时斜坡的误差绝对值小于减速步长的绝对值，则输出斜坡目标到达标志位，如图 4-41 所示。

S7-1200 可以在 CPU 配置中，设置 MB0 为 CPU 的存储器位，其中 M0.0 为 10Hz 时

钟，M0.1 为 5Hz 时钟，M0.2 为 2.5Hz 时钟，M0.3 为 2Hz 时钟，M0.4 为 1.25Hz 时钟，M0.5 为 1Hz 时钟，M0.6 为 0.625Hz 时钟，M0.7 为 0.5Hz 时钟，在本功能块使用了 M0.1，即 5Hz 时钟方波，如图 4-42 所示。

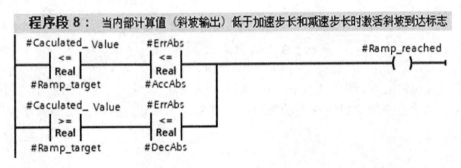

图 4-41　输出斜坡目标到达标志位程序

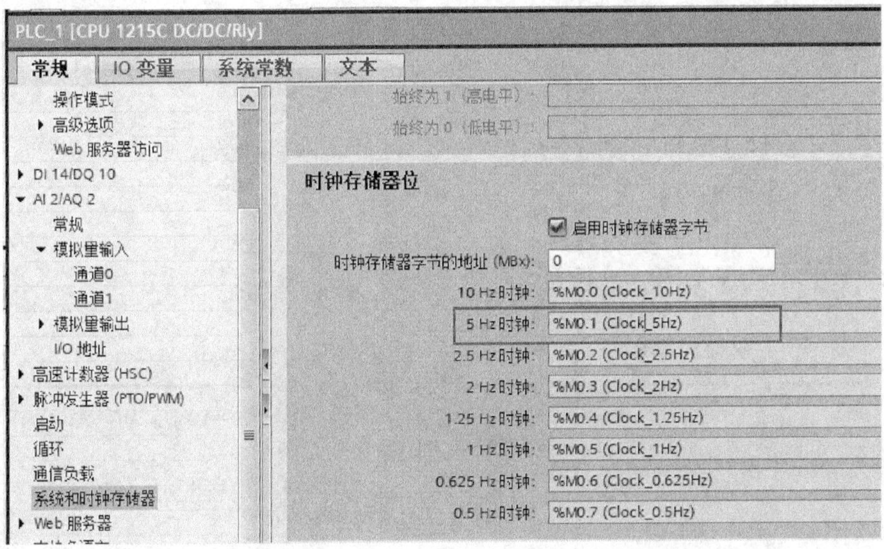

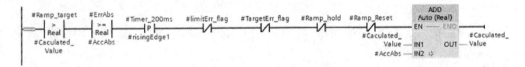

图 4-42　时钟存储器位

　　当斜坡目标值大于中间计算变量（此变量用于输出到斜坡输出值）且在斜坡冻结和斜坡复位功能没有激活，并且没有限位错误和斜坡给定目标值错误，将中间计算变量每 200ms 加上加速步长的绝对值，如图 4-43 所示。

图 4-43　加上加速步长的绝对值

　　当斜坡目标值小于中间计算变量（此变量用于输出到斜坡输出值）且在斜坡冻结和斜坡复位功能没有激活，并且没有限位错误和斜坡给定目标值错误，，将中间计算变量每 200ms

减去减速步长的绝对值，程序如图 4-44 所示。

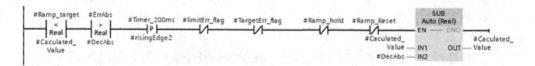

图 4-44 减去减速步长的绝对值

当斜坡复位的值大于最小值且小于最大值时，斜坡复位有效，将斜坡复位值送到中间计算结果中，最后把中间输出值送到功能块的斜坡输出值中去，斜坡复位的程序如图 4-45所示。

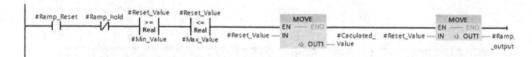

图 4-45 斜坡复位的程序

在没有激活斜坡复位和斜坡功能的前提下，将计算的斜坡数值送到输出变量 Ramp _ Output，如图 4-46 所示。

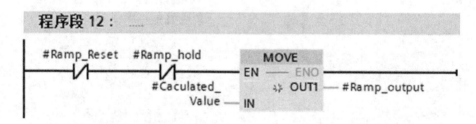

图 4-46 将计算值送到斜坡的输出值

最后在 OB1 的程序 10 中调用自行编制的线性斜坡功能块 FB1 和背景数据块 DB2，来实现龙门刨床中工作台的自动速度给定，按每 200ms 加减斜坡的加速、减速步长以防止速度给定发生剧烈变化。

在 TIA Portal V15 中调用 FB1，系统会自动生成背景数据块，即为刚刚创建的 FB1 创建一个背景数据块，在这个背景数据块的【常规】选项卡中输入项目的名称，如图 4-47所示。

调用斜坡功能块，防止自动速度控制的大幅波动，调用斜坡功能块 FB1 后的程序如图 4-48 所示。

根据龙门刨床的各种进刀机构的结构和性能特点，可以采用 PLC 配合调速装置设计通用的龙门刨床刀架自动进给控制系统，简化机电控制结构，并通过在刀架进刀丝杠和电机的传动之间加入的减速装置，减小转速稳定性和起动时间不确定性所造成的误差，保证刀具进给的精度。

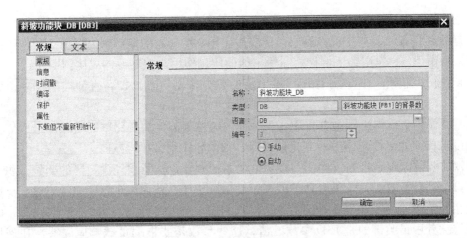

图 4-47 创建背景数据块

图 4-48 调用斜坡功能块 FB1 后的程序

⟶ 第四节 PID 控制器的实战应用

一、PID 控制系统的工作原理

PID 控制系统是将被控对象设定一个给定值 sp，将实际值 PV 测量出来与给定值进行比较，将其差值送入 PID 给定控制器，控制器按照一定的运算规律计算出结果送到输出端，PID 控制系统原理框图如图 4-49 所示。

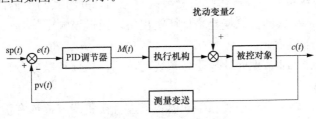

图 4-49 PID 控制系统原理图

通俗点说PID控制就是比例、积分、微分控制的简称，因为其控制的稳定性好，结构简单，参数调整方便，在工程控制中广泛应用。PID控制器的输出值由以下3种作用构成。

（1）P作用。P作用即比例作用，输出值的比例作用与控制偏差成比例增加。

（2）I作用。I作用即积分作用，输出值的积分作用一直增加，直到控制偏差达到平衡状态。

（3）D作用。D作用即微分作用，微分作用随控制偏差的变化率而增加。过程值会尽快校正到设定值。如果控制偏差的变化率下降，则微分作用将再次减弱。

PID的调节原理是根据反馈值与设定值之间的差异，按照预先设定好的比例、积分、微分参数，自动计算输出一个最合适的值来驱动系统工作，从而减少这个差异，直至反馈值与设定值相同，误差为零，也就是使负载最终稳定在一个工作点上，它是一个自动跟踪的闭环控制系统。其中最关键的是PID参数的值，这些参数是要根据负载响应的特性在现场设置调节的，它是PID控制的核心，直接关系到整个系统能否稳定工作并达到预定的目的。比如恒压供水的最终目标就是要使末端压力稳定在一个压力点上，由于用水量是不定时变化的，这就要求供水量要实时跟随用水量变化，并对此做出快速响应，普通的开环控制无法满足这一要求，必须采用PID控制的快速响应的闭环控制方法来实现，这就是要采用PID的调节方法了。

二、S7-1200 PID 控制器功能块指令的深入理解

（一）S7-1200 PID 控制器的组成

S7-1200 PID控制器的组成，包括循环中断组织块OB，PID功能块和PID工艺对象数据块。

（1）循环中断组织块OB可以按照一定的周期产生中断执行启动的程序。

（2）PID指令功能块定义了控制器的控制算法，在循环中断组织块中要用PID功能块，随着循环中断组织块产生的中断而循环执行指令。

（3）PID工艺对象数据块是PID功能指令块的背景数据块，这个数据块的创建是在工艺背景下创建的，所以也叫PID工艺对象数据块，可以定义输入、输出、调试、监控参数。TIA Portal V15中有两种方式访问PID工艺对象背景数据块，一种是参数访问，另一种是组态访问，可定义PID控制器的控制方式和控制过程。

（二）PID 的功能块指令的深入理解

1. 工艺对象指令 PID _ Compact

工艺对象指令PID _ Compact可实现一个集成优化功能的连续PID控制器，可以组态脉冲控制器，适用于手动和自动两种模式。

PID-Compact连续采集在控制回路内测量的过程值，并将其与所需的设定值进行比较。PID _ Compact根据所生成的控制偏差来计算输出值，通过该输出值，可以尽可能快速且稳定地将过程值调整为设定值。

PID _ Compact在预调节期间计算受控系统的比例、积分和微分参数，精确调节可用于进一步调节这些参数。

PID _ Compact能够在自动模式和手动模式下进行自我调节，具有抗积分饱和功能，是对P分量和D分量加权的PID T1控制器。

编程时，首先选中程序段中的编程的水平条，然后单击【指令】→【工艺】→【PID控制】→【Compact PID】，用左键拖拽 PID_Compact 指令到编程条上，在随后弹出来的工艺指令的背景数据块页面中定义数据块的名称，选择自动或手动后单击【确定】按钮添加数据块，添加完的数据块在【项目树】下的【工艺对象】中，可以查看到 PID_Compact_1 的背景数据块，在程序中也会显示新添加的 PID_Compact，如图4-50所示。

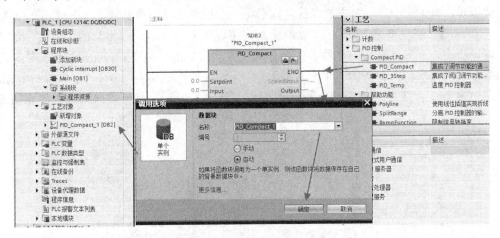

图 4-50　添加 PID_Compact

2. PID_3Step 指令

PID_3Step 指令用于组态具有自调节功能的 PID 控制器，已针对通过电机控制的阀门和执行器进行过优化，PID_3Step 是具有抗积分饱和功能且对 P 分量和 D 分量加权的 PID T1 控制器。

编程时，首先选中程序段中的编程的水平条，然后单击【指令】→【工艺】→【PID控制】→【PID_3Step】，用左键拖拽 PID_3Step 指令到水平编程条的绿色方块上，在随后弹出来的工艺指令的背景数据块页面中，定义数据块的名称，选择自动或手动后单击【确定】按钮添加数据块，添加完的数据块在【项目树】下的【工艺对象】中，可以查看到 PID_3Step_1 的背景数据块，在程序中也会显示新添加的 PID_3Step 指令，PID_3Step 的背景数据块的创建如图4-51所示。

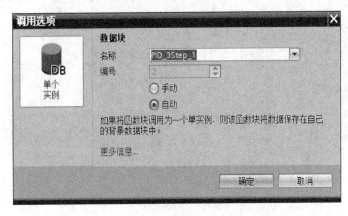

图 4-51　PID_3Step 的背景数据块的创建

3. PID _ Temp 指令

PID _ Temp 指令调用的是一个通用的 PID 控制器，可用于处理温度的控制，PID _ Temp 可用于纯加热或加热/制冷行业的应用。

PID _ Temp 指令的工作模式有未激活、预调节、精确调节、自动模式、手动模式、含错误监视功能的替代输出值。

编程时，首先选中程序段中的编程的水平条，然后单击【指令】→【工艺】→【PID 控制】→【PID _ Temp】，用左键拖拽 PID _ Temp 指令到编程条上，在随后弹出来的工艺指令的背景数据块页面中，定义数据块的名称，选择自动或手动后单击【确定】按钮添加数据块，添加完的数据块在【项目树】下的【工艺对象】中，可以查看到 PID _ 3Step _ 1 的背景数据块，在程序中也会显示新添加的 PID _ Temp 指令，PID _ Temp 的背景数据块的创建如图 4-52 所示。

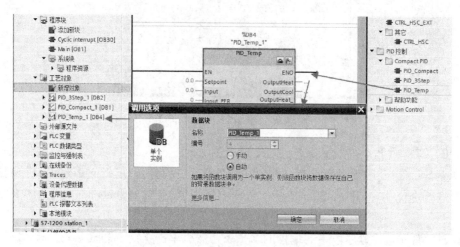

图 4-52　PID _ Temp 的背景数据块的创建

（三）PID 组态

由于 CPU 内存和 DB 块数量的限制，建议 PID 组态应用不要超过 16 路回路，PID 支持图形化组态，可同时进行回路控制，S7-1200 的 PID 提供了两种自整定方式来对 PID 控制器进行调试参数，即用户可手动调试参数，也可使用自整定功能，PID 组态如图 4-53 所示。

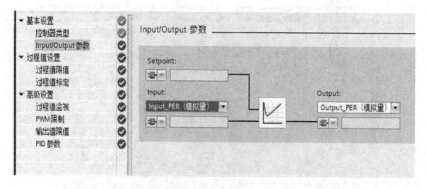

图 4-53　PID 组态

在 PID 组态中，读者可以设定组态的对象为温度、压力、电压、电流、重量等物理量。

三、豆芽机箱内温度的 PID 控制

豆芽机需要控制生发豆芽的箱体内的温度，通常在箱体内壁安装热感应温度仪器 TS，用来测量温度，当箱体内部温度达到培育豆芽所需的最佳温度（27℃）时，热感应器就能自动发出信号，切断通电线路而停止加热。相反，当箱体内部温度低于 27℃时，热感应器又能自动发出信号，接通电热线路而进行及时加热。

本项目中通过 TS 热感应温度采集的被测温度偏离所希望的给定值时，PID 控制可根据测量信号与给定值的偏差进行比例（P）、积分（I）、微分（D）运算，从而输出某个适当的控制信号给执行机构，切断加热器的电源，促使测量值恢复到给定值，达到自动控制的效果。

在 TIA Portal V15 中创建温度控制的新项目，添加 S7-1214C PLC 和模拟量输出扩展模块 6ES7 232-4HD30-0XB0，如图 4-54 所示。

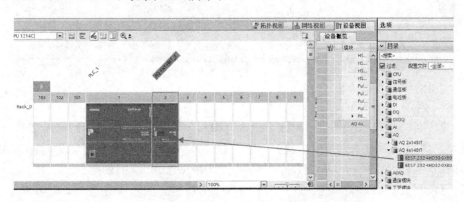

图 4-54　添加 S7-1214C PLC 和模拟量输出扩展模块

添加完成后，双击 6ES7 232-4HD30-0XB0，在属性中修改 I/O 起始地址为 100，如图 4-55 所示。

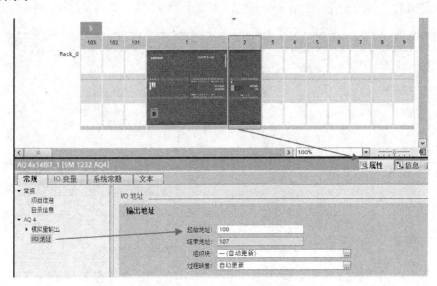

图 4-55　修改模拟量输出模块的 I/O 地址

修改 CPU 上模拟量输入的地址，起始地址也设置为 100，设置如图 4-56 所示。

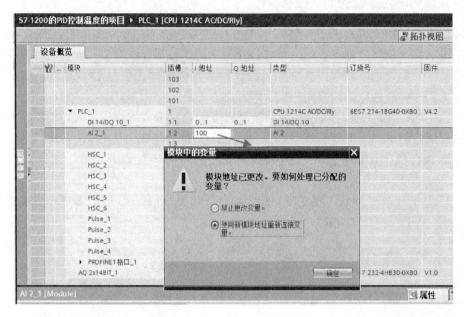

图 4-56　设置模拟量输入的地址

单击【项目树】→【PLC _ 1 [CPU1214 AC \ DC \ Rly]】→【程序块】→【添加新块】，在【添加新块】属性页面中单击【组织块】，选择【Cyclic interrupt】，设置循环时间为 100ms，然后添加标题和注释，单击【确定】完成循环中断组织块 OB30 的创建。

双击【项目树】→【程序块】→【OB30】，按照前面的方法添加指令 PID _ Compact，在 PID _ Compact 的属性页面中组态 PID 控制器类型，这个指令可以组态的类型有温度、压力、长度、流量、亮度、照明度、力、质量、电流、电压和功率等，这里要控制的是温度，所以设置控制器类型为温度，单位为【℃】，因为是误差越大调节量也越大，所以不勾选【反转控制逻辑】，CPU 重启后激活 mode 选择为【手动模式】，如图 4-57 所示。

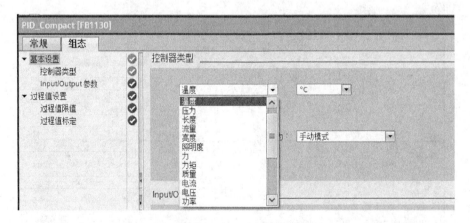

图 4-57　组态 PID 控制器类型

单击【项目树】→【PLC _ 1 [CPU1214 AC \ DC \ Rly]】→【程序块】→【系统块】→【程序资源】，可以查看到新创建的 PID _ Compact [FB1130]，这个块是西门子保护块，用

户是打不开的，如图 4-58 所示。

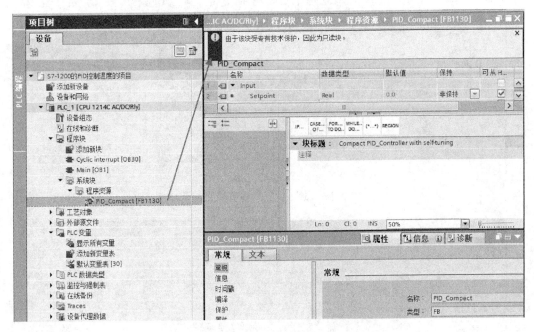

图 4-58　PID _ Compact［FB1130］保护块

在【Input/Output 参数】属性页中将设定点【Setpoint】类型选择为【指令】，变量选择为【温度设定点 1】；【Input】选项中选择 PID 的反馈值为模拟量输入【Input _ PER（模拟量）】，在类型选择为【指令】，变量选择为【温度采集 1】；【Output】选项中选择 PID 的运算输出为模拟量输出【Output _ PER（模拟量）】，即 PID 控制器的输出控制热水阀的流量，在类型中选择为【指令】，变量选择为【热水阀 1】。PID _ Compact 功能块中输入/输出参数的设置如图 4-59 所示。

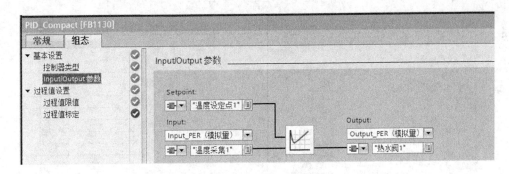

图 4-59　PID _ Compact 功能块中输入/输出参数的设置

在【过程值限值】属性页中设置过程值（PID 反馈）的上限与下限，如图 4-60 所示。
在过程值标定中将量程设置为 0～100℃，如图 4-61 所示。
双击打开【项目树】下的变量表，逐行添加变量，如图 4-62 所示。
单击功能块右上角的打开组态窗口图标　　，如图 4-63 所示。

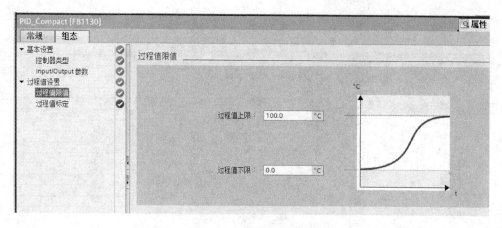

图 4-60　设置过程值限值

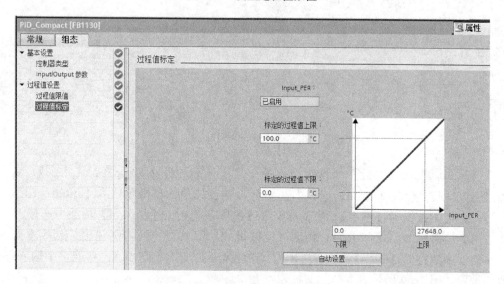

图 4-61　设置过程值标定

		名称	变量表	数据类型	地址	保持	可从…	从 H…	在 H…
1		系统启动	默认变量表	Bool	%I0.0		☑	☑	☑
2		温度采集1	默认变量表	Word	%IW100		☑	☑	☑
3		温度采集2	默认变量表	Word	%IW102		☑	☑	☑
4		热水阀1	默认变量表	Word	%QW100		☑	☑	☑
5		热水阀2	默认变量表	Word	%QW102		☑	☑	☑
6		温度设定点2	默认变量表	Real	%MD104		☑	☑	☑
7		温度设定点1	默认变量表	Real	%MD100		☑	☑	☑
8		手动给定选择	默认变量表	Bool	%I0.2		☑	☑	☑
9		手动设置值	默认变量表	Real	%MD110		☑	☑	☑
10		PID故障输出	默认变量表	Bool	%Q0.2		☑	☑	☑
11		Tag_2	默认变量表	Bool	%M10.1		☑	☑	☑
12		PID故障位	默认变量表	DWord	%MD16		☑	☑	☑
13		PID状态字	默认变量表	Word	%MW12		☑	☑	☑

图 4-62　变量表

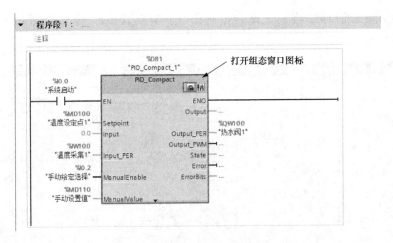

图 4-63 打开组态窗口图标

在【高级设置】中的【过程值监视】中设置水温警告的上限值为【30.0】℃，过高的温度将会影响豆芽的生长，水温的警告下限为【1.0】℃，作为水结冰的预警，设置完成后如图 4-64 所示。

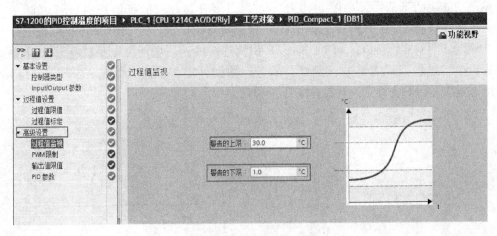

图 4-64 设置过程值监视

因为在本例程当中没有用到 PWM 脉宽调制输出，所以 PWM 限制值在这里没有设置，但是 PWM 输出配合固态继电器在温控等应用场合的应用是非常多的，如 PWM 输出连接一个逻辑输出点，此输出点控制固态继电器的通断，当固态继电器接通时为电阻通电加热，断开时停止加热，通过调整接通的时间来调整加热量。

在本例中模拟量输出值的范围为 0~100%，因此也没有设置这一项。S7-1200 有两种自整定方式，即启动自整定与运行中自整定，本例程选择的是手动整定。

在 PID 参数中，可以进行 PID 控制器核心控制参数的设置，对于温度控制（大滞后的控制系统）模拟量的设置来说，有经验者可以采用手动设置，先将积分调弱，然后通过调试找到合适的 PID 控制器的比例参数，不使用微分。在本例中，采用手动设置参数，将【启用手动输入】的选择勾上，【比例增益】设置【0.8】（此数值越大，控制器的控制越快，过大的比例增益会使系统发生振荡），【积分作用时间】可以设置为【30.0】s，此数值越短，

积分作用越强,【控制器结构】选择为比例积分调节器【PI】,不含微分环节,如图 4-65
所示。

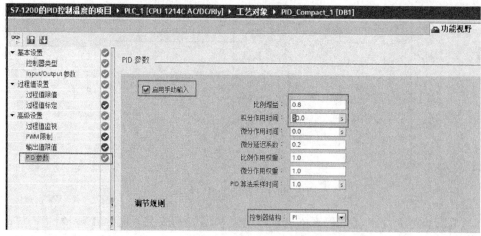

图 4-65　PID控制器核心控制参数的设置

单击功能块的下箭头,如图 4-66 所示,可以展开功能块的扩展选择,S7-1200 PID _
Compact 功能块的 Input 引脚在工程中如果配置的是模拟量,这个引脚就不需要进行设置
了,使用默认的 0.0 就可以,而 Input-PER 引脚连接的是现场温度测量仪 TS1 的数据,这
个数据直接经过模拟量通道进行测试,未进行数据标定,数据类型是 WORD,可以通过
PID 组态直接进行数据标定,转换成实际工程量。

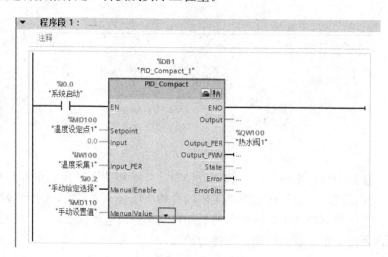

图 4-66　功能块的下箭头

S7-1200 PID 功能块的 Setpoint 是设定值,PID 系统通过内部运算后将结果输出到模拟
量输出设备去控制温度管道上阀门的开度,阀的开度和模拟量输出模块输出的模拟量的数值
成正比,PID 系统尽可能地使反馈值与设定值相等,设置范围即是反馈值标定的上下限之间
的数值。手动给定选择连接到 ManualEnable 引脚,是 Bool 量,地址为％I0.2,手动输入为
MD110,变量类型为浮点数,当连接 I0.2 的选择开关为高电平时,手动调节 PID 的设定的

给定值连接到 Manual Value 引脚，地址是％MD110，可以将这个变量连接到 HMI 上，方便手动调试 PID，Output＿Per 直接输出至模拟量通道，输出整数 0～27648。PID 功能块的设置如图 4-67 所示。

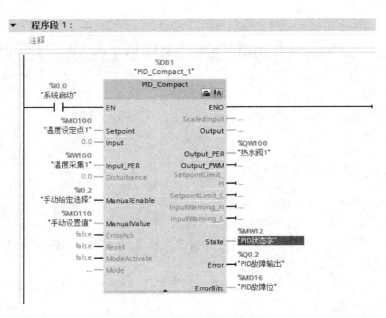

图 4-67　PID 功能块的设置

State 引脚的输出存储的是 PID 功能块的运行状态，用于功能块的故障诊断，Error 引脚用于查找故障点，ErrorBits 引脚连接的％MD16 存储的地址是故障的位地址。

PID＿Compact 指令的输出引脚 Output 与 Output＿Per 是一组，Output 输出是一个百分比数，即 0％～100％，指控制设备全关或全开。Output＿Pwm 输出是脉宽信号，开关量输出，与 Output 与 Output＿Per 两个信号不同，是单独使用的。

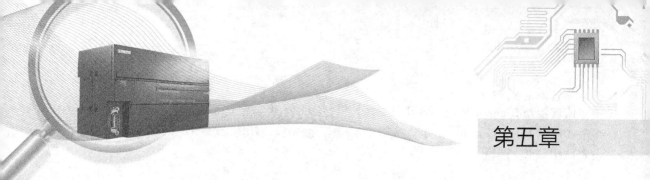

第五章

HMI与伺服驱动V90的实战应用

第一节　西门子 HMI 的深入理解

一、西门子 HMI 应用的深入理解

1. HMI 上的按钮、指示灯和文本域

TIA Portal V15 WinCC 中的按钮和指示灯是 HMI 触摸面板上的动态显示单元，其中，指示灯指示已经定义的位的状态。比如用不同颜色的指示灯显示阀门的开闭等。

HMI 组态软件上创建的按钮，可以实现的功能包括启动（置 1），停止（清 0），点动（按 1 松 0），保持（取反）。

HMI 上创建的文本域用于输入一行或多行文本，可以自定义字体和字的颜色，来反映所定义的文本域的功能。

2. TIA Portal V15 中的变量

TIA Portal V15 中的变量分有内部变量和外部变量。外部变量是在 HMI 和 PLC 之间交换的数据。因为外部变量是 PLC 中所定义的存储位置的映像，无论是 HMI 设备还是 PLC，都可以对该存储位置进行读写访问。HMI 设备和 PLC 通过对控制器 PLC 中存储位置的读写访问，可以实现两者之间的数据交换，可以通过 HMI 设备实时显示控制器 PLC 中的数据，也可以根据实际需要修改控制器 PLC 中的数据，实现对控制器的控制，进而控制工业过程。

变量类型有字符串型变量、布尔型变量、数字型变量、数组变量等，不同的 PLC 支持的变量类型也不同，因此在项目中能够使用的变量类型要根据实际使用的 PLC 而定。

在触摸屏项目中创建变量的同时也必须为这个变量设置属性。其中，变量地址连接的是全局变量在 PLC 上的存储器位置。因此，地址也取决于所使用的是何种 PLC。变量的数据类型或数据格式同样取决于项目中所选择的 PLC。

用户可以对触摸屏的项目中输入/输出域的变量分配功能，如跳转画面功能，只要输入/输出域的变量的值改变，就跳转到另一个画面去。

3. TIA Portal V15 中的设置限制值

在触摸屏 HMI 的项目中在使用变量时，可以为变量组态设置一个上限值和一个下限值。这个功能很有用，比如在输入域中输入一个限制值以外的数值时，输入会被拒绝，也可以利用上下限值来触发报警系统等。可以根据项目的实际需要进行发挥利用这个功能。

为触摸屏项目中的变量设置了起始值，下载项目后，变量会被分配起始值。这个起始值将在操作单元上显示，是不存储在 PLC 上的，比如用于棒图和趋势的变量。

二、西门子 HMI 的操作

(一) 显示工具窗口

单击 TIA Portal V15 软件的菜单栏上的【视图】→【工具】，这样在工作区就会显示工具窗口了，操作如图 5-1 所示。

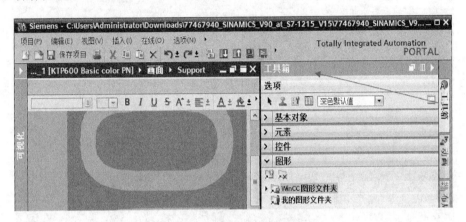

图 5-1　工具窗口的显示操作

【工具窗口】区域有 4 个选项，即简单对象、增强对象、图像和库。

(二) 控制按钮的制作

在画面中添加按钮时，首先打开画面 1，单击【工具窗口】→【基本对象】，在基本对象下单击 ■ 按钮并拖拽到画面当中，如图 5-2 所示。

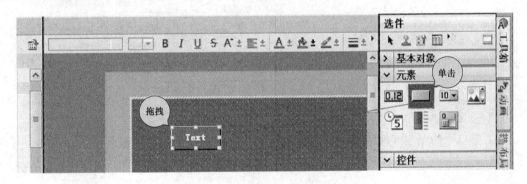

图 5-2　在画面中添加按钮

新添加的按钮上的文本默认显示为【Text】，双击这个新添加的按钮后，在工作区的下方会弹出按钮的属性框，在【属性】窗口的【常规】设置框中，可以设置按钮的模式、标签、图形和热键，点选【模式】下的【文本】，然后在【标签】中设置按钮"未按下"显示的图形，这里输入 M1，然后使用鼠标左键对【按钮"按下"时显示的文本】进行勾选，在下方的输入框中输入【Run】，如图 5-3 所示。

当按钮模式选择的是图形时，首先点选【图形】，在【图形】中设置【按钮"未按下"显示的图形】，这里选择 G-Off，勾选【按钮"按下"时显示的图形】，并选择 G_On，如图 5-4 所示。

图 5-3　设置按钮的属性

图 5-4　按钮模式为图形时的设置

1. 按钮启动画面的设置

双击要启动的画面【画面_1】，添加按钮，双击创建好的按钮，修改按钮的名称为【启动】，选择【事件】组，单击【单击】，打开【函数列表】对话框，如图 5-5 所示。

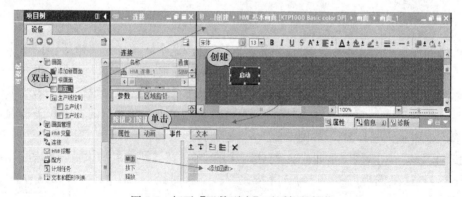

图 5-5　打开【函数列表】对话框的操作

单击新添加的按钮的【属性】→【事件】，单击【系统函数】→【激活屏幕】，如图5-6所示。

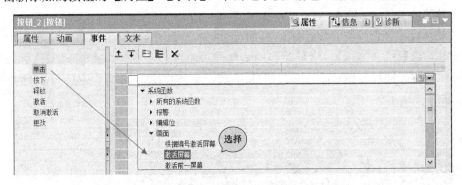

图5-6 激活屏幕的操作

2. 连接按钮的弹出画面

激活【激活屏幕】的系统函数后，【激活屏幕】系统函数会出现在【函数列表】对话框中。这个系统函数的两个参数包括【画面名称】和【对象号】，【画面名称】的设置参数包含单击该按钮时将打开的画面的名称；而【对象号】是可选参数，代表目标画面中对象的Tab的顺序号。在画面改变后，会在该对象上设置一个焦点。在【画面名称】中选择【生产线1】，如图5-7所示。

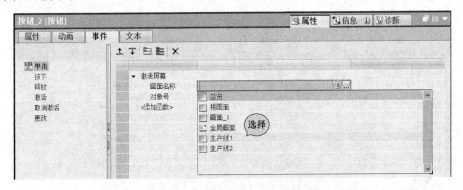

图5-7 【激活屏幕】的系统函数的窗口

保存项目后，单击 仿真图标启动运行系统，运行系统启动后，单击画面1中的按钮【启动】后，就会弹出这个按钮所连接的【生产线1】的画面了，如图5-8所示。

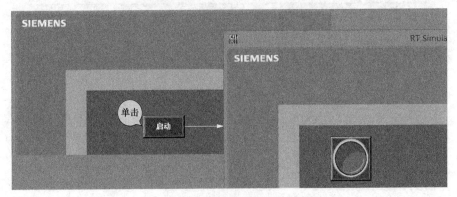

图5-8 按钮启动画面弹出的运行图

（三）文本域的制作

1. 创建文本域

创建文本域，首先双击要添加域的画面【生产线1】，然后单击项目窗口右侧的【工具箱】→【基本对象】→【文本域】，将鼠标移动到画面编辑窗口，在画面上需要生成域的区域再次单击鼠标左键，即可在该位置生成一个文本域，文本域默认的显示为 Text。添加文本域的操作如图 5-9 所示。

图 5-9　添加文本域的操作

2. 组态文本域

双击刚刚创建的文本域可以设置属性，在工作区域下方将出现这个【文本域】的属性视图，有事件、属性、动画和文本 4 组属性，可以根据工程项目的需要有针对性地选择和组态，如在【外观】中设置填充部分文本的颜色、背景色、填充样式、边框的颜色、样式等，如图 5-10 所示。

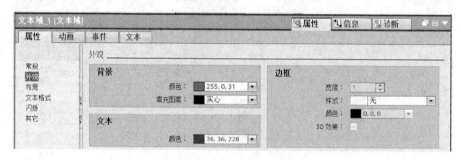

图 5-10　组态文本域

文本域的文本默认为 Text，选择【属性】→【常规】，可在右侧的文本输入框中输入这个文本域的文本，这里输入【热水温度】，如图 5-11 所示。

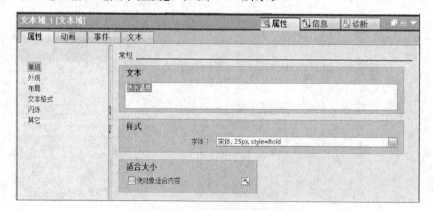

图 5-11　更改文本域的文本

在文本域的属性视图中，选择【属性】→【闪烁】，可以设置闪烁的方式，这里选择【标准】，组态闪烁的文本如图 5-12 所示。

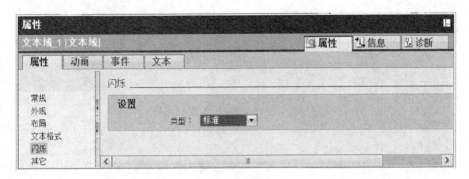

图 5-12　设置闪烁的方式

运行系统启动后，可以看到闪烁的文本，即文本的背景色和文本颜色在交替闪烁，如图 5-13 所示。

图 5-13　文本域在画面中的闪烁显示

（四）指示灯的制作

1. 创建指示灯的相关变量

单击【项目树】→【PLC_1】→【PLC 变量】，在工作区弹出的【变量编辑器】中创建新变量 M1_Run，数据类型选择为 Bool，地址为％Q2.5，如图 5-14 所示。

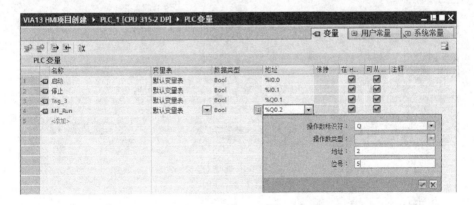

图 5-14　创建新变量 M1_Run

单击【项目树】→【HMI_基本项目】→【HMI 变量】，连接选择【HMI 连接_1】，数据类型选择 Bool 量，地址是 PLC 的输出点％Q2.5，如图 5-15 所示。

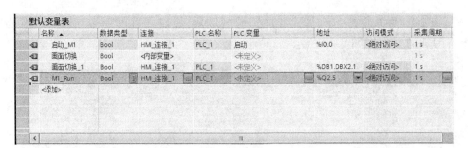

图 5-15　设置 HMI 上连接的变量

2. 添加指示灯

在项目库中添加全局库中的指示灯元素，单击【库】→【全局库】→【Button _ and _ switches】→【主模板】→【PilotLights】，拖拽到【项目库】下的【主模板】当中，如图 5-16 所示。

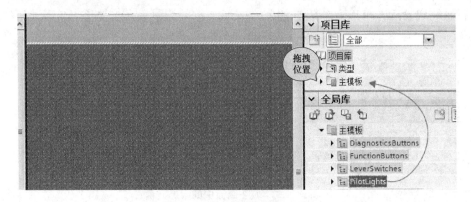

图 5-16　在项目库中添加指示灯元素

添加指示灯时，单击【项目库】→【主模板】→【PilotLights】，拖拽【PlotLight _ Round _ G】到画面中合适的位置，如图 5-17 所示。

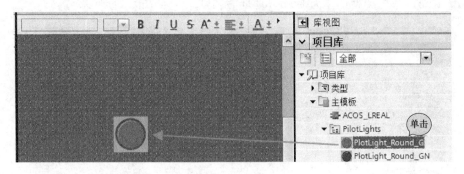

图 5-17　创建指示灯

3. 组态指示灯

双击新创建的指示灯进行组态，在弹出来的属性视图中，连接过程变量为 M1 _ Run。组态指示灯的变量如图 5-18 所示。

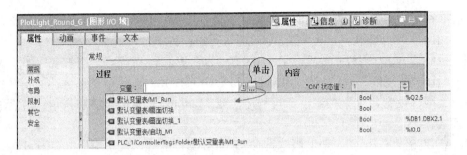

图 5-18　组态指示灯的变量

在【模式】下选择【双状态】，在【内容】栏中选择指示灯点亮时连接的指示灯为
【PliotLight＿Round＿G＿ON＿256c】，在选择指示灯熄灭时连接的指示灯为【PliotLight＿
Round＿G＿Off＿256c】。组态指示灯的双状态如图 5-19 所示。

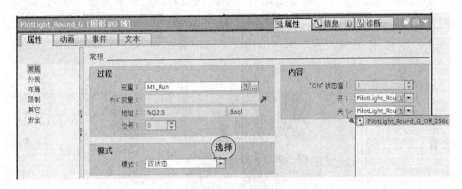

图 5-19　组态指示灯的双状态

最后给指示灯添加一个文本描述【电动机 M1】。

模拟指示灯的运行后，可以看到指示灯在电动机运行和停止时的两种状态显示，电动机
运行时，指示灯变为绿色，电动机停止时，指示灯变为红色，如图 5-20 所示。

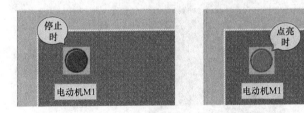

图 5-20　指示灯在电动机运行和停止时的两种状态显示

➡ 第二节　伺服驱动器 V90

一、伺服驱动器 V90 的深入理解

1. 伺服驱动器 V90 的功能和特点

西门子伺服驱动系统由 SINAMICS V90 伺服控制器和 SIMOTICS S-1FL6 伺服电动机

组成，有 8 种驱动类型，7 种不同的电动机轴规格，功率范围为 0.05～7.0kW，供电系统有单相和三相两种，能够用于定位、传送、收卷等行业设备中。

伺服控制器 V90 与 S7-1500T/ S7-1500/S7-1200 PLC 进行配合，能够实现丰富的运动控制功能。西门子伺服控制器 SINAMICS V90 集成了外部脉冲位置控制、内部设定值位置控制（通过程序步或 Modbus）、速度控制和扭矩控制等模式。

SINAMICS V90 PROFINET 版本具有 PROFINET 接口，只需一根电缆即可实时传输用户/过程数据以及诊断数据。驱动器的内部集成抱闸继电器，当使用带抱闸的电动机时，可直接控制电动机动作。闭环控制参数可以采用实时优化功能进行自动实时优化，也可以采用一键优化功能在调试时进行优化。

SINAMICS V90 的驱动和电动机可以达到 3 倍的过载能力，具有电动机转矩波动低、参数设置图形化的特点，还具有通俗易懂的电动机状态界面监控和方便高效的示波器功能及测量功能。另外，SINAMICS V90 还集成了 STO（安全扭矩关断）功能，能够防止电动机意外转动，SINAMICS V90 伺服驱动器的端子功能与面板如图 5-21 所示。

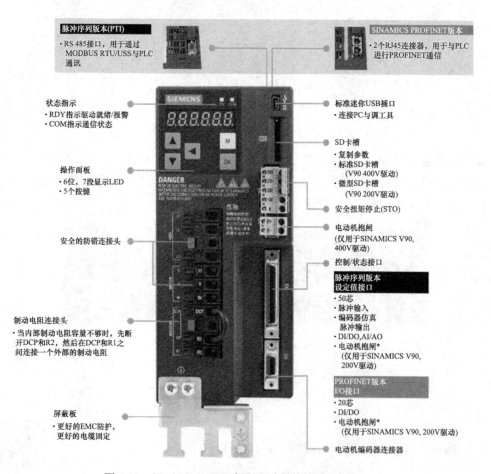

图 5-21　SINAMICS V90 伺服驱动器的端子功能与面板

2. S7-1200 PLC 对 V90 进行位置控制

S7-1200 PLC 用于运动控制时，支持运行中更改电动机速度和位移，非常灵活，可以通过 PROFINET 与 V90 伺服驱动器搭配进行位置控制，在西门子 S7-1200 中组态位置轴工艺对象，V90 使用标准报文 3，通过 MC_Power、MC_MoveAbsolute 等 PLC Open 标准程序块进行控制，这种控制方式属于中央控制方式；也可以采用分布控制方式，即在 PLC 中使用 FB284（SINA_POS）功能块，V90 使用报文 111，实现相对定位、绝对定位等位置控制。除了上述的两种方法，也可以在西门子 S7-1200 中使用 FB38002（Easy_SINA_Pos）功能块，V90 使用报文 111，这个功能块是 FB284 功能块的简化版，设置更加容易。

二、S7-1200 PLC 的运动控制

（一）S7-1200 PLC 的运动控制功能

Firmware 版本为 V4.1 的 S7-1200 PLC，其 CPU 的运动控制根据连接驱动方式的不同，有 PROFIdrive、PTO 和模拟量 3 种控制方式。西门子 S7-1200 用于运动控制时，1 个 S7-1200 PLC 最多可以控制 4 个轴，是不能扩展的。

1. PROFIdrive 运动控制方式

S7-1200 PLC 通过基于 PROFIBUS/PROFINET 的 PROFIdrive 方式与支持 PROFIdrive 的驱动器连接，进行运动控制。

PROFIdrive 是通过 PROFIBUS DP 和 PROFINET IO 连接驱动装置和编码器的标准化驱动技术配置文件，可实现闭环控制。支持 PROFIdrive 配置文件的驱动装置都可以根据 PROFIdrive 标准进行连接。控制器和驱动装置/编码器之间通过各种 PROFIdrive 消息帧进行通信，每个消息帧都有一个标准结构，读者可以根据具体应用，选择相应的消息帧。通过 PROFIdrive 消息帧，可传输控制字、状态字、设定值和实际值。

2. S7-1200 的 PTO 运动控制方式

S7-1200 的 PTO 的控制方式是目前为止所有版本的 S7-1200 CPU 都有的控制方式。S7-1200PLC 通过发送 PTO 脉冲的方式控制驱动器，即由 CPU 向轴驱动器发送高速脉冲信号（以及方向信号）来控制轴的运行。可以是脉冲/方向、A/B 正交、也可以是正/反脉冲的方式。

这种控制方式是开环控制，但是用户可以选择增加编码器，利用 S7-1200 高速计数功能（HSC）来采集编码器信号，来得到轴的实际速度或是位置实现闭环控制。

3. S7-1200 模拟量的运动控制方式

Firmware V4.1 版本的 S7-1200 PLC 的另外一种运动控制方式是模拟量控制方式，即 ST-1200PLC 通过输出模拟量来控制驱动器。以 CPU1215C 为例，本机集成了 2 个 AO 点，如果用户只需要 1 或 2 轴的控制，则不需要扩展模拟量模块。然而，CPU1214C 这样的 CPU，本机没有集成 AO 点，如果用户想采用模拟量控制方式，则需要扩展模拟量模块，模拟量控制方式也是一种闭环控制方式。

4. S7-1200 运动控制 PTO 的组态

S7-1200 的运动控制的组态支持脉冲控制（PTO 控制）和 PN 网络控制（PROFINET 控制），其中，脉冲控制最大速度支持 1M，PN 网络控制支持 V90 网络伺服。S7-1200 同时还支持闭环控制，在对驱动器进行 PTO 控制时，可以对轴进行速度控制、开环控制。在对

驱动器进行模拟量输出控制时，可以进行位置控制、闭环控制，编码器连接在高速计数器（HSC）、工艺模块（TM）上。在对驱动器进行 PROFIdrive 控制时，可以进行位置控制、闭环控制，编码器连接在驱动器、高速计数器（HSC）、工艺模块（TM）和 PROFIdrive 上。运动控制 PTO 组态如图 5-22 所示。

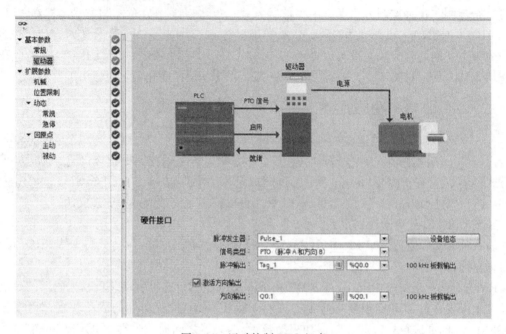

图 5-22　运动控制 PTO 组态

在运动控制 PTO 组态的配置视图中，可以组态运动单位、硬限位、回原点方式、脉冲输出点、信号类型等。对 PLC 组态轴的参数后，要通过控制面板进行调试，然后再根据工艺要求编写相关的控制程序。S7-1200 运动控制不仅支持运行中更改电动机速度和位移。

S7-1200 在 PROFINET 网络中，最多可以控制 16 个 V90 PN 伺服控制器，S7-1200 运动控制功能的调试面板是一个重要的调试工具，使用该工具的节点是在编写控制程序前，用来测试轴的硬件组件和设置的轴的参数是否正确。

（二）S7-1200 运动控制指令

1. Motion Control 指令的分类

S7-1200 的运动控制指令，即 Motion Control 指令包括 MC_Power、MC_Reset、MC_Home、MC_Halt、MC_MoveAbsolute、MC_MoveRelative、MC_Velocity、MC_MOVEJog、MC_CommandTable、MC_ChangeDynamic。

2. 添加 Motion Control 指令

打开 OB 块，在 TIA Portal 软件右侧【指令】中的【工艺】中找到【Motion Control】指令文件夹，展开后可以看到所有的 S7-1200 运动控制指令，单击编程水平条后，使用拖拽或是双击的方式在程序段中插入运动 MC_Power 指令，如图 5-23 所示。

3. 添加背景数据块

这些运动控制指令插入到程序中时，软件会要求添加指令的背景数据块，可以选择手动或是自动生成 DB 的编号，如图 5-24 所示。

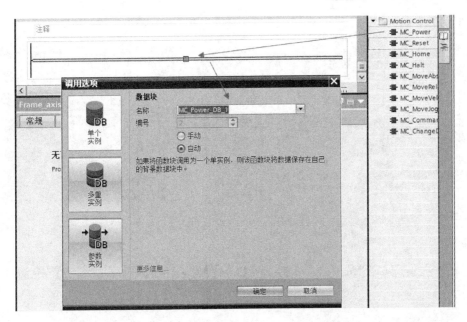

图 5-23 添加运动控制指令

在程序中，运动控制指令之间不能使用相同的背景数据块，最方便的操作方式就是在插入指令时让 Portal 软件自动分配背景数据块，添加好背景数据块后的 MC＿Power 指令如图 5-25 所示，这个指定对应的背景数据块【MC＿Power＿DB＿1［DB2］】，可以在【项目树】→【程序块】→【系统块】→【程序资源】下查看。

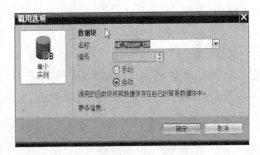

图 5-24 添加背景数据块

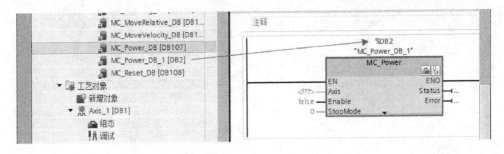

图 5-25 添加好背景数据块后的 MC＿Power 指令

每个轴的工艺对象都有一个背景数据块，打开后可以对数据块中的数值进行监控或是读写。

4. 快捷按钮

运动控制指令右上角有两个快捷按钮，如图 5-26 所示，可以快速切换到轴的工艺对象参数配置界面和轴的诊断界面。每个运动控制指令下方都有一个扩展用的黑色三角，展开后可以显示该指令的所有输入/输出引脚。展开后的指令引脚有灰色的，表示该引脚是不经常用到的指令引脚。

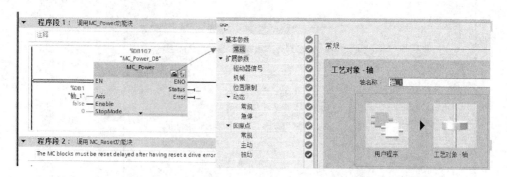

图 5-26　快捷按钮

◆ 第三节　HMI 和 S7-1200 PLC 对控制器 V90 的速度和位置控制

一、项目工艺

使用 S7-1215C 的脉冲/方向接口（PTO）对伺服控制器 SINAMICS V90 进行控制定位和速度控制，丝杠的移动通过"轴"和"命令表"以及适当的运动控制系统功能块来实现，采用 24V 脉冲串控制 V90，HMI 选配 lKTP600，订货号为 6AV6647-0AD11-3AX0，通过以太网与 PLC 进行通信，伺服选配 SINAMICS V90，订货号为 6SL3210-5FE10-8UA0，选配 6SL3260-2NA00-0VA0 连接器用于连接 SINAMICS V90 到 PLC，工作过程示意如图 5-27 所示。

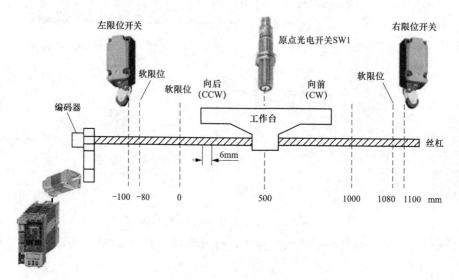

图 5-27　工作过程示意

丝杠的定位过程采用速度值和时间值，丝杠的运动曲线如图 5-28 所示。

从图 5-28 中可知，轴应移动 1000mm。上升和下降时间应分别为 0.5s。该过程大约需要 5.5s。

图 5-28 丝杠的运动曲线

二、S7-1200PLC 控制 V90 的电气原理图

采用 S7-1200 PLC，CPU1215C DC/DC/DC，订货号为 6ES7215-1AG31-0XB0，具有 100KB 工作存储器，24VDC 电源，端子为 DI14×24VDC 漏型/源型，DQ10×24VDC 及 AI2 和 AQ2；还配有 6 个高速计数器和 4 个脉冲输出，信号板扩展 I/O，可以配置 3 个通信模块用于串行通信，还可以配置 8 个信号模块用于 I/O 扩展，0.04ms/1000 条指令，6ES7215-1AG31-0XB0 还有 2 个 PROFINET 端口用于编程，S7-1200PLC 控制 V90 的控制原理图如图 5-29 所示。

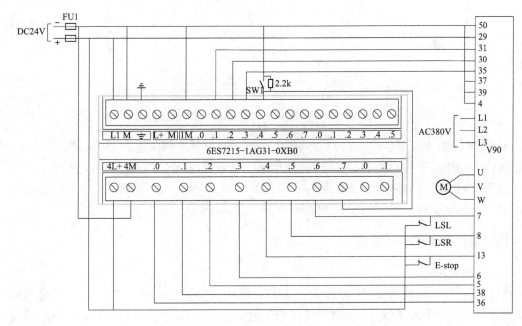

图 5-29 S7-1200-PLC 控制 V90 的控制原理图

在实际的接线过程中，脉冲输入输出要采用双绞线，由于版面的限制，图 5-29 中脉冲输入的两种功能引脚是分开画的，这样比较便于理解。实际要按照 V90 手册中的描述进行接线，V90 的脉冲的输入/输出引脚位置如图 5-30 所示。

在一个项目中只允许使用一个脉冲通道，本项目使用的是通道 2，即 24V 的 PTO 输出，如果要使用 RS422 的接口，则要选择 V90 的脉冲通道 1。

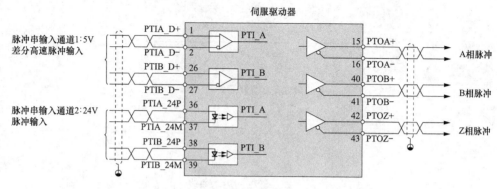

图 5-30   V90 的脉冲信号的接线位置图示

三、伺服 V90 的参数设置

首先有两种方法设置伺服 V90 的参数，一种是通过调试软件，另一种是通过 BOP 控制面板。通过 BOP 面板恢复出厂设置，断开 SINAMICS V90 驱动器和 PG/PC 之间的 USB 连接线，操作流程如图 5-31 所示。

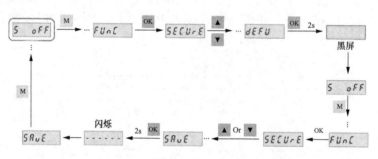

图 5-31   恢复 SINAMICS V90 的出厂设置

使用 BOP 面板设置参数 p29011 为 3000，即 3000 个脉冲伺服电机转动一圈，p29014 选择默认值 1，即 24V 脉冲输入，p1120 斜坡加减速时间是由 S7-1200 功能块设置的。

使用 V90 的点动模式检查机械不存在问题后，对 IP 地址和子网掩码进行设置，即 S7-1200 的 IP 地址为 192.168.0.1，子网掩码为 255.255.255.0。

四、项目创建与硬件组态

(一) 项目创建

创建新项目，添加 6ES7215-1AG31-0XB0，设置 IP 地址为 192.168.0.2，子网掩码为 255.255.255.0，单击【项目树】→【工艺对象】→【新增对象】，选择【新增对象】中选择【运动控制】下的运动控制指令的【轴】工艺对象【TO_Asis_PTO】，添加后的 TO_Axis_PTO 在控制时，能映射到物理驱动器，这样就能够通过脉冲接口控制步进电动机和伺服电动机的功能了，单击【确定】完成添加，如图 5-32 所示。

(二) PLC 硬件组态

本项目采用 PTO 脉冲输出串来控制伺服控制器 SINAMICS V90，双击【轴_1】，在属性页面的【常规】中将【脉冲发生器】选为【Pulse_1】，如图 5-33 所示。

图 5-32　新增对象【轴_1】

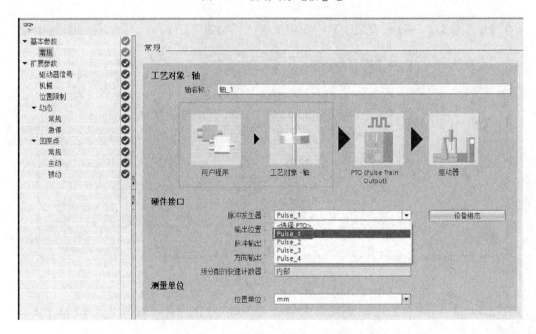

图 5-33　选择脉冲发生器为【Pulse_1】

在【扩展参数】→【驱动器信号】中，设置使能输出为 Q0.2，就绪输入为 I0.2。V90 使能信号和就绪信号分配如图 5-34 所示。

根据机械设置电子齿轮比，在本例中，PLC 输出 3000 个脉冲，实际机械位置走 6mm，因此在【扩展参数】→【机械】中，设置电动机每转的脉冲数设置为 3000，负载位移设置为 6.0，如图 5-35 所示。

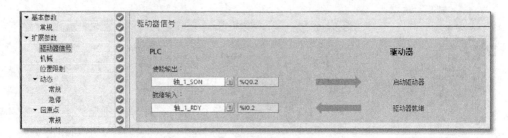

图 5-34　V90 使能信号和就绪信号分配

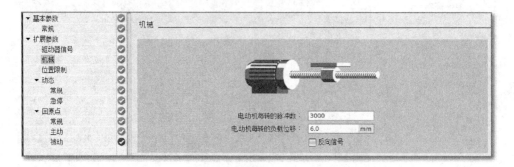

图 5-35　设置电子齿轮比

在【扩展参数】→【位置限制】中启用软限位,如图 5-36 所示。

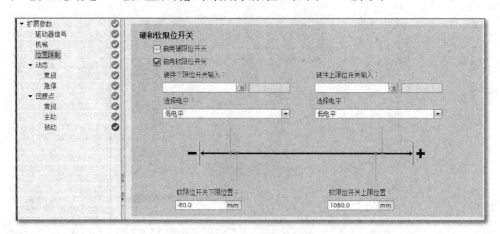

图 5-36　启用软限位

在【动态】→【常规】中,设置最大转速、启动/停止速度、加速度和减速度等,如图 5-37 所示。

在【扩展参数】→【动态】→【急停】中设置碰到急停时的紧急减速度为 $39.6 mm/s^2$,如图 5-38 所示。

在【回原点】→【常规】中设置原点开关的相关参数,将原点开关连接端子%I0.4 的逻辑输入点,如图 5-39 所示。

在【回原点】→【主动】中将【逼近/回原点方向】设置为【负方向】,逼近速度为 50.0mm/s,回原点速度为 2.0mm/s,如图 5-40 所示。

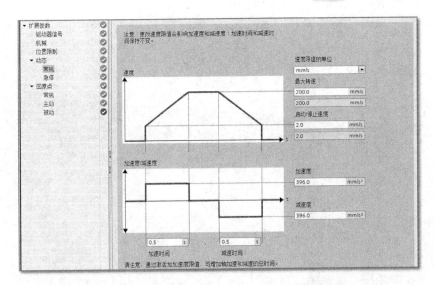

图 5-37　设置最大转速、启动/停止速度、加速度和减速度等

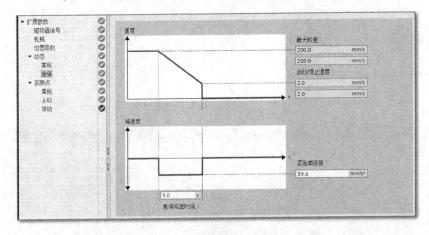

图 5-38　设置紧急减速度

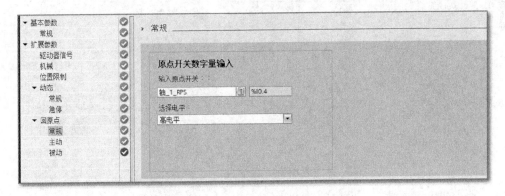

图 5-39　设置原点开关的相关参数

　　用同样的方法添加工艺对象命令表【TO＿CommandTable＿PTO】，添加完成后允许使用 PLCopen 在表中创建运动控制命令和运动轨迹，所创建的轨迹通过【轴】工艺对象应用于伺服驱动器，工艺对象命令表的添加如图 5-41 所示。

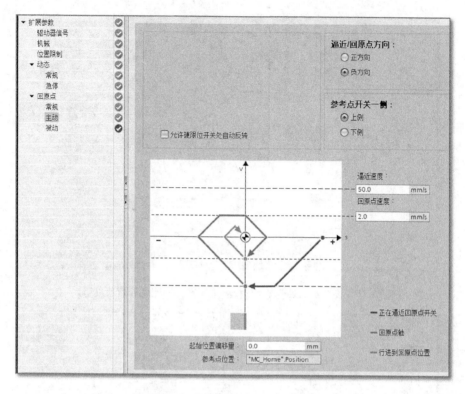

图 5-40　设置回原点的相关参数

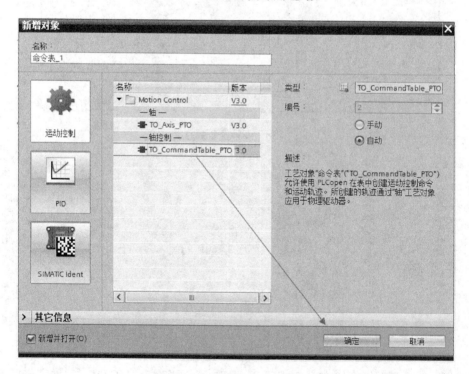

图 5-41　工艺对象命令表的添加

工艺对象命令表对于工艺流程比较固定的项目可以起到简化编程的目的。双击工艺对象命令表，在【常规】中可以修改其名称，如图5-42所示。

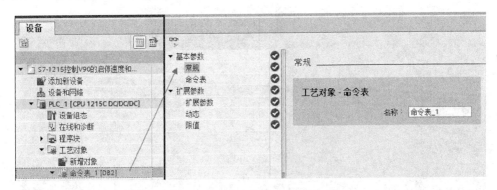

图5-42　修改工艺对象命令表的名称

(三) HMI 的添加和组态

单击【添加新设备】，选择【KTP600 Basic】下的相应设备，之后单击【确定】即可添加 HMI，如图5-43所示。

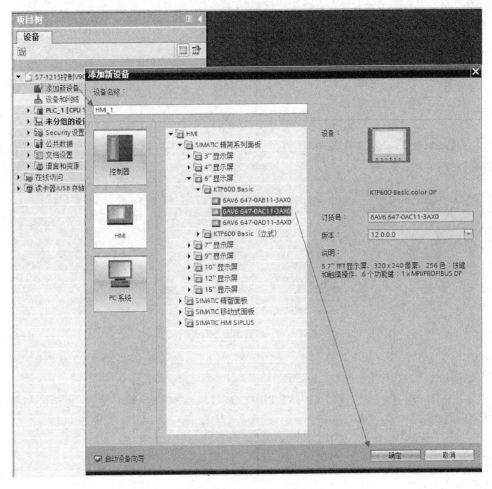

图5-43　添加 HMI 设备

组态 HMI 的通信时，单击【PLC 连接】，选择通信的 PLC 为 CPU1212C DC\DC\DC，然后单击【确定】，如图 5-44 所示。

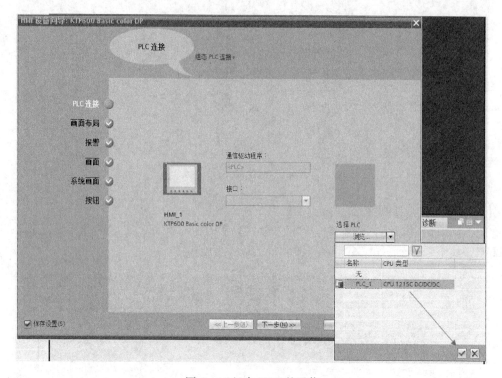

图 5-44　组态 HMI 的通信

双击【项目树】下的【设备和网络】，组态 CPU 1215C 与 HMI_1 为以太网。设备的以太网视图如图 5-45 所示。

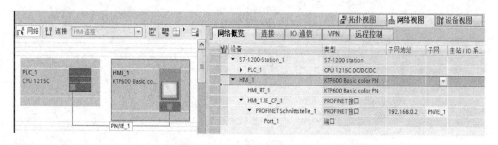

图 5-45　设备的以太网视图

添加的 HMI 为 5.7"TFT 显示屏、320×240 像素、256 色，可进行按键和触摸操作，有 6 个功能键、1×PROFINET。新添加的触摸屏参数如图 5-46 所示。

双击 HMI，在【常规】→【PROFINET 接口】→【以太网地址】中设置 IP 地址与子网掩码，如图 5-47 所示。

五、 程序编制

(一) 变量表

参照第二章的内容，创建项目的变量表，然后逐行编写变量的名称、输入与 CPU 的

I/O地址相对应的地址、选择数据类型，变量表如图5-48所示。

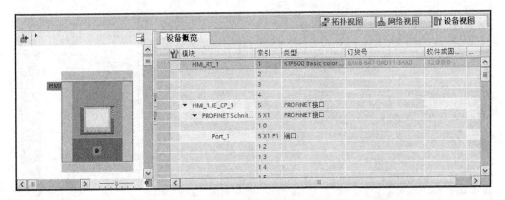

图 5-46　新添加的触摸屏参数

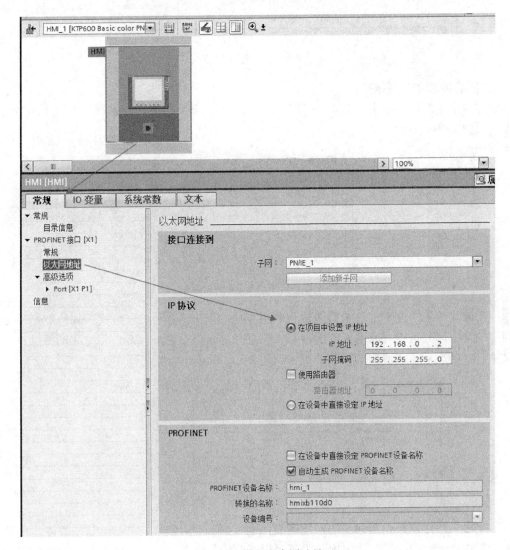

图 5-47　设置以太网地址

		名称		数据类型	地址	保持
1		轴_1_脉冲	...	Bool	%Q0.0	
2		轴_1_方向	...	Bool	%Q0.1	
3		轴_1_RDY	...	Bool	%I0.2	
4		轴_1_SON	...	Bool	%Q0.2	
5		轴_1_RPS	...	Bool	%I0.4	
6		轴_1_EMGS	...	Bool	%Q0.4	
7		轴_1_CWL	...	Bool	%Q0.5	
8		轴_1_CCWL	...	Bool	%Q0.6	
9		轴_1_复位	▼	Bool	%Q0.3	▼
10		系统_字节	...	Byte	%MB1	
11		第一次扫描	...	Bool	%M1.0	
12		诊断状态更新	...	Bool	%M1.1	
13		一直为真	...	Bool	%M1.2	
14		一直为假	...	Bool	%M1.3	
15		轴_1_RPS_Sim	...	Bool	%Q0.7	
16		轴_1_ALM	...	Bool	%I0.1	
17		轴_1_MBR	...	Bool	%I0.3	

图 5-48　变量表

（二）功能块的程序编制

创建两个组织块，一个是启动块 OB100，一个是功能块 FB11，编写功能块 FB11 的变量表，如图 5-49 所示。

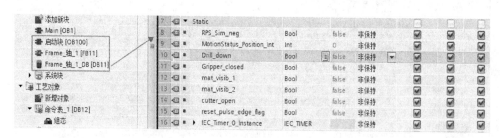

图 5-49　功能块 FB11 的变量表

在功能块的程序段 1 中，轴的使能是调用 MC_Power 功能块来给伺服加使能，使能即给伺服的动力部分得电，电动机使能后，才能进行寻原点、速度移动、位置移动等操作。使能是执行这些运动功能块的基础和前提。调用 MC_Power 功能块程序如图 5-50 所示。

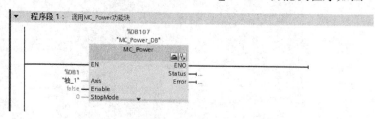

图 5-50　调用 MC_Power 功能块程序

程序段 2 的作用是，当伺服的轴出现故障时，可以调用 MC_Reset 复位故障功能块复位轴功能块执行时的错误，在本项目中还采用了 TP 定时器，可使在执行复位故障的时候不至于太频繁，下降沿功能块用于检测 TP 的脉冲的下降沿，MC_Reset 复位故障功能块的

Execute 引脚是触发引脚，需要用上升沿触发。调用 MC_Reset 功能块程序如图 5-51 所示。

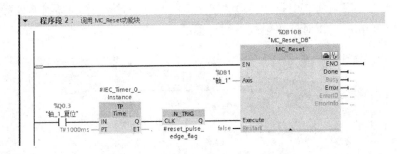

图 5-51 调用 MC_Reset 功能块程序

MC_MoveJog 是点动功能块，在伺服轴正式投入自动运行之前，要使用点动功能块来检查伺服电气和机械是否有问题，在这个功能块里，JogForward 引脚连接的是正向点动，JogBackward 引脚连接的是反向点动，Velocity 引脚连接的是点动速度，InVelocity 引脚连接的是速度设定值已经到达。点动功能块程序如图 5-52 所示。

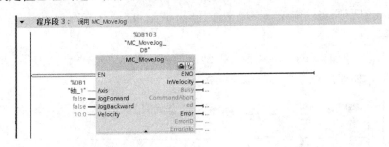

图 5-52 点动功能块程序

MC_MoveVelocity 是让伺服运行速度模式，当 Execute 输入引脚出现上升沿后，速度给定值 Velocity 生效，在此功能块中还可以用引脚 Direction 设置速度的方向。

在程序段 4 中，PLC 的每次上电后的第一个周期将速度运行速度给定值预先设置为 100mm/s，其余情况采用程序中的给定速度值，默认速度给定值为 10mm/s。移动速度的设置程序如图 5-53 所示。

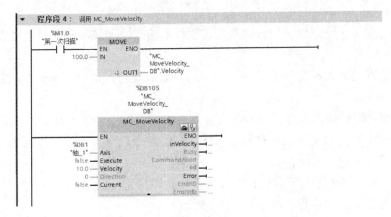

图 5-53 移动速度的设置程序

MC_MoveRelative 是让伺服运行在相对位置模式，相对位置模式的运行不需要原点，其目标位置总是相对于上一次的停止位置或目标位置。

在程序段 5 中，PLC 将相对移动的最大速度值在 PLC 的第一个扫描周期设置为 50mm/s，并覆盖默认的 10mm/s。相对位置模式的运行程序如图 5-54 所示。

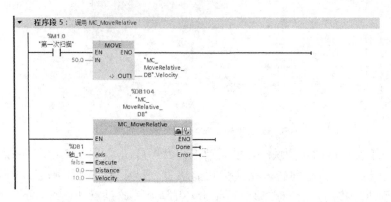

图 5-54 相对位置模式的运行程序

MC_Home 是回原点功能块，在绝对位置移动执行前必须先有原点，否则绝对位置移动功能块会报错。

在程序段 6 中，回原点的基准点被分配到位置 500mm，回原点模式为 3，回原点的高低速度采用预设值。回原点程序如图 5-55 所示。

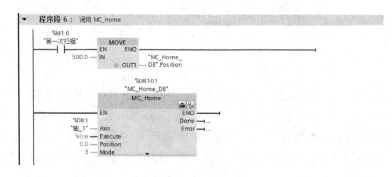

图 5-55 回原点程序

MC_MoveAbsolute 是绝对位置移动，在执行本功能块之前，一定要先回原点（先执行 MC_Home 功能块）。

绝对位置移动的最大速度预先设置为 200mm/s，并覆盖默认的 10mm/s。绝对位置移动程序如图 5-56 所示。

MC_CommadTable 是伺服的命令表，在此表中可以按工艺顺序设置每个工艺步的执行内容和切换条件，对工艺比较固定的伺服运行，伺服命令表可以有效减小编程者的工作量。调用命令表程序如图 5-57 所示。

MC_Halt 是暂停伺服轴的运行，等设备条件允许再运行伺服轴，在程序段 9 中调用了这个功能块，暂停伺服轴运行的程序如图 5-58 所示。

程序 10 的作用是，当命令表的执行步大于等于 3 且小于等于 10 时，将夹具关闭；当执行步等于 4、6 或 8 时，执行向下钻孔操作；当命令表的执行步大于等于 2 且小于等于 10

时，将切割器打开；当伺服轴位置大于 200，并且命令表的执行步大于 1 且小于 11 时，将
标志位 mat _ visib _ 1 置 1；当命令表的执行步等于 11 时，输出标志位 mat _ visib _ 2。命令
表运行相关控制程序如图 5-59 所示。

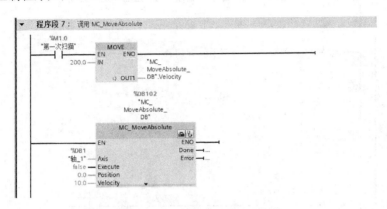

图 5-56　绝对位置移动程序

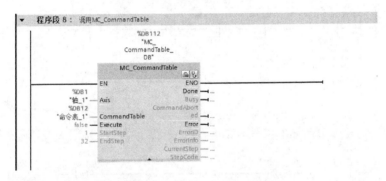

图 5-57　调用命令表程序

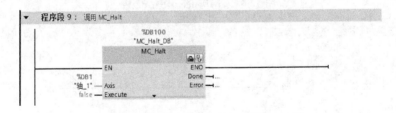

图 5-58　暂停伺服轴运行的程序

（三）OB100 中的程序编制

每次上电初始化 OB100 时，要将轴急停 EMG、正转 CWL 和 CCWL 输出置 1。OB100
的初始化程序如图 5-60 所示。

（四）组织块 OB1 中的程序编制

调用 FB【Frame _ 轴 _ 1】可以实现轴控制功能，调用 FB 程序如图 5-61 所示。

六、HMI 面板上的操作和变量连接

按照本章中第一节的内容，创建 HMI 上 V90 的【启动】按钮，设置按钮的【按下】参
数，连接的变量为【MC _ Home _ DB _ Execute】，如图 5-62 所示。

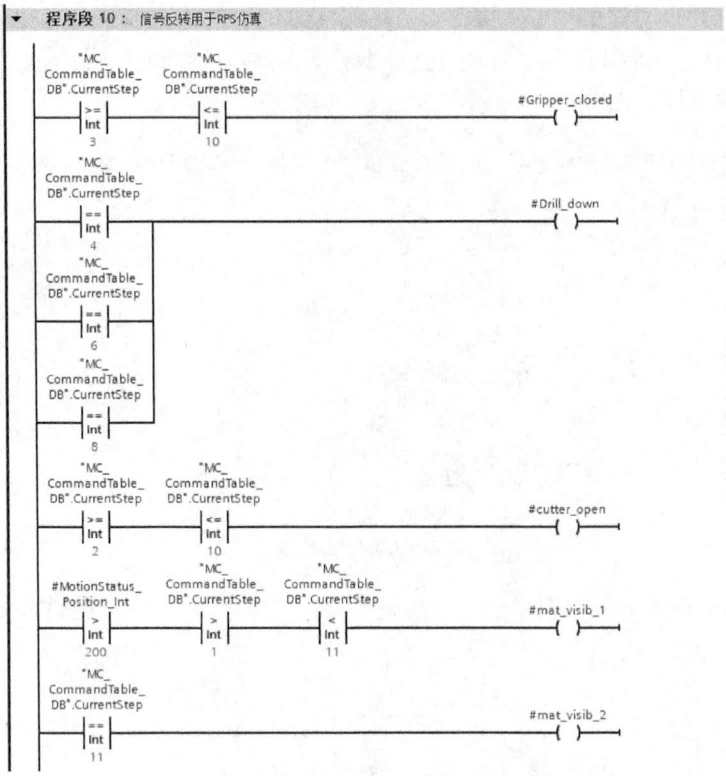

图 5-59　命令表运行相关控制程序

图 5-60　OB100 的初始化程序

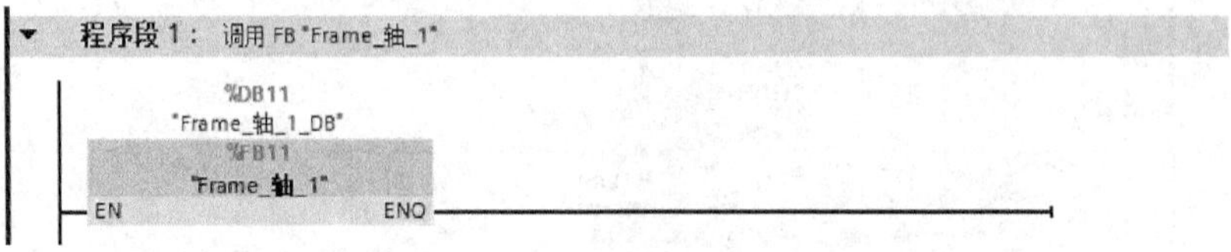

图 5-61　调用 FB 程序

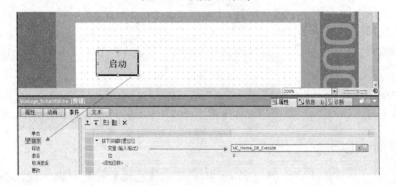

图 5-62　创建【启动】按钮

创建 HMI 上 V90 的【停止】按钮，设置按钮的【按下】参数，连接的变量为【MC＿Halt＿DB＿Execute】，如图 5-63 所示。

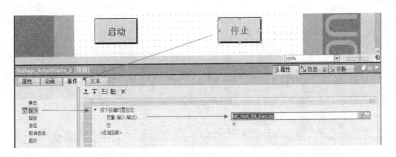

图 5-63 停止按钮的创建

单击【工具箱】→【元素】→【I/O 域】，然后在画面中单击要放置 I/O 域的空白处，拖拽至适合大小，双击新创建的 I/O 域，在弹出来的 I/O 域的属性视图中，在【常规】→【类型】中选择【输入/输出】，在【过程】→【变量】中选择【MC＿Home＿DB＿Position】，格式样式选择【s9999.9】。单击【工具箱】→【基本对象】→【文本域】，将文本域放置在画面中所创建的 I/O 域的左侧，再双击这个文本域，在属性视图中的【文本】输入框中输入【位置:】，然后用同样的方法在 I/O 域的右侧添加文本域【mm】，如图 5-64 所示。

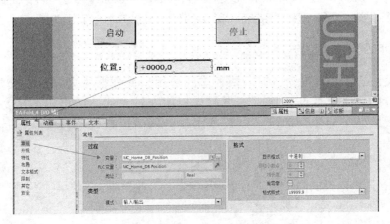

图 5-64 I/O 域的创建与组态

第六章

变频器V20的深入理解与实战应用

第一节 变频器的工作与节能原理和常用控制方案

西门子低压变频器包括 SINAMICS V 变频器系列、SINAMICS G 单机驱动变频器系列、SINAMICS S 高性能单/多机驱动变频器系列、MICROMASTER 通用型变频器、SIMOVERT MASTERDRIVES 工程型变频器、SIMODRIVE 变频器系统、SIMATIC ET 200 IO 站的变频器、Loher DYNAVERT 专用型驱动系统、SINAMICS 大功率光伏电站专用逆变单元。

其中，西门子低压变频器又分为 SINAMICS V10 基本通用型变频器、SINAMICS V20 基本型变频器、SINAMICS V50 柜式变频器、SINAMICS V60 经济型伺服驱动系统、SINAMICS V80 经济型伺服驱动系统和 SINAMICS V90 基本型伺服驱动。

一、变频电动机类型的选择

在工程设计阶段选择电动机时，要考虑到通用型变频器主要是针对交流异步/同步电动机而设计的，由于变频调速时不再有需要改变转子回路的电阻问题，所以，没有必要采用绕线式转子异步电动机，多数通用变频器的预置电动机模型都是四极电动机模型。

欧美和日本的电源频率为 60Hz，而中国的电源频率为 50Hz，所以二极电机的同步转速为 3000r/min，四极电机的同步转速为 1500r/min，以此类推。异步电机转子的转速总是低于或高于其旋转磁场的转速，异步之名由此而来。

异步电机转子转速与旋转磁场转速之差称为转差，电动机的转差通常在 10% 以内。

三相异步电动机的实际转速会比上述的同步转速偏低，比如 6 极的同步转速为 1000r/min，其实际转速一般为 960r/min。

1. 四极电动机的调速特点

额定频率为 50Hz 的四极电动机，同步转速是 1500r/min，为使电动机调速范围与工艺需要的调速范围配合起来，需要靠机械减速机构的减速比来设置。其中，额定转速是变频调速时的恒转矩运行和恒功率运行的转折点。也就是说，向下调速时，转矩不变，功率与转速正比，如果调速范围上限低于同步转速，电动机的功率能力将不能充分发挥，也就是说，电动机需要选择得比实际需要的功率大。向上调速时，功率不变，转矩随转速增大而衰减，如果调速范围上限高于同步转速，电动机的转矩输出能力将不能得到充分发挥。

2. 和选择减速比相关的数据

减速比选择的原则是，尽量让工艺的调速上限对准电动机的同步转速，这样才能充分发挥电动机的性能。

对于四极电动机，减速比选择的参考依据是开环 U/f 控制的调速范围为 $150\sim1470\mathrm{r/min}$，无速度传感器矢量控制及直接转矩控制的调速范围为 $60\sim1500\mathrm{r/min}$，有速度传感器矢量控制及直接转矩控制的调速范围为 $5\sim1500\mathrm{r/min}$，在 $5\mathrm{r/min}$ 以下持续运转时转速的相对稳定性较差，但也能够运行。

当选择四极电动机配备减速比有困难时，二极、六极和八极电动机也可以选择。普通笼型电动机是空气自冷式的，外壳冷却依靠端部的风扇叶片，内部空气流通依靠转子两端的搅拌叶片，叶片都固定在转子轴上跟随转子转动，随着转子转速降低，端部风扇叶片逐步失去散热能力，转速进一步降低时，内部搅拌叶片也失去使空气流通的能力，因此，自冷却电动机不应长时间工作在很低的运行频率下，这会导致电动机过热。

3. 各类负载需要考量的相关因素

对于二次方转矩负载，由于随着转速降低，转矩降低，发热程度也降低，因此，使用普通笼型电动机是最佳选择，但建议不要在 40% 同步转速以下长期运行。

对于恒转矩负载，如果满负载长期运行（以连续运行时间超过 10min，或断续运行时暂载率超过 40% 为准）的转速在 60% 同步转速以上，使用普通笼型电动机是合适选择。满负载长期运行时的转速在 25%～60% 同步转速之间，使用带有外部强制风冷的笼型电动机是合适选择，这种电动机也被称为变频专用电动机。如果满负载长期运行的转速达到 25% 同步转速以下，则应该使用完全的强制冷却笼型电动机，有的厂家称这种电动机为矢量控制变频专用电动机。

当电动机用于超过额定转速运行时，除电磁转矩输出能力因为弱磁原因要降低外，由于转速增加，会增加轴承磨损，离心力增加，需要更高的转子机械强度。因此，在最大转速超过额定转速 120% 以上时，应该选择增强了的机械强度、高速轴承的变频专用电动机，并且运行转速不要超过其说明书提供的转速上限。

再生制动时直流母线电压会升高，这对电动机绝缘能力有一定要求，不要选择绝缘等级太低的电动机。电压型脉宽调制变频器的 du/dt 比较高，对于电动机绝缘可能产生疲劳性损伤，因此，用于变频调速的电动机寿命可能受到影响，运行维护时要注意绝缘检查。

在特定场合，采用同步电动机变频调速可以取得良好的转速精度，可以考虑选择交流同步电动机。

二、变频器的原理

变频器是将恒压恒频的交流电转换为变压变频的交流电的装置，以满足交流电动机变频调速的需要。电压与频率配合调整是变频调速的基本原理。

（一）变频器的分类

1. 按结构分

变频器按结构分，可分为交—交变频器（直接变频器）和交—直—交（间接）变频器。在交—直—交变频器中，按直流侧电源性质分，有电压源型变频器和电流源型变频器；按输出电压调节方式分，有脉冲幅值调节（Pulse Amplitude Modulation，PAM）方式和脉宽调制（Pulse Width Modulation，PWM）方式。PWM 输出方式是目前变频器的主流工作方式。

2. 按应用领域分

变频器按应用领域分，可分为通用变频器和专用变频器等。目前，在工程实际中使用的通用型变频器大多是交—直—交脉宽调制电压型变频器。

（二）变频器的结构和工作原理

1. 交—交变频器

交—交变频器可将工频交流电直接转换成可控频率和电压的交流电，由于没有中间直流环节，因此称为直接式变压变频器。有时为了突出其变频功能，也称作周波变换器。

这类变频器输入功率因数低，谐波含量大，频谱复杂，最高输出频率不超过电网频率的一半，一般只用于大型轧机的主传动、球磨机等大容量、低转速的调速系统，供电给低速电动机传动时，可以省去庞大的齿轮箱。

2. 交—直—交变频器

交—直—交变频器是现在我们通常使用的变频器，是先将工频交流电整流变换成直流电，再通过逆变器变换成可控的频率和交流电压，由于有中间直流环节，所以又称间接式变压变频器。交—直—交变频器的电路分为控制电路、整流器、中间电路、逆变器等4个主要部分。

（1）控制电路。变频器中的控制电路是变频器的核心部分之一，控制电路将信号传递给整流器、中间电路和逆变器，同时控制电路也接收来自这些部分的反馈信号。简单地说，控制电路要控制变频器半导体器件，进行变频器与周边电路的数据交换并收集和处理故障信息，还要执行对变频器和电动机的保护功能。

（2）整流器。整流装置是与单相或三相交流电源相连接的半导体器件的装置，产生脉动的直流电压。整流器就是将交流（AC）转化为直流（DC）的整流装置。整流器是直流调速器和交流变频器中的主要部分，由于整流器的功率越来越大，如轧机拖动的晶闸管拖动系统，功率可达到数千千瓦，为了减轻对电网的干扰，特别是减轻整流装置高次谐波对电网的影响，可采用十二相及以上的多相整流电路（如十八相、二十四相、三十六相）。

（3）中间电路。变频器的中间电路是整流器与逆变器中间的控制电路，是一个能量的储存装置，不同设计结构的中间电路有不同的附加功能，如使整流器和逆变器解耦的功能、减少谐波的功能、储存能量以承受断续的负载波动的功能等。在交—直—交变频器中，由于逆变器的负载一般都是感性的，无论电动机处于电动还是发电制动状态，其功率因数总不会为1，在中间直流环节和电动机之间总会有无功功率的交换。因此在中间直流电路中，需要有储能无功能量的元件。因为这种无功能量要靠中间直流环节的储能元件（电容器或电抗器）来缓冲，所以又常称中间直流环节为中间直流储能环节。

（三）变频器 IGBT 输出的调制方式

变频器 IGBT 输出的调制方式有两种，一种是脉冲幅值调节（PAM）方式，即调压调频方式；另一种是脉宽调制（PWM）方式。

PAM 被用于中间电路电压可变的变频器，频率控制时，输出电压的频率通过逆变器改变工作周期来调节。在每一工作周期内半导体开关组都通断若干次。因为实施 PAM 的线路比较复杂，要同时控制整流和逆变两个部分，使整流和逆变的协调变得相当困难，所以一般不采用这种调制方式。

目前，为了产生与频率相对应的三相交流电压，采用最广泛的调制方式便是脉宽调制

（PWM）。

三、变频器的控制方式

在实际的工程系统中，当对异步电动机进行调速时，需要根据电动机的特性对供电电压（电流）和频率进行适当控制，通常变频器的控制模式指的是针对频率、电压、磁通和电磁转矩等参数之间的配合关系，比较常用的控制模式有 U/f 控制模式和矢量控制模式两大类，其中在原理上最简单的是 U/f 控制模式。采用不同的控制方法所得到的调速性能、特性和作用是不同的。

在前面的小节中简单讲述了电动机的变频调速原理，下面将详细介绍几种最常用和最主要的变频器的控制方式，包括恒压频比控制、转差频率控制、矢量控制、直接转矩控制等。理解这些控制方式对用好变频器有很大的促进作用。

（一）恒压频比控制

变频器的恒压频比控制即 U/f 控制，属于转速开环控制方式，无须速度传感器，控制电路也相对简单，负载可以是通用的标准型异步电动机，通用性强、经济性好，是目前变频器使用较多的一种控制模式。

这种控制方式使电动机的磁通基本不变。保持磁通基本不变的方式是通过在变频调速中保持电动机中每极磁通量 Φ_m 为额定值不变来实现的。

三相异步电动机定子的相电动势的有效值为

$$E_g = 4.44 f_1 N_1 k_{N1} \Phi_m \tag{6-1}$$

式中　E_g——气隙磁通在定子每相中感应电动势有效值，V；

　　　f_1——定子频率，Hz；

　　　N_1——定子每相绕组匝数；

　　　k_{N1}——基波绕组系数；

　　　Φ_m——每极磁通量，Wb。

如果降低电源频率时还保持电源电压为额定值，则随着定子频率 f_1 的下降，每极磁通量 Φ_m 将会增加，电动机磁路本来就已经是饱和状态，那么随着磁通量 Φ_m 的增加，将导致电动机磁路过饱和从而使定子产生过大的励磁电流，严重时会因绕组过热而损坏电动机。

如果降低电源频率时，随着定子频率 f_1 的下降，电源电压降得过低，则每极磁通量 Φ_m 也将降低，这样就没有充分利用电动机的铁心。也就是说，降低了电动机的输出力矩，使电动机带载能力下降，势必导致一种浪费。

所以要保持电动机中每极磁通量 Φ_m 为额定值不变，那么如何才能保证在变频调速过程中每极磁通量 Φ_m 为额定值不变呢？

$$E_g = 4.44 f_1 N_1 K_{N1} \Phi_m \Rightarrow \Phi_m = \frac{1}{4.44 N_1 K_{N1}} \times \frac{E_g}{f_1} = K \times \frac{E_g}{f_1} \tag{6-2}$$

由式（6-2）可知，只要同时协调控制气隙磁通在定子每相中的感应电动势的有效值 E_g 和定子频率 f_1，便可达到控制每极气隙磁通 Φ_m 的目的，对此，需考虑基频（额定频率）以下调速和基频以上调速两种情况。

1. 基频以下调速

要保持 Φ_m 不变，当频率 f_1 从额定值向下调节时，必须同时降低感应电动势的有效值

E_g，使 E_g/f_1＝常数。

但是，众所周知，在电动机绕组中的感应电动势是难以直接进行控制的，当定子频率（电动机速度）较高时，可以忽略定子绕组的漏抗压降，使用定子相电压 U_1 近似代替感应电动势的有效值 E_g，于是得到 $\Phi_m=\dfrac{U_1}{f_1}$＝常数，即恒压频比，这就是我们希望得到的实用的恒压频比的控制方式。

这里还需要注意的是，当定子频率较低时，U_1 和 E_g 都较小，定子阻抗的压降是不能忽略的，电动机的定子相电压与电动机电动势近似相等的条件已经不能满足，那么，解决的办法就是人为地加入一个定子电压补偿，也就是将定子电压抬高一些，以近似补偿定子阻抗的压降，使气隙磁通 Φ_m 大致可保持恒定。这种人为电压补偿的方法一般称为转矩补偿或电压补偿，也叫转矩提升。

从图 6-1 所示的低频电压补偿中可以清楚地看出，不同负载在低频运行时，负载轴上的阻转矩也各不相同，因此与此对应的定子电流和阻抗压降也不一样，所需要的补偿量也各不相同。

（1）两点压频比（直线型）。如前所述，由于在频率较高部分定子压降可忽略。因此，只需预置一个起始电压 U_0，如图 6-2 所示。

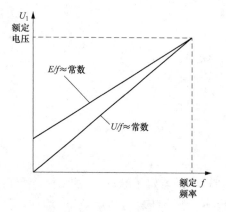

图 6-1　低频电压补偿　　　　　　　　　　图 6-2　两点压频比

（2）5 点压频比（任意折线型）。5 点压频比预置 5 个转折点，从而可使所需 U/f 线为任意折线型，这样五点的压频比的电压和频率都是可以调整的，如图 6-3 所示。

西门子 MM430 变频器和施耐德 ATV61 都有专门用于泵和风机负载的电动机控制类型，即 U/f 的二次方。ATV61 变频器还有【U/f 曲线的形状】（PFL）的参数，用于调节二次方曲线的曲率，如图 6-4 所示。

U/f 控制法中，当转矩补偿线选定之后，电动机输入电压的大小只和工作频率有关，而和负载轻重无关。但许多负载在同一转速下，负载转矩常常是变动的。如塑料挤出机在工作过程中，负载的阻转矩是随塑料的加料情况，熔融状态以及塑料本身的性能等而经常变动的。当用户根据负载最重时设置了电压的补偿值（这样做的目的是为了保证电动机的正常启动），但是，电动机启动时存在负载变化，当负载较轻时，定子电流 I_1 较小，定子绕组的阻抗压降 ΔU 也较小，这样会导致定子电压的过补偿，从而使磁路饱和，导致定子电流出现尖峰，因此，对低速时负载转矩变化很大的应用场合，建议使用后面介绍的矢量控制方式。

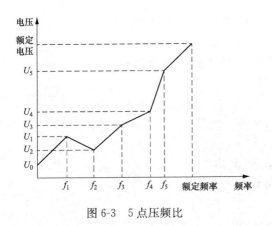

图 6-3　5点压频比　　　　　　　　图 6-4　U/f 的二次方曲线的曲率调节

2. 基频以上调速

在基频以上调速时，就不能再使用"$U_1/f_1 = $常数"这种方式。这是因为虽然频率可以从额定频率往上增高，但定子电压却不能超过额定电压，最多与额定电压相等。由于频率升高而电压不动，将使磁通 Φ_m 随频率的升高成反比的降低，同时使电动机的输出力矩也随频率的升高成反比的降低。所以基频以上调速，随着转速的升高，转矩将会降低，基本上属于"恒功率调速"。异步电动机变压变频调速控制特性如图 6-5 所示。

为了让大家更清晰地理解工频启动和变频器拖动电动机时的机械特性的差别，下面详细介绍基频以下恒压、恒频（工频）控制时的机械特性和电压、频率协调控制时的机械特性。

3. 基频以下恒压、恒频（工频）控制时的机械特性

基频以下恒压、恒频控制时的机械特性如图 6-6 所示。在基频以下恒压、恒频控制时，忽略各次谐波、磁饱和、铁损和励磁电流，由异步电动机的稳态等效电路可以得到电动机转矩的公式，即

$$T = \frac{P_m}{\Omega_1} = \frac{3p_n U_1^2 R_2'/s}{\omega_1\left[\left(R_1 + \dfrac{R_2'}{s}\right)^2 + \omega_1^2\left(L_{11} + L_{12}'\right)^2\right]}$$

$$= 3p_n\left(\frac{U_1}{\omega_1}\right)^2\frac{s\omega_1 R_2'}{(sR_1 + R_2')^2 + s^2\omega_1^2(L_{11} + L_{12}')^2} \tag{6-3}$$

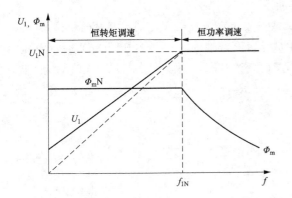

图 6-5　异步电动机变压变频调速控制特性

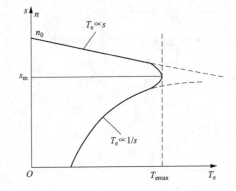

图 6-6　基频以下恒压、恒频控制时的机械特性

式中　T——电动机转矩；

R_1、R_2'——分别为定子每相电阻和折合到定子侧的转子每相电阻；

p_n——极对数；

L_{11}、L_{12}'——分别为定子每相漏感和折合到定子侧的转子每相漏感；

U_1，ω_1——分别为定子相电压和供电角频率；

s——转差率。

当 s 很小时，可忽略式（6-3）中含 s 的各项，即

$$T_e \approx 3p_n\left(\frac{U_1}{\omega_1}\right)^2 \frac{s\omega_1}{R_2} \propto s \tag{6-4}$$

当 s 接近于 1 时，可忽略式（6-3）中分母中的 R_2，即

$$T_e \approx 3p_n\left(\frac{U_1}{\omega_1}\right)^2 \frac{\omega_1 R_2'}{s[R_1^2 + \omega_1^2(L_{11}+L_{12}')^2]} \propto \frac{1}{s} \tag{6-5}$$

4. 基频以下电压、频率协调控制时的机械特性

为了近似保持气隙磁通不变，以便充分利于电动机铁心发挥电动机产生力矩的能力，在基频以下采用恒压频比控制。

将式（6-3）对 s 求导，并令 $\mathrm{d}T \backslash \mathrm{d}s = 0$，可求出产生最大转矩的转差率 s_m 和最大转矩 T_{emax}。

$$s_m = \frac{R_2'}{\sqrt{R_1^2 + \omega_1^2(L_{11}+L_{12}')^2}} \tag{6-6}$$

$$T_{emax} = 3p_n\left(\frac{U_1}{\omega_1}\right)^2 \frac{1}{\frac{R_1}{\omega_1} + \left[\sqrt{\left(\frac{R_1}{\omega_1}\right)^2 + (L_{11}+L_{12}')^2}\right]} \tag{6-7}$$

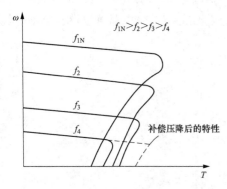

图 6-7 基频以下电压、频率协调控制时的机械特性

因为 $\left(\frac{U_1}{\omega_1}\right)^2$ 不变，由式（6-7）可见，最大转矩 T_{emax} 是随着 ω_1 减小而减小的。频率很低时，最大转矩 T_{emax} 太小将限制调速系统的带载能力。采用定子压降补偿，适当提高定子电压，可以增强带载能力。

基频以下电压、频率协调控制时的机械特性如图 6-7 所示。

5. 基频以上电压、频率协调控制时的机械特性

在基频以上调速时，由于电压升高到额定电压后就不能再继续升高，因此将转矩方程式改写为

$$T = \frac{P_m}{\Omega_1} = 3p_n U_{1N}^2 \frac{R_2'/s}{\omega_1\left[\left(R_1 + \frac{R_2'}{s}\right)^2 + \omega_1^2(L_{11}+L_{12}')^2\right]} \tag{6-8}$$

最大转矩为

$$T_{emax} = 3p_n U_{1N}^2 \frac{1}{\omega_1\left[R_1 + \sqrt{R_1^2 + \omega_1^2(L_{11}+L_{12}')^2}\right]} \tag{6-9}$$

由于频率升高而电压不变，气隙磁动势势必将要减弱，这将会导致转矩减小，并且，最大转矩也将会减小，使机械特性上移。可以认为输出功率基本不变，因此基频以上调速的变

频调速属于弱磁恒功率调速。基频以上电压、频率协调控制时的机械特性如图 6-8 所示。

6. 恒功率运行的性能优化

在实际工程中，一些高速电动机为了优化恒定功率时的运行性能，在电压达到电动机额定电压后还允许电压继续升高，以弥补一部分由于频率升高导致的磁通量的减小，从而提升了电动机在高速运行时输出的最大转矩。

变频器恒功率的优化功能，即为矢量控制两点功能，如图 6-9 所示。当变频器频率超过额定频率以后，电压超过额定电压后还可升高。

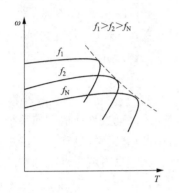

图 6-8　基频以上电压、频率
协调控制时的机械特性

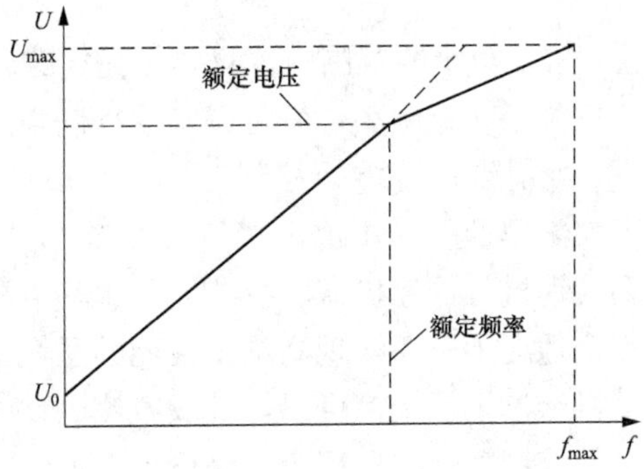

图 6-9　矢量控制两点功能

恒压频比控制方式是建立在异步电动机的静态数学模型基础上的，因此动态性能指标不高，对于轧钢、造纸设备等对动态性能要求较高的应用，就必须采用矢量控制变频器才能达到工艺上的较高要求。

(二) 转差频率控制

恒压频比的开环控制方式，可以满足一般平滑调速的要求，但调速的动、静态性能一般。如何才能提高调速性能呢？

前面提到恒压频比开环控制使用补偿压降的办法，近似地实现了 $E_g/f=$ 常数的控制，如果要实现更好的性能，可以使用更接近 $E_g/f=$ 常数的控制方法。

使用 $E_g/f=$ 常数的控制方法，电动机的电磁转矩为

$$T = \frac{P_m}{\Omega_1} = 3p_n\left(\frac{E_g}{\omega_1}\right)^2 \frac{s\omega_1 R_2'}{R_2'^2 + s\omega_1^2 L_{12}'^2} \tag{6-10}$$

最大转矩为

$$T_{emax} = \frac{3}{2}p_n\left(\frac{E_g}{\omega_1}\right)^2 \frac{1}{L_{12}'} = 常数 \tag{6-11}$$

由式 (6-11) 可知，当使用 $E_g/f=$ 常数控制时，最大转矩是不变的，$E_g/f=$ 常数的控制实现的性能正是恒压频比控制定子压降补偿要实现的目标。也就是说，$E_g/f=$ 常数的控制是优于恒压频比控制方式的。有

$$E_g = 4.44f_1 N_1 k_{N1}\Phi_m = \frac{1}{\sqrt{2}}\omega_1 N_1 K_{N1}\Phi_m$$

代入式 (6-11) 得

$$T_{e} = \frac{3}{2} p_{n} N_{1}^{2} k_{N1}^{2} \Phi_{m}^{2} \frac{s\omega_{1}R_{2}'}{R_{2}'^{2} + s^{2}\omega_{1}^{2}L_{12}'^{2}}$$

令 $\omega_{s} = s\omega_{1}$，并定义为转差角频率，再令电动机的结构常数 $K_{m} = \frac{3}{2} p_{n} N_{1}^{2} k_{N1}^{2} \Phi_{m}^{2}$，有

$$T_{e} = K_{m} \frac{\omega_{s}R_{2}'}{R_{2}'^{2} + (\omega_{s}L_{12}')^{2}}$$

当 s 很小时，ω_{s} 也很小，可以认为 $\omega_{s}L_{12}'$ 远小于 R_{2}'，即

$$T_{e} = K_{m}\Phi_{m}^{2} \frac{\omega_{s}}{R_{2}'}$$

也就是说，在 s 很小的范围内，只要保证气隙磁通不变，异步电动机的转矩就和转差角频率成正比。控制了转差频率，就可以实现控制力矩，这是恒压频比方式做不到的。

（三）矢量控制和直接转矩控制

基于稳态数学模型的异步电动机调速系统，虽然能够在一定范围内实现平滑调速，但是，如果遇到轧钢机、数控机床、机器人、载客电梯等需要高动态性能的调速系统或伺服系统，就不能完全适应了。要实现高动态性能的系统，必须使用矢量控制和直接转矩控制。

异步电动机经过坐标变换可以等效成直流电动机，那么模仿直流电动机的控制策略，得到直流电动机的控制量，经过相应的坐标反变换，就能够控制异步电动机了。由于进行坐标变换的是电流（代表磁动势）的空间矢量，所以这样通过坐标变换实现的控制系统就叫作矢量控制系统（Vector Contol System），而直流电动机在不考虑弱磁的情况下，转速与电枢电压、转矩与电枢直流都是线性的关系，这样控制起来将是非常简单和方便的。

直接转矩控制简称DSC，直译为直接自控制，这种"直接自控制"的思想以转矩为中心来进行综合控制，不仅控制转矩，也用于磁链量的控制和磁链自控制。

直接转矩控制系统是继矢量控制系统之后发展起来的另一种高动态性能的交流电动机变压变频调速系统。在它的转速环里面，利用转矩反馈直接控制电动机的电磁转矩，因而得名。

1. 直接转矩控制与矢量控制的区别

直接转矩控制不是通过控制电流、磁链等间接控制转矩，而是把电动机输出转矩直接作为被控量进行控制，其实质是用空间矢量的分析方法，以定子磁场定向方式，对定子磁链和电磁转矩进行直接控制的。直接转矩控制结构原理如图 6-10 所示。

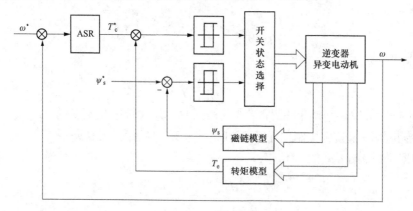

图 6-10　直接转矩控制结构原理

2. 直接转矩控制系统的控制特点

与转子磁链定向系统一样，直接转矩控制也是分别控制异步电动机的转速和磁链，但在具体控制方法上，直接转矩控制系统与转子磁链定向控制系统有很大的不同（见表6-1），其特点如下。

表6-1　　　　　　　　直接转矩控制系统和转子磁链定向控制系统比较

性能与特点	直接转矩控制系统	转子磁链定向控制系统
磁链控制	定子磁链	转子磁链
转矩控制	砰—砰控制，有转矩脉动	连续控制，比较平滑
坐标变换	静止坐标变换，较简单	旋转坐标变换，较复杂
转子参数变化影响	无	有
调速范围	不够宽	比较宽

（1）直接转矩控制的转矩和磁链的控制采用双位式砰—砰控制器，并在PWM逆变器中直接用这两个控制信号产生电压的SPWM波形，从而避开了将定子电流分解成转矩和磁链分量，省去了旋转变换和电流控制，简化了控制器的结构。

（2）选择定子磁链作为被控量，而不像转子磁链定向矢量控制系统那样选择转子磁链。这样一来，计算磁链的模型可以不受转子参数变化的影响，提高了控制系统的鲁棒性。如果从数学模型推导按定子磁链控制的规律，显然要比按转子磁链定向时复杂，但是，由于采用了砰—砰控制，这种复杂性对控制器并没有影响。

（3）由于采用了直接转矩控制，在加减速或负载变化的动态过程中，可以获得快速的转矩响应，但必须注意限制过大的冲击电流，以免损坏功率开关器件，因此实际转矩响应的快速性也是有限的。

（4）直接转矩控制系统则实行转矩与磁链的砰—砰控制，避开了旋转坐标变换，简化了控制结构，控制定子磁链而不是转子磁链，不受转子参数变化的影响，但不可避免地产生转矩脉动，因此其低速性能较差，调速范围受到限制。

随着科技的发展和工程实际应用的需要，运动控制系统的新的控制方式将不断涌现，现有的控制方式的改进也将更加优化。

四、变频器的选择要点

1. 选择变频器的注意事项

变频器是根据负载性质来选择的，比如，利用变频器驱动潜水泵电动机时，因为潜水泵电动机的额定电流比通常电动机的额定电流大，所以在选择变频器时，要考虑其额定电流要大于潜水泵电动机的额定电流。

另外，变频器与控制电动机的距离较远需要使用长电缆运行时，应该采取措施抑制长电缆对地耦合电容的影响，避免变频器出力不够，所以变频器应放大一两挡选择或在变频器的输出端安装输出电抗器，当电动机电缆长度大于50m（屏蔽线）或100m（非屏蔽线）时，应该采用输出电抗器来降低容性电流和电压变化率。

一般情况下，根据电动机选择变频器时，以电动机额定运行电流为依据，电动机功率作为参考，以不超出变频器功率单元输出电流为宜。

使用自备电源供电的变频器，需要增加进线电抗器。进线电抗器用于平滑电源电压中包含的尖峰脉冲或桥式整流电路换相时产生的电压凹陷。此外，进线电抗器可以降低谐波对变频器和供电电源的影响。如果电源阻抗小于1%，就必须采用进线电抗器以便减少电流中的尖峰成分。

对于一些特殊的应用场合，如高环境温度、高开关频率、高海拔高度等，此时会引起变频器的降容，变频器也需放大。

2. 变频器的容量选择

变频器的容量选择要根据不同的负载来确定。在变频器的用户说明书中叙述的"配用电动机容量"只适用于连续恒定负载，如鼓风机、泵类等。对于变动负载、断续负载和短时负载，电动机是允许短时间过载的，因此变频器的容量应按运行过程中可能出现的最大工作电流来选择，即

$$I_{CN} \geqslant I_{Mmax}$$

式中　I_{CN}——变频器的额定电流；

I_{Mmax}——电动机的最大工作电流。

变频器的过载能力的允许时间一般只有1min，通常只在设定电动机的启动和制动过程时才能有意义。而电动机的短时过载是相对于达到稳定温升所需的时间而言的，通常是远远超过1min的。

变频器对于连续恒负载运转时所需容量的计算为

$$P_{CN} \geqslant 1.732kU_M I_M \times 10^{-3}$$

$$I_{CN} \geqslant kI_M$$

式中　k——电流波形系数（PWM方式取1.05~1.0）；

P_{CN}——变频器的额定容量；

I_M、U_M——分别为电动机的额定电流、额定电压；

I_{CN}——变频器的额定电流。

另外，在变频器驱动绕线式异步电动机时，由于绕线式异步电动机绕组阻抗较笼型异步电动机小，容易发生纹波电流而引起过电流跳闸现象，所以应该选择比通常容量稍大的变频器。

五、变频器调速与传统调速方式的节能比较

异步电动机调速方式繁多，常见的有降电压调速、电磁转差离合器调速、绕线转子串电阻调速、绕线转子串级调速、变极对数调速等。

按照交流异步电动机的基本原理，从定子传入转子的电磁功率 P_m 可分为两个部分，一部分是机械功率 $P_m = (1-s)P_M$，是拖动负载的有效功率；另有一部分为转差功率 $P_s = sP_M$，此功率与转差率 s 成正比。

从能量角度看，对于拖动系统的有效功率对所有的调速方式是相同的，而转差功率是否增大，是消耗，还是得到回收，显然就成了评价调速方式的一个标志。

转差功率消耗型调速系统是全部转差功率都转化成热能消耗掉。

降电压调速、电磁转差离合器调速、绕线转子串电阻调速，这3类都属于这一种，并且速度越低，需要增加的转差功率越大，消耗的功率也越大，效率也越低。

转差功率回馈型调速系统是转差功率的一部分消耗掉，大部分通过变流装置回馈给电网或转化为机械能予以利用。绕线转子串级调速就属于这一类，由于增设的交流设备（用于产生附加电动势）本身要消耗一部分功率，因此还不是最佳方案。

转差功率不变型调速系统是无论速度高低，转差功率的消耗基本不变，因此效率最高。变极调速、变频调速都属于此类，但变极对数调速只能是有级调速，应用场合有限，只有变频调速应用场合最广。

六、变频器参数设置的相关要素

在设置参数之前，应首先根据电气硬件的设计图纸来确定变频器的权限、命令、给定、模拟量的输入/输出、电机控制类型、最大输出频率和最小输出频率、电动机热保护的值等相关要素。

1. 铭牌参数

变频器一般都会要求输入电动机的额定电压、额定频率、额定转速、额定电流、额定功率。

2. 权限

若使用变频器的权限过低，某些参数是无法看到的，所以为了便于参数的设置，往往将权限设置为最高等级。

3. 命令

在设置变频器的参数前，要确定变频器的命令信号是两线制还是三线制，这和控制参数的选项相关。还要确定电动机是单向还是双向运转的，即正转还是反转，还要统计命令信号的数量，如果命令信号在两个以上，要考虑使用变频器的哪一个逻辑输入端来作为命令通道的切换指令，同时对命令信号的类型必须明确是正有效还是负有效，目前，变频器的功能越来越强大，命令的信号来源可以是端子、也可以是面板，还可以通过通信给出，这些都要进行明确。

4. 给定

对于变频器给定信号，要确定的是给定信号的数量，如果有两个给定源，要明确使用变频器哪个逻辑输入端，作为给定通道的切换信号。

变频器的给定信号的类型可以是开关量，也可以是模拟量。对于模拟量信号还要明确是模拟量电压信号还是模拟量电流信号，模拟量电流信号是 $0\sim20mA$ 还是 $4\sim20mA$。

要明确电动机的工艺要求里有没有多段速调速，如果有多段调速，要明确是几段速？这几个速度分别由哪几个逻辑输入端控制，每个速度分别为多少？

对于采用开关量加减速方式时，要明确开关量是正有效还是负有效，哪个逻辑输入端为加速？哪个逻辑输入端为减速？然后还必须明确在停机时或断电时当前转速需要保存与否。

给定信号的来源与命令信号一样，也要确定信号是来自端子还是面板，还是走通信。

如果采用的给定信号是模拟量电压信号，要明确其最小值和最大值都为多少 V，如果是模拟量电流信号，要明确最小值和最大值都为多少 mA，最小值是 0mA 还是 4mA？

5. 模拟量输出

在实际的工程项目中，模拟量输出信号可以代表是转速也可以是电动机的电流，模拟量输出信号可以是模拟量电压输出，也可以是模拟量电流输出，在确定输出类型后，还要确定模拟量输出信号的最大值和最小值，如果采用的模拟量输出信号是模拟量电压信号，要明确其最小值和最大值都为多少 V，如果是模拟量电流信号，要明确最小值和最大值都为多少 mA，最小值是 0mA 还是 4mA？

如果模拟量输出对应的是转速的频率，那么最大值和最小值分别对应最大输出频率和最小输出频率，它们的值要根据项目工艺的要求来确定。国内使用变频器的最小输出频率出厂设置均为 0Hz，最大输出频率出厂设置为 50Hz。

6. 电动机控制类型

电动机控制的负载一般分为平方转矩类负载、恒转矩类负载、恒功率类负载 3 种类型。可需要根据负载的类型来确定电动机的控制类型。

7. 加减速时间

加速时间就是输出频率从 0 上升到最大频率所需时间，减速时间是指从最大频率下降到 0 所需时间。

通常用频率设定信号上升、下降来确定加减速时间。在电动机加速时须限制频率设定的上升率以防止过电流，减速时则限制下降率以防止过电压。

根据工艺要求和负载类型来确定加减速时间。一般加减速时间是可以根据负载计算出来的，但在调试中常采取按负载和经验先设定较长加减速时间，通过启、停电动机观察有无过电流、过电压报警，然后将加减速设定时间逐渐缩短，以运转中不发生报警为原则，重复操作几次，便可确定出最佳的加减速时间。

（1）加速时间设定要点。将加速电流限制在变频器过电流容量以下，不使过流失速而引起变频器跳闸。

（2）减速时间设定要点。防止平滑电路电压过大，不使再生过压失速而使变频器跳闸。

8. 变频器内部继电器

要确定变频器内部继电器是表示变频器故障，还是变压器的运行。

9. 斜坡曲线和停车方式

斜坡曲线是根据负载类型确定的，常用的斜坡曲线有线性、U 形和 S 形 3 种。

根据负载类型确定停车方式，可以选中自由停车、斜坡停车或者制动停车。

10. 转矩提升

转矩提升又叫转矩补偿，是为补偿因电动机定子绕组电阻所引起的低速时转矩降低，而把低频率范围补偿电压增大的方法。设定为自动时，可使加速时的电压自动提升以补偿起动转矩，使电动机加速顺利进行。如采用手动补偿时，根据负载特性，尤其是负载的起动特性，通过试验可选出较佳曲线。对于变转矩负载，如选择不当会出现低速时的输出电压过高，而浪费电能的现象，甚至还会出现电动机带负载起动时电流大，而转速上不去的现象。

11. 电机热保护值

电机热保护值是为保护电动机过热而设置的，它是变频器内 CPU 根据运转电流值和频率计算出电动机的温升，从而进行过热保护，一般电机热保护的值是按照电动机额定电流的 1.05～1.1 倍来进行设置的。

➡ 第二节　使用选择开关控制变频器 V20 启停的实战应用

一、设计硬件控制电路

本示例使用开关量 DIN1 控制变频器 V20（SINAMICS V20）的启动和停止，即数字量端子 8 和 14 连接一个选择开关 ST1，变频器 V20 的控制回路接线如图 6-11 所示。

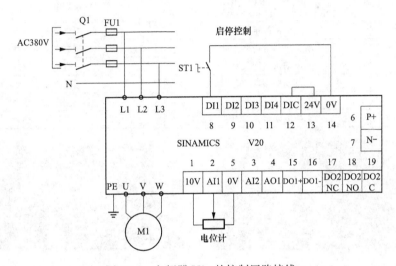

图 6-11　变频器 V20 的控制回路接线

二、快速调试的操作

变频器 V20 的调试屏幕如图 6-12 所示。

变频器 V20 在执行恢复出厂设置操作后自动进入快速设置模式，在 V20 的显示菜单模式中长按 M 键超过 2s，也可进入快速设置模式，如图 6-13 所示。

图 6-12　变频器 V20 的调试屏幕

图 6-13　快速设置模式

可以按照表 6-2 中的参数设置电动机铭牌相关数据。

比如设置参数 P2012 时，先使用向下键查找到参数 P2012，如图 6-14 所示，然后按 OK 键显示参数值，进行修改即可。

短时间按下 M 键可以进入连接宏设置（Cn0xx），如图 6-15 所示。

表 6-2   变频器 V20 的电动机铭牌相关数据

参数	参数描述	推荐设置
P0100	50Hz/60Hz 频率选择: 0=欧洲 [kW],50Hz 1=北美 [hp],60Hz 2=北美 [kW],60Hz	0
P0304	电动机额定电压 注意电动机实际接线(星形/三角形)	根据电动机铭牌
P0305	电动机额定电流 注意电动机实际接线(星形/三角形)	根据电动机铭牌
P0307	电动机额定功率	根据电动机铭牌
P0308	电动机额定功率因数	根据电动机铭牌
P0309	电动机额定效率	根据电动机铭牌
P0310	电动机额定频率	根据电动机铭牌
P0311	电动机额定转速	根据电动机铭牌
P1900	选择电动机数据识别	2

图 6-14　参数 P2012

图 6-15　连接宏设置 (Cn0xx)

进入连接宏设置 (Cn0xx) 设置页面后,可以使用向上键 和向下键 ,选择要操作的宏的名称。

按 M 键进入应用户设置 (AP0xx) 后,再按 M 键进入常用参数的设置。变频器 V20 的常用参数见表 6-3。

表 6-3   变频器 V20 的常用参数

参数	参数描述	推荐设置
P1080	最小频率	0Hz
P1082	最大频率	50Hz
P1120	斜坡上升时间	10s 或根据实际应用设置
P1121	斜坡下降时间	10s 或根据实际应用设置
P1058	正向点动频率	根据实际应用设置 没用到此功能可以不设置
P1060	点动斜坡上升时间	
P1061	点动斜坡下降时间	
P1001	固定频率	根据实际应用设置 没用到此功能可以不设置
P1002		
P1003		
P2201	固定 PID 设定值	根据实际应用设置 没用到此功能可以不设置
P2202		
P2203		

设置完电动机铭牌和常用参数后，按住 M 键超过 2s 的时间，即可完成并退出快速设置模式。

在进行变频器的快速调试时，如果选择 P1900＝0，则变频器可以直接运行，如果选择 P1900＝2，则结束快速设置后，变频器 V20 会出现一个 A541 的报警，这时，变频器收到启动信号后，将开始执行静态辨识，静态辨识完成后报警才会消失，此时变频器 V20 才能正常运行。

三、选择频率设定值的信号源

设定变频器 V20 的参数 P1000＝1，即频率由 MOP 给定。

其中，参数 P1000 的主设定值由最低一位数字的个位数来选择，即 0～7，而附加设定值由最高一位数字十位数来选择即 $x0$ 到 $x7(x=1～7)$，能够设定的值为 0～77，其中 0～20 设定值的含义见表 6-4。

表 6-4　　　　　　　　　　　　　　设 定 值 的 含 义

P1000［0…2］参数	功能
0	无主设定值
1	MOP 设定值
2	模拟量设定值
3	固定频率
5	RS-485 上的 USS/MODBUS
7	模拟量设定值 2
10	无主设定值＋MOP 设定值
11	MOP 设定值＋MOP 设定值
12	模拟量设定值＋MOP 设定值
13	固定频率＋MOP 设定值
15	RS-485 上的 USS/MODBUS＋MOP 设定值
17	模拟量设定值 2＋MOP 设定值
20	无主设定值＋模拟量设定值

四、设定数字输入控制的参数

变频器的控制选择设置如图 6-16 所示，设定变频器 V20 的选择命令源的参数 P0700＝1，即由 BOP 面板进行控制。

图 6-16　变频器的控制选择设置

然后设定 P0701＝1，即 DIN1 为 ON 时起动，为 OFF 时停止，也就是 ST1 拨到闭合位置时变频器启动，拨到断开位置时变频器停止。

五、设置初始频率

设定变频器 V20 的初始运行频率，即参数 P1040＝35，变频器启动后将以 35Hz 的初始频率进行运行。每次变频器停止再次启动时，都会以 35Hz 的频率运行，除非改变了参数 P1031。

六、启动后的加减速控制

变频器 V20 启动后，可以通过 BOP 面板上的 UP 和 DOWN 键实现加、减速的控制。

第三节　变频器 V20 控制电动机正反转运行的实战应用

在变频器控制中，要实现可逆运行控制，即实现电动机的正反转，是不需要额外的可逆控制装置的，只需要改变输出电压的相序即可，这样就能降低维护成本和节省安装空间。

变频器在实际使用中，电动机经常要根据各类机械的某种状态而进行正转、反转、点动等运行，变频器的给定频率信号、电动机的启动信号等都是通过变频器控制端子给出，即变频器的外部运行操作，大大提高了生产过程的自动化程度。

本示例使用一个按钮 QA1 做正反向运行控制，按一下 QA1 按钮，电动机 M1 正转，再按一次，电动机 M1 反转。

一、单按钮控制变频器 V20 正反转的电路

在电动机工频启动时，电流剧增的同时，电压也会大幅度波动，电压下降的幅度将取决于启动电动机的功率大小和配电网的容量。电压下降将会导致同一供电网络中的电压敏感设备故障跳闸或工作异常，如 PC 机、传感器、接近开关和接触器等均会动作出错。而采用变频调速后，由于能在零频零压时逐步启动，则能在最大程度上消除电压下降。

变频器 V20 的电源是 AC380V，启停变频器的按钮 QA1 连接在变频器 V20 的 10 号端子和 14 号端子上。变频器 V20 的电气控制图如图 6-17 所示。

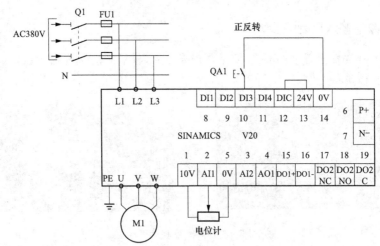

图 6-17　变频器 V20 的电气控制图

二、自由功能块编程的功能图

本案例中使用按钮 QA1 来启停变频器，这个按钮的信号是脉冲信号，在 V20 变频器中，如果要用脉冲信号来改变电动机的运行方向，使用普通的参数设定方法是不能实现的，但可以使用变频器 V20 中的功能块来完成这个功能。变频器 V20 的功能块图如图 6-18 所示。其中 P2834 [0]，P2834 [1]，P2834 [2]，P2834 [3] 定义 D-FlipFlop1 的输入，输出 r2835、r2836。

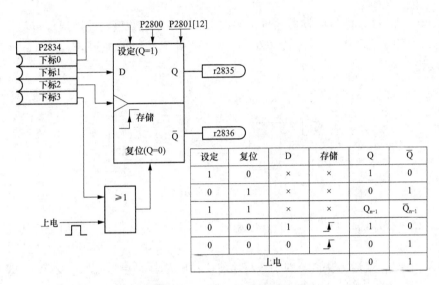

图 6-18 变频器 V20 的功能块图

变频器 V20 在参数 P2800～P2890 中提供了一个可编程设置的功能，使用这个自由功能块可在 BICO 的基础上，进一步扩展变频器的功能，实现简单的工艺要求的动作。

三、变频器 V20 的参数设置

P0700[0]=2，采用由端子排输入来控制变频器 V20 的启停。

P0703[0]=99，数字输入 3（即 10 号端子）采用 BICO 参数设置功能。

P1080=0，最低频率；这个参数可以设定电动机运行的最小频率，与频率设定值无关。

P1082=50，最高频率；V20 出厂的默认值为 50Hz。

P1120=10，斜坡上升时间，这个参数可以根据工程项目中的要求进行设定。

P1121=6，斜坡下降时间，这个参数可以根据工程项目中的要求进行设定。

P1300=0，采用线性 U/f 控制，P1300 是用来选择控制方式的参数，控制电动机速度与变频器供电电压之间的关系。

P1113[0]=2836，r2836 是自由功能块中置位复位功能块的运算结果，用于选择变频器 V20 的反转的命令源。

P2800=1，激活变频器自由功能块 FFB，如图 6-19 所示。

P2801[12]=1，激活 D-FF1，即 D-触发器。

图 6-19　变频器 V20 的参数设置（P2800＝1）

P2834[0]＝2811，将 D 触发器的置位端放入 r2811 内的数值，此数值是与功能块 AND1 的运算结果，显示的是 P2810 [0]、P2810 [1] 中所定义位的与逻辑。r2811 的功能图如图 6-20 所示。

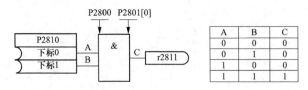

图 6-20　r2811 的功能图

P2834[3]＝2813，将 D 触发器的复位端放入 r2813 内的数值，此数值是与功能块 AND2 的运算结果。

P2801[0]＝1，激活 AND1，即 1 号与功能块；P2801[1]＝1，激活 AND2，即 2 号与功能块；P2802[0]＝1，激活计时器 1；P2802[1]＝1，激活计时器 2。

P2810[0]＝722.2，数字输入 DIN3（即 10 号端子）的通断状态放入到与功能 AND1 的第一个输入端当中（即与功能块 AND1 有两个输入端，一个是 2810.0，另一个是 2810.1）。

P2810[1]＝2852，计时器 1 的运算结果放入与功能块 AND1 里的 2810.1 当中。

P2812[0]＝722.2，数字输入 DIN3（即 10 号端子）的通断状态放入到与功能 AND2 的第一个输入端当中（即与功能块 AND2 的两个输入端，一个是 2812.0，另一个是 2812.1）。

P2812[1]＝2857，计时器 2 的运算结果放入与功能块 AND2 里的 2812.1 当中。

P2849＝2836，把 D 触发器的 Q 的反转输出放入计时器 1 的输入中。

P2850＝1.0，计时器 1 的延迟时间是 1s。

P2851＝2，T1 定时器的工作方式是接通断开延时方式。

P2854＝2835，把 D 触发器的 Q 的输出放入计时器 2 的输入中。

P2855＝1.0，计时器 2 的延迟时间是 1s。

P2856＝2836，定时器的工作方式是接通断开延时方式。

四、变频器 V20 的工作过程

在通过上面的参数设置后，变频器 V20 的启停已经被设置成由 10 号端子排的输入来进行控制，在激活了自由功能块后，假设变频器的状态是 2835 为 0，2836 为 1，当按下按钮 QA1 后，由于 2836 为 1，那么计时器 1 也为 1，按照自由功能块图中显示的功能可以看到它们相与后（即 AND1）的结果也为 1，那么就将功能块的输出也置位为 1，即此时的 2835

为 1 了，同时 2836 被取反输出置为 0。

当第二次按下 QA1 按钮后，由于 2836 为 0，所以 AND1 的两个输入相与后输出为 0，而 2835 为 1 的情况下与 QA1 按钮的 1 的状态相与后（AND2）对 2835 为 1 的状态进行了复位，即 2835 为 0，同时 2836 被取反的输出置为 1 了。

而在前面介绍的参数设置中，已经将 P1113［0］设置为 2836，r2836 是自由功能块中置位复位功能块的运算结果，这样对于 2836 为 1 和为 0 的不同的状态将改变 V20 变频器的运行方向。其中，计时器设定为 1s 的意义在于置复位后，保证程序不会发生紊乱。

这样周而复始，就能够实现使用一个按钮来切换变频器 V20 的正反转了。

第四节　选择开关和加减速按钮控制变频器 V20 运行的实战应用

一、设计硬件控制电路

本示例使用开关量 DIN1 控制变频器 V20 的启动和停止，即数字量端子 8 和 14 连接一个选择开关 ST1，加速时按下 QA1 按钮，减速时按下 QA2 按钮，变频器 V20 远程控制速度的电路如图 6-21 所示。

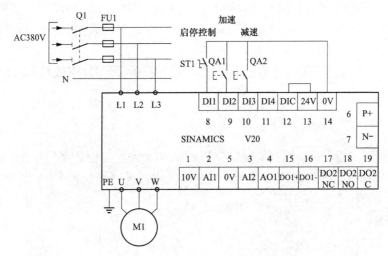

图 6-21　变频器 V20 远程控制速度的电路

二、设定数字输入控制的参数

设定变频器 V20 的 P0700＝2，即由端子排输入。并且，设定 P0701＝1，即 DI1 为 ON 时启动，为 OFF 时停止，也就是 ST1 拨到闭合位置变频器启动，拨到断开位置变频器停止。

三、加减速的远程控制设定

两个控制变频器 V20 频率的按钮为加速 QA1，减速为 QA2，所以 QA1 连接到端子 9 上，QA2 连接到端子 10 上，端子 9 即为变频器数字输入的 DIN2，端子 10 即为变频器 V20 的数值输入的 DIN3 上，所以，需要设定 DIN2（P0702）和 DIN3（P0703）的参数，如下：

P0702＝13（DIN2 增加频率）；

P0703＝14（DIN3 减少频率）。

减速频率的设定如图 6-22 所示。

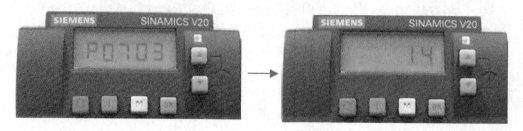

图 6-22　减速频率的设定（P0703＝14）

四、设置初始频率

设定变频器的参数 P1040＝28，变频器启动后将以 28Hz 的初始频率进行运行。

五、存储设定频率的设定值

设定参数 P1031＝1，在停止之前存储当前设定频率，比如 V20 停止时，变频器为 45Hz，那么下次再启动变频器时，变频器的启动频率就为 45Hz。如果不对这个 P1031 参数进行设定，那么下次启动后，变频器还将按照 P1040 中设置的频率 28Hz 进行启动运行。

第五节　电位计控制变频器 V20 调速的实战应用

一、设计硬件控制电路

本示例使用开关量 DIN2 控制变频器 V20 的启动和停止，即数字量端子 14 和 9 连接一个选择开关 ST1，模拟输入端子 1、2 和 5 连接一个电位计，变频器 V20 电位计控制速度的电路如图 6-23 所示。

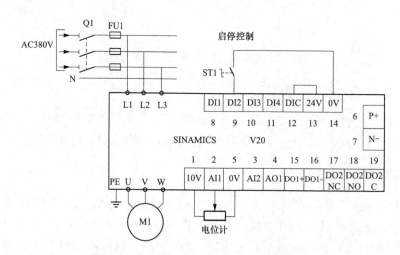

图 6-23　变频器 V20 电位计控制速度的电路

二、选择频率设定值的信号源

设定变频器 V20 的参数 P1000＝2，即激活模拟输入，这样，当变频器启动后，旋转电位计就可以改变变频器的频率上升或者下降了。

三、设定数字输入控制的参数

设定变频器 V20 的参数 P0700＝2，即由端子排输入。并且，设定参数 P0702＝1，即 DI2 为 ON 时启动，为 OFF 时停止，也就是 ST1 拨到闭合位置变频器启动，拨到断开位置变频器停止。

四、设置初始频率

设定变频器 V20 的参数 P1040＝15，如图 6-24 所示。这样变频器启动后将以 15Hz 的初始频率进行运行。

图 6-24　设置初始频率（P1040＝15）

五、存储设定频率的设定值

设定参数 P1031＝0，MOP 设定值不进行存储。

第六节　使用模拟通道 1 控制变频器 V20 速度的实战应用

一、设计硬件控制电路

本示例使用开关量 DI2 控制变频器 V20 的启动和停止，即数字量端子 14 和 9 连接一个选择开关 ST1，变频器 V20 的模拟通道 1 连接 0～20mA 的输入值，其控制速度的电路设计如图 6-25 所示。

二、选择频率设定值的信号源

设定变频器 V20 的参数 P1000＝2，即激活模拟输入，如图 6-26 所示。

三、设定数字输入控制的参数

设定变频器 V20 的参数 P0700＝2，即由端子排输入。并且，设定参数 P0702＝1，即 DI2 为 ON 时启动，DI2 为 OFF 时停止，也就是 ST1 拨到闭合位置变频器启动，拨到断开位置变频器停止。

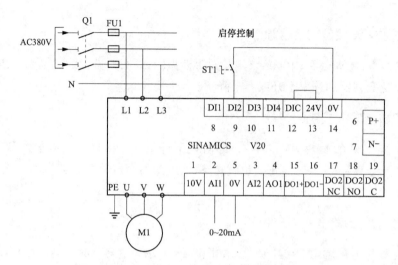

图 6-25 变频器 V20 模拟通道 1 控制速度的电路

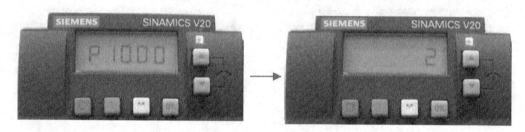

图 6-26 设置参数 P1000＝2

四、设置初始频率

设定变频器的参数 P1040＝35，变频器启动后将以 35Hz 的初始频率进行运行。

五、存储设定频率的设定值

设定参数 P1031＝0，模拟量输入的设定值不进行存储。

➡ 第七节 西门子 S7-1200 PLC 控制变频器 V20 的实战应用

本章中的前六节给出了变频器 V20 在工程中的常用控制，各种控制都是采用电气元器件的通断信号作为变频器 V20 的输入控制，如果项目中配置了 PLC，那么也可以采用 PLC 的输出来替换这些电气元器件信号，以实现工艺的要求，以本章第二节中控制变频器 V20 启停的项目为例，采用 PLC 控制的电气控制原理图如图 6-27 所示。

在 TIA Portal V15 中，创建新项目，名称为【S71200 对 V20 的加减速控制】，然后添加 PLC 为 S7-1214C，编写变量表，如图 6-28 所示。

在程序组织块 Main OB1 的程序段 1 中，编写启动系统的程序控制，按下启动按钮 QA1 后，启动系统启动标志位，并对％Q0.0 的常开触点进行自锁。

在程序段 2 中，系统启动后，系统启动标志位的常开点闭合后，当选择开关 ST1 接通后，%q0.0 接通，中间继电器的线圈 CR1 接通，串接在 V20 端子 DI1 上的 CR1 的常开触点接通后，将启动变频器 V20 的运行，反之 ST1 断开，V20 停止运行。PLC 控制变频器 V20 的启停程序如图 6-29 所示。

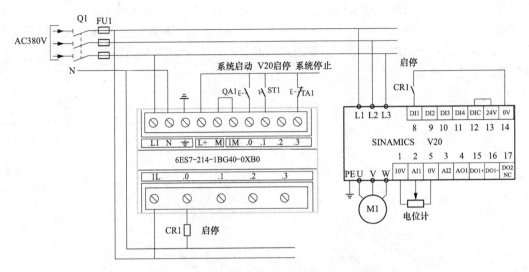

图 6-27　采用 PLC 控制变频器 V20 的启停

S71200对V20的加减速控制 ▸ PLC_1 [CPU 1214C AC/DC/Rly] ▸ PLC 变量

PLC 变量

	名称	变量表	数据...	地址	保持	可从 ...	从 H...	在 H...	注释
1	系统启动标志位	默认变...	Bool	%M0.1	☐	☑	☑	☑	
2	系统启动	默认变...	Bool	%I0.0	☐	☑	☑	☑	连接常开按钮QA1
3	系统停止	默认...	Bool	%I0.3	☐	☑	☑	☑	连接常闭按钮TA1
4	V20启停控制	默认变...	Bool	%Q0.0	☐	☑	☑	☑	连接中间继电器CR1
5	V20启停信号	默认变...	Bool	%I0.1	☐	☑	☑	☑	连接选择开关ST1

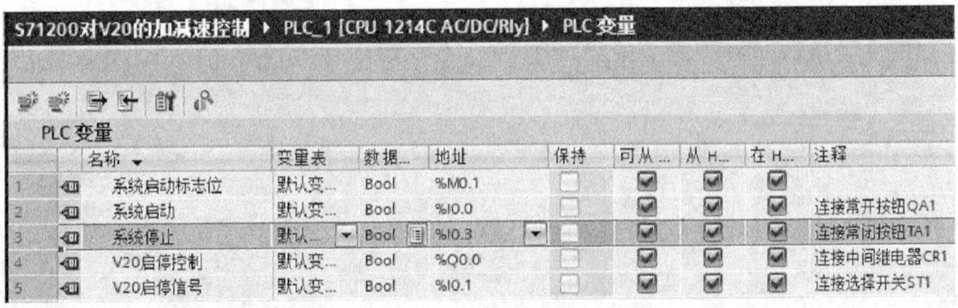

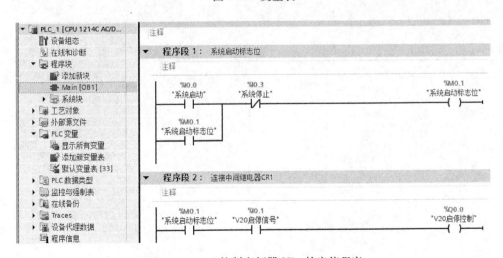

图 6-28　变量表

图 6-29　PLC 控制变频器 V20 的启停程序

设定变频器 V20 的参数 P0700＝2，即由端子排输入。并且，设定参数 P0702＝1，即

DI2 为 ON 时起动，为 OFF 时停止。

　　采用变频器对电动机进行控制可以有效地节省能源，因为在工业生产和产品加工制造业中，风机、泵类设备的应用范围非常广泛，其电能消耗和诸如阀门、挡板、电气定位器等相关设备的节流损失以及这些设备的维护、维修费用大约占到生产成本的 7％～25％，生产费用支出较大。目前，随着经济改革的不断深入，市场竞争的不断加剧，节能降耗业已成为降低生产成本、提高产品质量的重要手段之一。因此，风机、泵类设备使用变频器来实现节能降耗的应用越来越多。

第七章

西门子S7-1200 PLC的网络通信

第一节　西门子 S7-1200 PLC 网络通信的深入理解

西门子 S7-1200 由于自带以太网接口，所以自然支持 TCP 方面的通信。同时可以通过扩展模块，支持 DP 或者 RS-485 等通信，图 7-1 所示为西门子 S7-1200 支持的通信。有关 S7-1200 的 PROFINET 接口支持的通信协议的扩展知识请扫二维码看视频。

通信		
名称	**描述**	**版本**
▼ ☐ S7 通信		V1.3
🔌 GET	从远程 CPU 读取数据	V1.3
🔌 PUT	向远程 CPU 写入数据	V1.3
▼ ☐ 开放式用户通信		V6.0
🔌 TSEND_C	正在建立连接和发送…	V3.2
🔌 TRCV_C	正在建立连接和接收…	V3.2
🔌 TMAIL_C	发送电子邮件	V5.0
▶ ☐ 其他		
▼ ☐ WEB 服务器		V1.1
🔌 WWW	同步用户定义的Web页	V1.1
▼ ☐ 其他		
▼ ☐ MODBUS TCP		V5.0
🔌 MB_CLIENT	通过 PROFINET 进行…	V5.0
🔌 MB_SERVER	通过 PROFINET 进行…	V5.0
🔌 MB_RED_CLIENT	Redundant communic…	V1.0
🔌 MB_RED_SERVER	Redundant communic…	V1.0
▼ ☐ 通信处理器		
▶ ☐ PtP Communication		V3.1
▶ ☐ USS 通信		V4.0
▶ ☐ MODBUS（RTU）		V4.0
▶ ☐ 点到点		V1.0
▶ ☐ USS		V1.1
▶ ☐ MODBUS		V2.2
▶ ☐ GPRSComm：CP124…		V1.3
▼ ☐ 远程服务		V1.9
🔌 TM_MAIL	发送电子邮件	V1.4

图 7-1　西门子 S7-1200 支持的通信

一、常见的 PLC 网络

在工业控制中常见的 PLC 网络有信息网、控制网及设备网 3 种。一般的 PLC 都能与这 3 种网络进行连接。PLC 能够与这 3 种网络相连，或者联网方法又多又灵活，就说明其联网能力强。目前，所有知名品牌的 PLC，都有很强的联网能力。

(一) 信息网

信息网主要是为了使 PLC 与计算机进行联网。一台或多台 PLC 与计算机联网后，可实现计算机对 PLC 及其控制系统的监控及管理，可极大地提高系统的自动化及信息化的档次及水平。具备与计算机联网的能力，已是 PLC 应用的一个趋势。

另外，信息网也包含计算机之间的联网，如局部以太网和互联以太网。

目前，信息网有多到几十、几百个节点，覆盖范围大到达几十、几百公里，用双绞线、同轴电缆、光缆以至于无线的介质，可实现多个网络互联，或者不同品牌的 PLC 在同一个网络上进行网络互联。

(二) 控制网

控制网主要是为 PLC 与 PLC 之间进行网络的连接，是工业控制网络中比较普遍，形式和类型也比较多的一种网络。控制网的结构比较容易掌握，在 PLC 的连接和网点数目都不太多的情况下，控制网的通信管理比较简单，但在较为复杂的工业工程中，控制网的网点也可以达到成千上万个网站，可以构成多层次的网络。不同类型的网可以相互沟通，也可交换数据。

(三) 设备网

设备网主要是可使 PLC 能够与其他智能装置进行联网，进行通信，互相操作，或交换设备的数据。

选购 PLC 时，要充分考虑项目中的 PLC 的联网能力，要考虑网络规模，也就是联网节点的多少，还要考虑网络覆盖范围，数据传送的距离，网络连接介质和网络的互联及网络的兼容性。

网络的数据传送能力是指在不受干扰的前提下，所传送数据帧的大小及数据传送的波特率。数据帧越大越好，传送的波特率越高越好。PLC 数据传送帧已从几十字发展到几百、几千个字，传送波特率也已从几 bit/s 发展到几十 bit/s、几百 bit/s，几千 bit/s，以至于出现了百兆级的工业以太网。

二、西门子 PLC 的通信方式

(一) PPI 通信

PPI 通信是 S7-200 CPU 最基本的通信方式，通过原来自身的端口（PORT0 或 PORT1）就可以实现通信，是 S7-200 CPU 默认的通信方式。

(二) RS-485 串口通信

第三方设备大部分支持 RS-485 串口通信，西门子 S7 PLC 可以通过选择自由口通信模式控制串口通信。最简单的情况是只用发送指令（XMT）向打印机或者变频器等第三方设备发送信息。不管任何情况，都必须通过 S7 PLC 编写程序实现。

当选择了自由口模式，用户可以通过发送指令（XMT）、接收指令（RCV）、发送中断、接收中断来控制通信口的操作。

(三) MPI 通信

MPI 通信是一种比较简单的通信方式，MPI 网络通信的速率是 19.2kbit/s～12Mbit/s，MPI 网络最多支持连接 32 个节点，最大通信距离为 50M。通信距离远，还可以通过中继器扩展通信距离，但中继器也占用节点。

MPI 网络节点通常可以挂 S7-200 PLC、人机界面、编程设备、智能型 ET200S 及 RS-485 中继器等网络元器件。

西门子 PLC 与 PLC 之间的 MPI 通信一般有 3 种通信方式：①全局数据包通信方式；②无组态连接通信方式；③组态连接通信方式。

（四）以太网通信

以太网的核心思想是使用共享的公共传输通道，这个思想早在 1968 年起源于厦威尔大学。1972 年，Metcalfe 和 David Boggs（两个都是著名网络专家）设置了一套网络，这套网络把不同的 ALTO 计算机连接在一起，同时还连接了 EARS 激光打印机。这就是世界上第一个个人计算机局域网，这个网络在 1973 年 5 月 22 日首次运行。Metcalfe 在首次运行这天写了一段备忘录，备忘录的意思是把该网络改名为以太网（Ethernet），其灵感来自"电磁辐射是可以通过发光的以太来传播"这一想法。1979 年 DEC、Intel 和 Xerox 共同将网络标准化。

1984 年出现了细电缆以太网产品，后来陆续出现了粗电缆、双绞线、CATV 同轴电缆、光缆及多种媒体的混合以太网产品。以太网具有传播速率高、网络资源丰富、系统功能强、安装简单和使用维护方便等很多优点。

Modbus TCP/IP 是基于 Modbus 的以太网通信。ROFINET 由 PROFIBUS 国际组织（PROFIBUS International，PI）推出，是新一代基于工业以太网技术的自动化总线标准。PROFINET 为自动化通信领域提供了一个完整的网络解决方案，囊括了诸如实时以太网、运动控制、分布式自动化、故障安全以及网络安全等当前自动化领域的热点话题，并且，作为跨供应商的技术，可以完全兼容工业以太网和现有的现场总线（如 PROFIBUS）技术，保护现有投资。

（五）PROFIBUS-DP 通信

PROFIBUS-DP 现场总线是一种开放式现场总线系统，符合欧洲标准和国际标准。PROFIBUS-DP 通信的结构非常精简，传输速度很高且稳定，非常适合 PLC 与现场分散的 I/O 设备之间的通信。

━● 第二节 西门子 S7-1200 PLC 与 V20 的 USS 通信控制的实战应用

一、USS 协议

USS 协议是一个主站和一个或者多个从站之间的串行数据连接的通信。USS 主站不断循环轮询各个从站，从站根据收到的指令，决定是否响应主站，从站不会主动发送数据。USS 通信协议与硬件连接和组态的方法的扩展知识请扫码观看视频。

1. USS 字符帧结构

从站在接收到主站报文没有错误，并且从站在接收到主站的报文中被寻址时应答主站，上述条件不满足或者主站发出的是广播报文，从站不会做任何响应。USS 的字符传输格式为 11 位，其中 1 位起始位、8 位数据位、1 位偶校验、1 位停止位。USS 字符帧结构见表 7-1。

表 7-1 USS 字符帧结构

起始位	数据位								校验位	停止位	
1	0 LSB	1	2	3	4	5	6	7 MSB	偶×1	1

2. USS 报文结构

USS 协议的报文由一连串的字符组成，协议中定义了它们的功能。USS 报文结构见表 7-2。

表 7-2   USS 报文结构

STX	LGE	ADR	有效数据区					BCC
			1	2	3	…	n	

USS 报文结构中：

STX：长度 1 个字节，总是为 02（Hex），表示一条信息的开始；

LGE：长度 1 个字节，表明在 LGE 后字节的数量，上表中黄色区域长度；

ADR：长度 1 个字节，表明从站地址；

BCC：长度 1 个字节，异或校验和，USS 报文中 BCC 前面所有字节异或运算的结果。

3. 有效数据区

有效数据区由 PKW 区和 PZD 区组成，USS 有效数据区见表 7-3。

表 7-3   USS 有效数据区

PKW 区						PZD 区			
PKE	IND	PWE1	PWE2	…	PWEm	PZD1	PZD2	PZD1	PZDn

PKW 区用于主站读写从站变频器的参数，从站的变频器参数的读取和修改是通过 PKW 参数通道来实现的，PKE 的长度为一个字，PKE 的结构见表 7-4。

表 7-4   PKE 的结构

Bit15～Bit 12	Bit 11	Bit 10～Bit 0
任务或应答 ID	0	基本参数号 PNU

在 USS 通信时，如果变频器的参数号<2000，则基本参数号 PNU=变频器参数号，如 P700 的基本参数号 PNU=2BC（Hex），即 700（Dec）=2BC（Hex）。

如果变频器的参数号≥2000，则基本参数号 PNU=变频器参数号－2000（Dec），如 P2155 的基本参数号 PNU=9B（Hex），即 2155－2000=155（Dec）=9B（Hex）。

另外，IND 的长度也是一个字，IND 结构见表 7-5。

表 7-5   IND 结构

Bit15～Bit 12	Bit 11～Bit 8	Bit 7～Bit 0
PNU 扩展	0（Hex）	参数下标

在 USS 通信时，若变频器参数号<2000，PNU 扩展=0（Hex）；若变频器参数号≥2000，PNU 扩展=8（Hex）。

参数下标，如 P2155［2］中括号中的 2 表示参数下标为 2。

在 USS 通信时，PWE 是读取或写入参数的数值。

PZD 区用于主站与从站交换过程值数据，变频器控制的电动机的启停和调速控制通过 PZD 过程数据来实现：

PZD1：主站→从站控制字；

主站←从站状态字。

PZD2：主站→从站速度设定值；

　　　　　主站←从站速度反馈值。

PZDn：V20 支持最多 8 个 PZD。

根据传输的数据类型和驱动装置的不同，PKW 和 PZD 区的数据长度不是固定的，可以通过参数 P2012、P2013 进行设置。主站可以是 PLC 或者 PC/PG，从站可以是变频器，个数最多为 31 个，最大电缆长度为 100m。

二、西门子 S7-1200 中 USS 指令的深入理解

USS 通信项目中的一个西门子 S7-1200 PLC（主站），通过串行链路最多可以连接 31 个变频器（从站），并通过 USS 串行总线协议对这些变频器进行控制。从站只有先经主站发起后才能发送数据，因此各个从站之间不能直接进行信息传送。有关 USS 通信协议与功能块应用的扩展知识，请扫描二维码观看学习。

西门子 S7-1200CPU 添加 CM 通信模块后具备通用串行接口，西门子 S7-1200CPU 可以配置 CM 1241 RS-485 通信模块或 CB 1241 RS-485 通信板实现串口的网络通信。西门子 S7-1200 CPU 上最多可安装 3 个 CM 1241 RS-485 模块和 1 个 CB 1241 RS-485 板。

1. 指令 USS_PORT

指令 USS_PORT 用于编辑通过 USS 网络执行的通信，是处理 USS 程序段上的通信的指令。在程序中，每个 PtP 通信端口使用一条 USS_PORT 来控制与一个驱动器的传输，就是说 CPU 的 USS 通信项目中有几台变频器就要使用几个编辑通过 USS 网络执行的通信 USS_PORT，最多驱动 31 台变频器，就是 31 个从站。

TIA Portal V15 编程时，分配给一个 USS 网络和一个 PtP 通信端口的所有 USS 指令必须使用同一个背景数据块。

指令 USS_PORT 的参数见表 7-6。

表 7-6　　　　　　　　　　　　　**指令 USS_PORT 的参数**

参数	声明	数据类型	存储区	说明
PORT	Input	PORT	D、L 或常量	PtP 通信端口标识符， 常数，可在默认变量表的"常数"（Constants）选项卡中引用
BAUD	Input	DINT	I、Q、M、D、L 或常量	USS 通信波特率
USS_DB	InOut	USS_BASE	D	指"USS_DRIVE"指令的背景数据块
ERROR	Output	BOOL	I、Q、M、D、L	发生错误时，ERROR 置位为 TRUE，STATUS 输出上输出相应的错误代码
STATUS	Output	WORD	I、Q、M、D、L	请求的状态值，它指示循环或初始化的结果； 可以在"USS_Extended_Error"变量中找到有关某些状态码的更多信息

2. 指令 USS_DRIVE

指令 USS_DRIVE 用于在 USS 通信中与驱动器进行数据的交换。

指令 USS_DRIVE 通过创建请求消息和解释驱动器响应消息来与驱动器交换数据，USS 通信中，每个驱动器编程时都要调用一条 USS_DRIVE。分配给一个 USS 程序段和一个 PtP 通信模块的所有 USS 指令都必须使用同一个背景数据块。

编程时，在第一次调用 USS_DRIVE 时，就必须创建一个数据块 DB，在插入初始指

令时使用这个背景数据块 DB。

执行 USS_DRIVE 期间没有数据传输。需要执行 USS_PORT 与驱动装置进行数据通信，USS_DRIVE 将只组态待发送的消息并评估上一个请求中所接收的数据。

指令 USS_DRIVE 的参数见表 7-7。

表 7-7   **指令 USS_DRIVE 的参数**

参数	声明	数据类型	存储区	说明
RUN	Input	BOOL	I、Q、M、D、L 或常量	驱动器起始位：如果该参数的值为 TRUE，则该输入使驱动器能以预设的速度运行
OFF2	Input	BOOL	I、Q、M、D、L 或常量	"电气停止"位：如果该参数的值为 FALSE，则该位会导致驱动器逐渐停止而不使用制动装置
OFF3	Input	BOOL	I、Q、M、D、L 或常量	快速停止位：如果该参数的值为 FALSE，则该位会通过制动驱动器来使其快速停止
F_ACK	Input	BOOL	I、Q、M、D、L 或常量	故障应答位：该位将复位驱动器上的故障位，故障清除后该位置位，以通知驱动器不必再指示上一个故障
DIR	Input	BOOL	I、Q、M、D、L 或常量	驱动器方向控制：该位置位以指示方向为正向（当 SPEED_SP 为正数时）
DRIVE	Input	USINT	I、Q、M、D、L 或常量	驱动器地址：此输入为 USS 驱动器的地址。有效范围为驱动器 1~16
PZD_LEN	Input	USINT	I、Q、M、D、L 或常量	字长：这是 PZD 数据字的数目，有效值为 2、4、6 或 8 个字，默认值为 2
SPEED_SP	Input	REAL	I、Q、M、D、L 或常量	速度设定值：这是驱动器速度，表示为组态频率的百分比，正值表示正向（当 DIR 的值为 TRUE 时）
CTRL3	Input	WORD	I、Q、M、D、L 或常量	控制字 3：写入驱动器上用户组态的参数中的值，需要在驱动器上组态这个值，可选参数
CTRL4	Input	WORD	I、Q、M、D、L 或常量	控制字 4：写入驱动器上用户组态的参数中的值，需要在驱动器上组态这个值，可选参数
CTRL5	Input	WORD	I、Q、M、D、L 或常量	控制字 5：写入驱动器上用户组态的参数中的值，需要在驱动器上组态这个值，可选参数
CTRL6	Input	WORD	I、Q、M、D、L 或常量	控制字 6：写入驱动器上用户组态的参数中的值，需要在驱动器上组态这个值
CTRL7	Input	WORD	I、Q、M、D、L 或常量	控制字 7：写入驱动器上用户组态的参数中的值，需要在驱动器上组态这个值，可选参数
CTRL8	Input	WORD	I、Q、M、D、L 或常量	控制字 8：写入驱动器上用户组态的参数中的值，需要在驱动器上组态这个值，可选参数
NDR	Output	BOOL	I、Q、M、D、L	新数据就绪：如果该参数的值为 TRUE，则该位表明输出中包含来自新通信请求的数据
ERROR	Output	BOOL	I、Q、M、D、L	发生错误：如果该参数的值为 TRUE，则表示发生了错误并且 STATUS 输出有效，发生错误时所有其他输出都复位为零，仅在"USS_PORT"指令的 ERROR 和 STATUS 输出中报告通信错误
STATUS	Output	WORD	I、Q、M、D、L	请求的状态值：指示循环结果，这不是从驱动器返回的状态字
RUN_EN	Output	BOOL	I、Q、M、D、L	启用运行：该位指示驱动器是否正在运行

参数	声明	数据类型	存储区	说明
D_DIR	Output	BOOL	I、Q、M、D、L	驱动器方向：该位指示驱动器是否正向运行
INHIBIT	Output	BOOL	I、Q、M、D、L	禁用驱动器：该位表明驱动器上的禁用位的状态
FAULT	Output	BOOL	I、Q、M、D、L	驱动器故障：该位表明驱动器已记录一个故障，必须清除该故障并置位 F_ACK 位以清除该位
SPEED	Output	REAL	I、Q、M、D、L	驱动器当前速度（驱动器状态字 2 的标定值）：驱动器的速度值表示为组态速度的百分比
STATUS1	Output	WORD	I、Q、M、D、L	驱动器状态字 1：该值包含驱动器的固定状态位
STATUS3	Output	WORD	I、Q、M、D、L	驱动器状态字 3：该值包含驱动器上可组态的状态字
STATUS4	Output	WORD	I、Q、M、D、L	驱动器状态字 4：该值包含驱动器上可组态的状态字
STATUS5	Output	WORD	I、Q、M、D、L	驱动器状态字 5：该值包含驱动器上可组态的状态字
STATUS6	Output	WORD	I、Q、M、D、L	驱动器状态字 6：该值包含驱动器上可组态的状态字
STATUS7	Output	WORD	I、Q、M、D、L	驱动器状态字 7：该值包含驱动器上可组态的状态字
STATUS8	Output	WORD	I、Q、M、D、L	驱动器状态字 8：该值包含驱动器上可组态的状态字

三、西门子 S7-1200 与 3 台 V20 的 USS 通信实战

西门子 S7-1200 配上串行通信接口后，可以实现与变频器的 USS 通信，再利用 USS 指令通过串口的 RS-485 的连接与多个驱动器进行通信，本项目采用 S7-1214C（订货号为 6ES7 214-1AG40-0XB0＋CM1241）和通信模块 CM1241，来控制 3 台 V20 变频器的运行和速度，变频器 V20 的固件版本是 V3.7，USS 通信的结构如图 7-2 所示。

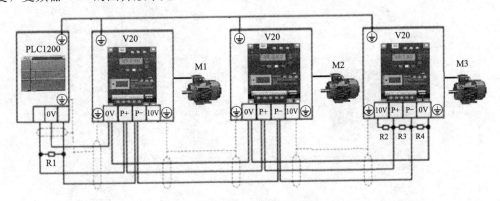

图 7-2　USS 通信的结构图

图 7-2 中，R1 和 R2 是 RS-485 的终端电阻，R3 的阻值为 120Ω，R4 的阻值为 470Ω。

通信模块 CM1241 的订货号为 6ES7 241-1CH32-0XB0，该通信模块通信完成的间隔时间比较长，实时性不理想，尤其是当项目中带有多台变频器时，CM1241 最多可以带 16 台变频器进行 USS 通信。

USS 协议使用主站/从站网络通过串行总线通信，主站使用地址参数将消息发送到所选从站。从站在收到发送请求前不能发送消息，从站间不能直接交换消息，USS 通信采用半双工模式工作，西门子 S7-1200 PLC 侧使用 9 针串口进行连接，其 3 脚连接的是变频器 V20 端子的 P＋，8 脚连接的是变频器 V20 端子的 P－，9 针串口如图 7-3 所示。

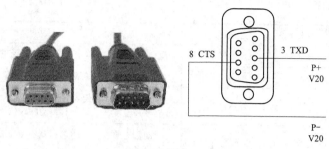

8 CTS · · 3 TXD

P+
V20

P−
V20

图 7-3　9 针串口

四、USS 网络通信的项目创建与硬件组态

在 TIA Portal V15 中，创建新项目【S7-1214C 与 V20 的 USS 通信项目】，添加 S7-1214C（6ES7 214-1AG40-0XB0），单击【设备视图】，在【选项】下找到通信模块（6ES7 241-1CH32-0XB0），双击进行添加，在设备视图中就可以在左侧的扩展 101 的位置显示出来了，双击添加后的通信模块，版本号选 V2.2，因为低版本的通信模块不能使用相应的控制指令，在其【常规】属性页面中单击【端口组态】，将协议选择【自由口】，点选【半双工（RS-485）2 线制模式】并将波特率设置为 38.4kbps（kbit/s），与变频器 V20 的波特率设置相一致。通信模块的添加与组态如图 7-4 所示。有关 S7-1200 PID 的手动调节的扩展知识，请扫二维码观看学习。

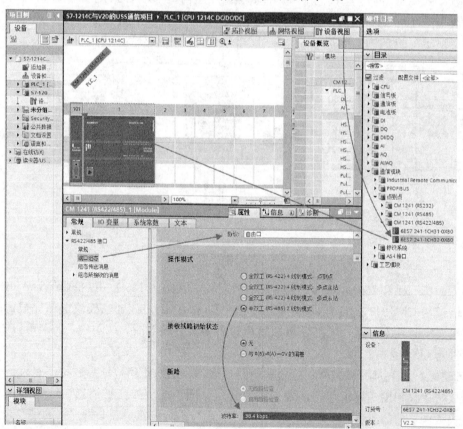

图 7-4　通信模块的添加和组态

五、变频器 V20 的参数设置

本项目采用 4PKW，2PZD 的报文格式，使用连接宏 Cn010，USS 通信的变频器 V20 的连接宏 Cn010-USS 控制的参数见表 7-8。

表 7-8   变频器 V20 的连接宏 Cn010-USS 控制的参数

参数	描述	工厂缺省值	Cn010 默认值	备注
P0700 [0]	选择命令源	1	5	RS-485 为命令源
P1000 [0]	选择频率	1	5	RS-485 为速度设定值
P2023 [0]	RS485 协议选择	1	1	USS 协议
P2010 [0]	USS/MODBUS 波特率	6	8	波特率为 38400bit/s
P2011 [0]	USS 地址	0	1	变频器的 USS 地址
P2012 [0]	USS PZD 长度	2	2	PZD 部分的字数
P2013 [0]	USS PKW 长度	127	127	PKW 部分字数可变
P2014 [0]	USS/MODBUS 报文间断时间	2000	500	接收数据时间

更改 USS 变频器通信地址前，要注意首先设置操作权限，否则有些参数不能被看见和修改。读取参数 P0700 [0] 数值的报文详情见表 7-9。

表 7-9   读取参数 P0700 [0] 数值的报文详情

字送数	1	2	3	4	5	6	7	8	9	10	11	12	13	14	15	16
发送报文	02	0E	01	12	BC	00	00	00	00	00	00	04	7E	00	00	D9
应答报文	02	0E	01	12	BC	00	00	00	00	00	05	FB	31	00	00	6C

在读取参数 P0700 [0] 数值的报文中，有 16 个位，位 1 为 STX，是起始字符，位 2 为 LGE，是报文长度（字节 3～字节 16，共 14 个字节），位 3 为 ADR，是从站地址。

设置变频器 V20 的参数时，首先按照变频器 V20 的章节中介绍的方法对变频器进行快速设置，并设定变频器 V20 驱动的电动机铭牌，使用参数 P0100 设定频率，P0304 设定电动机额定电压，P0305 设定电动机的额定电流，P0307 设定电动机的额定功率，P0308 设定功率因数，P0309 设定电动机的额定效率，P0310 设定电动机的额定功率，P0311 设定电动机的额定转速，P1900 选择电动机数据识别。

将变频器 V20 连接宏 Cn010 的方法是按 M 键进入连接宏设置（Cn0xx），按向上键选择 Cn010，然后通过 OK 键 进行确认，如图 7-5 所示。

图 7-5 连接宏 Cn010

将变频器 V20 连接宏 Cn010 后，变频器自动将 P2013 设置为默认值 127，需要使用向下键将参数 P2013 修改为 4，之后单击 OK 键，如图 7-6 所示。

六、通信程序

在项目中单击【项目树】→【设备】→【程序块】→【添加新块】，在弹出来的【添加新块】页面中选择要添加的新块为【Cyclic interrupt】，即循环中断组织块，循环中断组织块 B 可以按照一定的周期产生中断，这里设置循环时间为 50ms，如图 7-7 所示。有关 S7-1200 的 PID 功能块应用的扩展知识，请扫二维码学习。

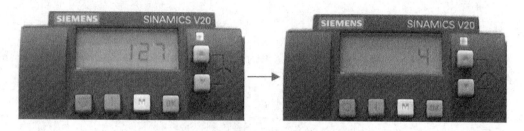

图 7-6　将参数 P2013 修改为 4

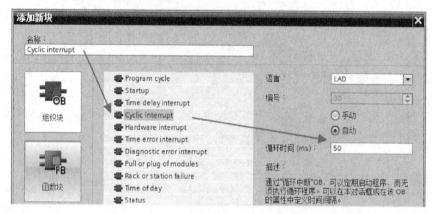

图 7-7　添加循环中断组织块

单击【确定】按钮后，系统会自动生成循环中断块 OB30，双击打开 OB30，选中水平网络编程条，再双击指令【USS_DRV】进行调用，发送和接收都是在这个指令的功能块里完成的，然后在调用选项里对数据块进行名称的输入，点选自动，单击【确定】按钮，如图 7-8 所示。

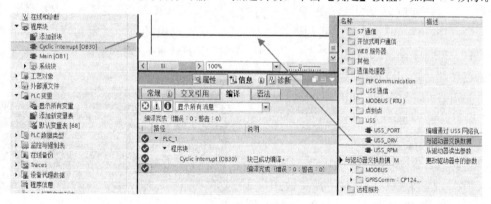

图 7-8　调用指令 USS_DRV

调用 USS_DRV 后，系统会自动弹出【调用选项】数据块，设置数据块的名称，选择【自动】，完成指令 USS_DRV 的背景数据块的创建，默认名称为 USS_DRV_DB，如图 7-9 所示。

修改背景数据块的名称为 USS_DRV_DB_1，创建完成后的 USS_DRV 背景数据块可以在【项目树】→【设备】→【程序块】→【系统块】→【程序资源】里找到，名称为【USS_DRV［FB1071］】，这个块是西门子的封装块，是只读块，可以调用，但不能查看内部程序。

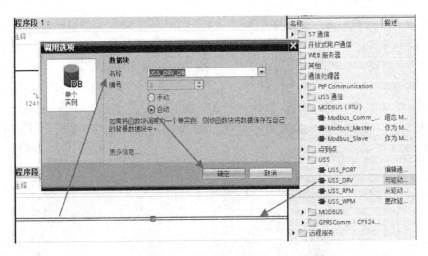

图 7-9 指令 USS＿DRV 背景数据块的创建

　　随后创建变量，单击【项目树】→【设备】→【PLC 变量】→【显示所有变量】，变量表如图 7-10 所示。

图 7-10 变量表

为程序段 1 中新调用的指令连接引脚,并编写注释【变频器 1 的启动停止和速度控制】,PZD 长度是 2,速度设定 SPEED_SP 是百分比,因为指令中速度的设定值是用百分数来表示的,地址为％MD100,也就是说％MD100 的值为 0 代表变频器的转速为 0,为 50 代表变频器 V20 按照额定速度的一半进行运行,为 100 代表变频器 V20 的按照额定转速运行,DIR 是变频器 1 的运转方向,引脚【RUN】设置的开关量的变量用于变频器 1 的启停,这里连接变量％0.1,变频器的实际速度存储在％MD104 当中。变频器 1 的启动停止和速度控制程序如图 7-11 所示。

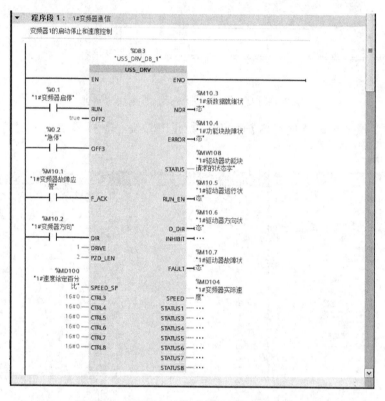

图 7-11 变频器 1 的启动停止和速度控制程序

在 OB30 程序段 2 中选择编程水平条后调用指令 USS_PORT,USS_PORT 是 PLC 与变频器的接口,单击【指令】→【通信】→【通信处理器】→【USS】,双击指令【USS_Port】进行调用,在调用选项里对数据块进行名称的输入,点选自动,单击【确定】按钮,然后为 USS_PORT 指令的 PORT 引脚使用下拉菜单,进行选择添加 CM1241（6ES7 241-1CH32-0XB0）的硬件标识,6ES7 241-1CH32-0XB0 的硬件标识为 269,BAUD 端的波特率设置与变频器 V20 的设置一致,都为 38400bit/s,指令的 USS_DB 引脚连接的是 USS_DRV 的背景数据块％DB3,ERROR 引脚添加错误返回值,地址是％M1.0,STATUS 引脚连接的是故障诊断的状态,地址是％MW1000。调用指令 USS_PORT 的程序如图 7-12 所示。

用同样的方法在程序段 3 中调用变频器 2 的启动停止和速度控制,再连接引脚,并编写注释【变频器 2 的启动停止和速度控制】,PZD 长度是 2,速度设定 SPEED_SP 是百分比,DIR 是变频器 2 的运转方向。变频器 2 的启动停止和速度控制程序如图 7-13 所示。

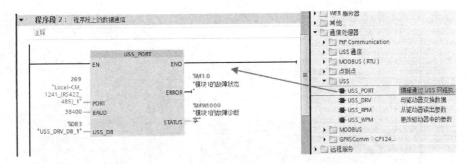

图 7-12 调用指令 USS_PORT 的程序

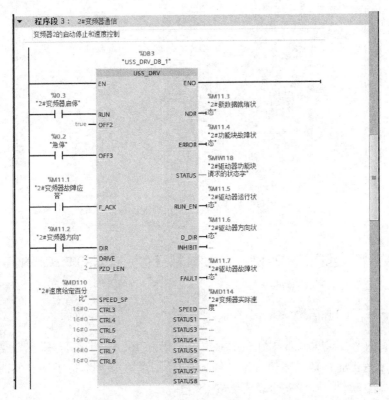

图 7-13 变频器 2 的启动停止和速度控制程序

　　用同样的方法在程序段 4 中调用变频器 3 的启动停止和速度控制，再连接引脚，并编写注释【变频器 3 的启动停止和速度控制】，PZD 长度是 2，速度设定 SPEED_SP 是百分比，DIR 是变频器 3 的运转方向。变频器 3 的启动停止和速度控制程序如图 7-14 所示。

　　编程时如果项目中设计应用的变频器较多，可以添加 CM1241 通信模块，一个西门子 S7-1200 CPU 可以扩展 3 个 CM1241 通信模块，每个 CM1241 都有自己的 USS_DB 数据块，一个 CM1241 通信模块最多可以与 16 台变频器进行通信，使用的背景数据块 USS_DB 也是同一个，在同一个 USS 的 CM1241 网络中有多少台需要控制的变频器，在程序中就需要调用多少次的 USS_DRV 功能块，另外，每个 USS_DRV 功能块调用时，相应的 USS 站地址和控制参数要与实际的变频器相一致。

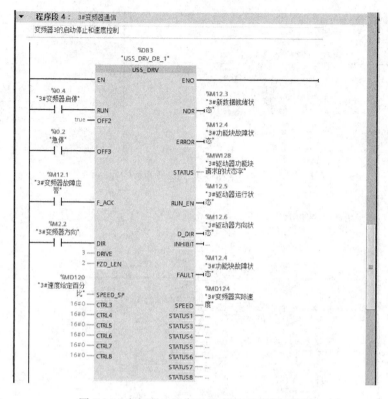

图 7-14　变频器 3 的启动停止和速度控制程序

➡️ 第三节　西门子 S7-1200 PLC 与第三方变频器的 PROFINET 通信

一、PROFINET 的通信协议

PROFINET 由 PROFIBUS 国际组织（PROFIBUS International）推出，是新一代基于工业以太网技术的工业自动化通信标准。PROFINET 解决方案囊括了诸如实时以太网、运动控制、分布式自动化、故障安全及网络安全等。

PROFINET 支持 TCP/IP 标准通信、实时（RT）通信和等时同步实时（IRT）通信 3 种通信方式。

（1）TCP/IP 标准通信。PROFINET 基于工业以太网技术，使用 TCP/IP 和 IT 标准。TCP/IP 是 IT 领域关于通信协议方面事实上的标准，尽管其响应时间大概在 100ms 的量级，但对于工厂控制级的应用来说，这个响应时间已经足够了。

（2）实时（RT）通信。对于传感器和执行器设备之间的数据交换，系统对响应时间的要求更为严格，因此，PROFINET 提供了一个优化的、基于以太网第二层的实时通信通道，通过该实时通道可极大地减少数据在通信栈中的处理时间。PROFINET 实时通信的典型响应时间是 5～10ms，网络节点也包含在网络的同步过程之中，即交换机。同步的交换机在 PROFINET 概念中占有十分重要的位置。在传统的交换机中，要传递的信息必定在交换机中延迟一段时间，直到交换机翻译出信息的目的地址并转发该信息为止。这种基于地址的信息转发机制会对数据的传送时间产生不利的影响。为了解决这个问题，PROFINET 在实时通道中使用一种优化的机制来实现信息的转发。

（3）等时同步实时（IRT）通信。现场级通信对通信实时性要求最高的是运动控制，PROFINET 的等时同步实时技术可以满足运动控制的高速通信需求，在 100 个节点下，其响应时间要小于 1ms，抖动误差要小于 1ms，以此来保证及时的、确定的响应。

目前，PROFINET 作为实时性非常好的工业以太网总线，已广泛地用于远程 IO 站的扩展、变频器、伺服等应用上。

二、PROFINET 通信控制项目的工艺要求

本项目中的 PID 控制由 S7-1200 编程完成，S7-1200 通过 PROFINET 控制 ATV630 启停和速度，ATV630 本体不集成 PROFINET 通信，如果需要进行 PROFINET 通信，需外加通信卡 VW3A3627，采用 S7-1200 本体集成以太网口作为 PROFINET 通信主站。PROFINET 通信控制 ATV630 的工艺和组态原理如图 7-15 所示。

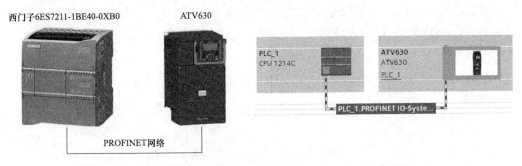

图 7-15　PROFINET 通信控制 ATV630 的工艺和组态原理

施耐德 PROFINET 通信卡 VW3A3627 固件版本为 V1.7IE02，调试软件采用 Somove，版本为 V2.6.5，使用版本 V2.2.1.0 的施耐德 ATV630 变频器的设备文件 DTM，还需导入到 TIA Portal V15 软件中的 PROFINET 文件 GSDXML，版本为 V2.3。

为保证 PROFINET 通信的可靠性，在本示例中采用了专用的 PROFINET 通信线，原装西门子 PROFINET 总线电缆绿色 4 芯 6XV1840-2AH10，如图 7-16 所示。

三、电气系统设计

1. 变频器 ATV630 的电气原理图

变频器 ATV630 的进线电源采用 AC380V，控制三相交流电动机，空气开关 Q2 作为变频器 ATV630 的电源隔离短路保护开关，由于本项目要重点说明的是通信控制变频器的运行，所以没有连接变频器的硬件控制，

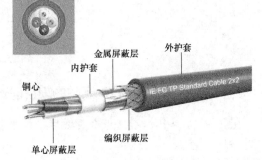

图 7-16　专用的 PROFINET 通信线

施耐德 ATV630U07N4 固件版本 V2.2，ATV630 变频器主电路的电气原理图如图 7-17 所示。

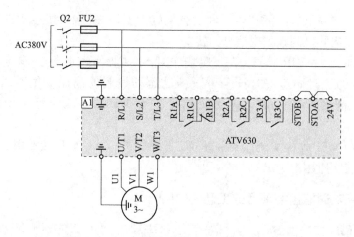

图 7-17　ATV630 变频器主电路的电气原理图

2. S7-1200 PLC 的控制原理图

本示例采用 AC220V 电源供电，空气开关 Q1 作为西门子 S7-1200 PLC 的电源隔离短路保护开关，启停按钮 ST1 和 ST2 连接到输入端子 I0.0 及 I0.1 上，故障复位按钮连接到输入端子 I0.2，CPU 为 S71214，订货号为 6ES7-214-1AG40-0XB0。PLC 控制原理图如图 7-18 所示。

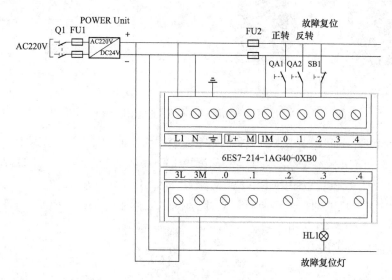

图 7-18　PLC 的控制原理图

四、PROFINET 通信控制系统的项目创建

在 TIA Portal V15 中创建新项目，添加控制器，选择 CPU 为 6ES7214-1AG40-0XB0，如图 7-19 所示。

在菜单【选项】→【管理通用站描述文件（GSD）(D)】中导入 PROFINET 通信用的 GS-DXML 文件，选择【源路径】右侧的【…】，再选择 GSDXML 文件所在路径，勾选 GSD 文件，单击【安装】，如图 7-20 所示。

安装成功后，软件会提升安装完成，如图 7-21 所示，单击【关闭】。

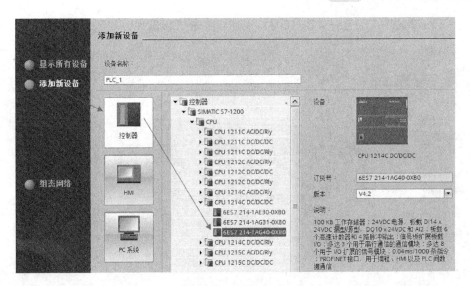

图 7-19 选择 CPU

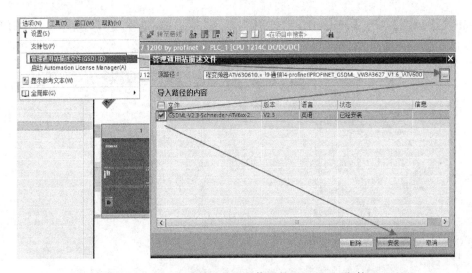

图 7-20 导入 PROFINET 通信用的 GSDXML 文件

图 7-21 GSDXML 文件安装完成

GSDXML 文件成功安装完成后，组态网络，添加 ATV630 PROFINET 从站，双击【设备和网络】，在软件右侧的【硬件目录】中按以下路径【其他以太网设备】→【PROFINE-

TIO)→【SchneiderElectric】→【ATV630】，找到后双击进行添加，如图 7-22 所示。

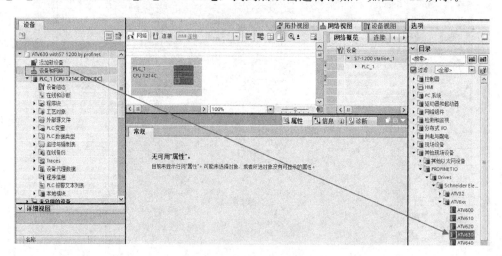

图 7-22　添加 ATV630 PROFINET 从站

单击【未分配】，选【PLC_1.PROFINET 接口_1】建立变频器和 PLC 的 PROFI-NET 通信连接，如图 7-23 所示。

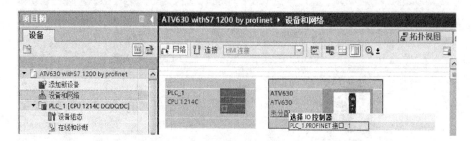

图 7-23　建立变频器和 PLC 的 PROFINET 通信连接

建立的通信连接如图 7-24 所示。

图 7-24　建立的通信连接

双击 ATV630，在【常规】→【以太网地址】中配置变频器的 IP 地址【192.168.0.2】，如图 7-25 所示。

选择【设备视图】→【interface】的下一行→【模块】→【Telegrams】→【Telegram100（4PKW、2PZD）】添加需要的报文，如图 7-26 所示。

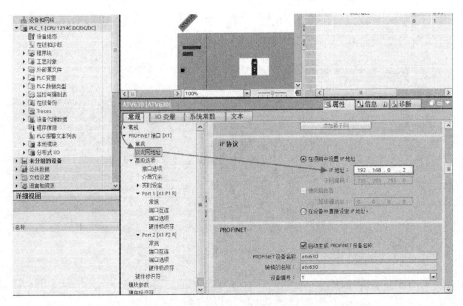

图 7-25 设置变频器的 IP 地址

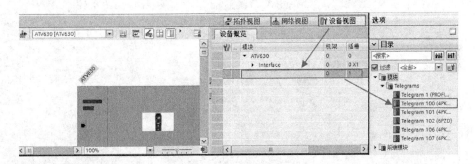

图 7-26 添加需要的报文

为了使编程更加容易，将 I/O 起始地址都设置为 100，如图 7-27 所示。

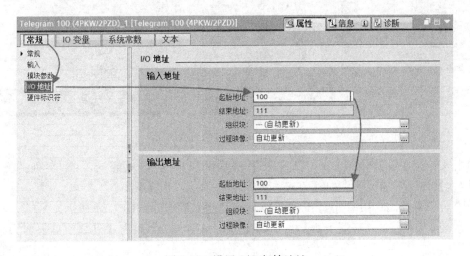

图 7-27 设置 I/O 起始地址

保持模块的默认参数设置不变，如图 7-28 所示。其中，8501 是控制字，8602 是电动机转速给定，读取的变量是状态字 3201，实际电动机速度是 8604。

图 7-28　模块的默认参数设置

如图 7-29 所示添加相应的 Diagnastic error interrup、Pull or Plug of modules 和 Rack or station failure 组织块，防止发生通信错误时 CPU 停机。

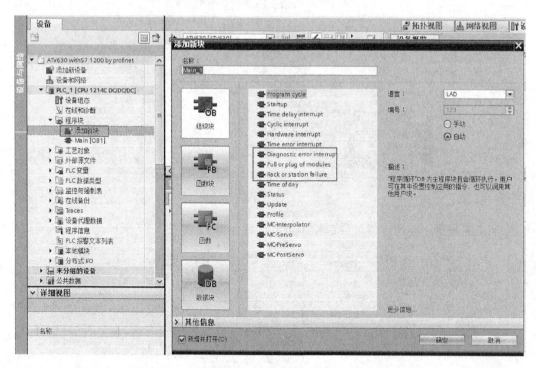

图 7-29　添加相应的组织块

单击【转至在线】，依次选择【PN/IE】→PC 的以太网卡→【插槽"1X1"处的方向】→【开始搜索】在线扫描设备，如图 7-30 所示。

搜索后，将弹出对话框分配 IP 地址，单击【是】确定，如图 7-31 所示。

搜索到 CPU 后，单击【下载】，TIA Portal V15 软件会弹出【下载预览】对话框，如图 7-32 所示。

勾选【全部启动】，设置下载后启动 CPU，如图 7-33 所示。

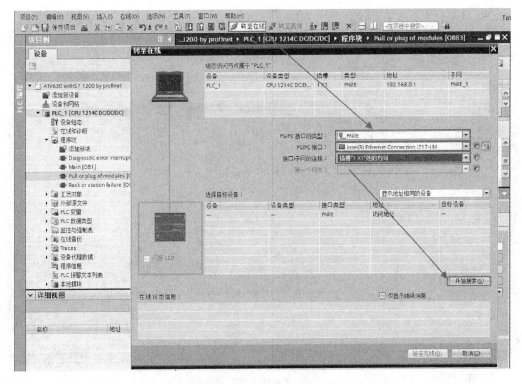

图 7-30　在线扫描设备

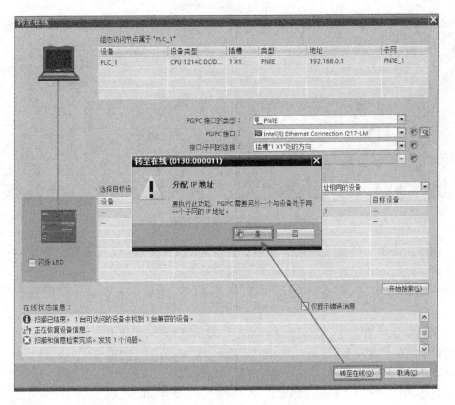

图 7-31　【分配 IP 地址】对话框

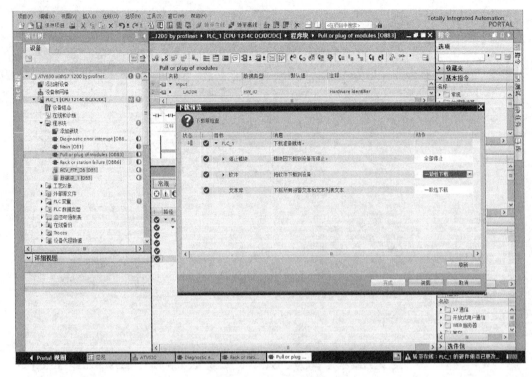

图 7-32 【下载预览】对话框

图 7-33 设置下载后启动 CPU

在【在线】菜单下找到【分配设备名称】分配 ATV630 的设备名称, 变频器只有在被分配设备名称以后, 才能进行正常通信, 如图 7-34 所示。

找到的 ATV630 如图 7-35 所示, 可以通过 MAC 地址来识别是否是要分配的变频器设备。

选择相应设备后单击【分配名称】, PLC 将显示【PROFINET 设备名称 "ATV630" 已成功分配给 MAC 地址…】, 说明这时 PROFINET 设备名称已经被成功分配好。分配设备名称是 PROFINET 配置的关键一步, 如图 7-36 所示。

分配设备名称之后, 创建 ATV630 的％IW100～110 和％QW100～110 的监控表, 如图 7-37 所示。

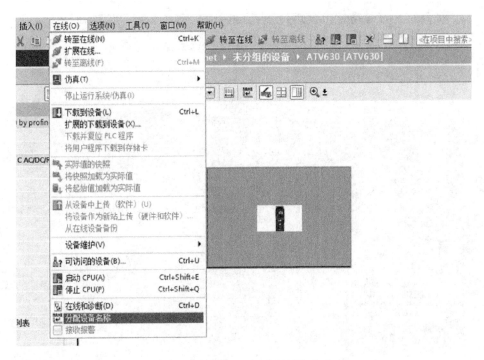

图 7-34 分配 ATV630 的设备名称

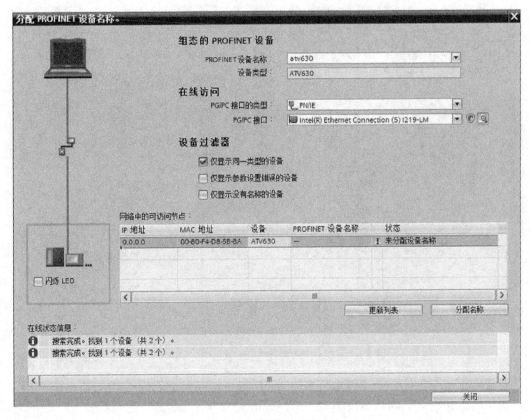

图 7-35 找到的 ATV630

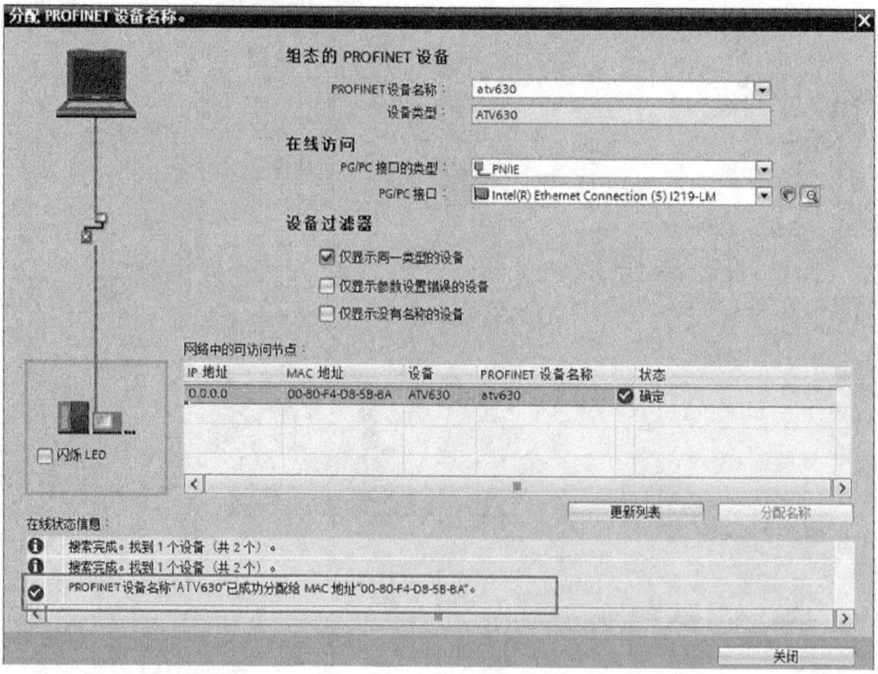

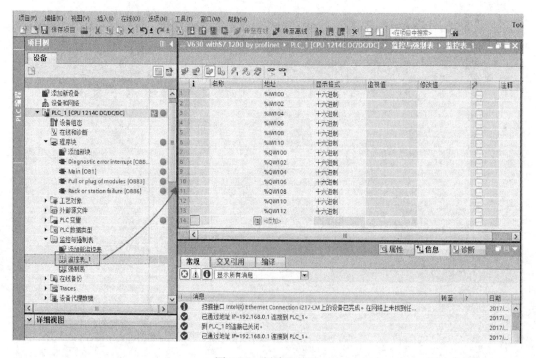

图 7-36 分配设备名称

图 7-37 创建监控表

%QW108 是控制字，为 1 时启动正转，为 0 时停止；为 2 时反转，为 0 时停止。%QW110 是电动机的转速给定，默认情况下是 1500r/min 对应频率 50Hz。变频器的运行如图 7-38 所示。

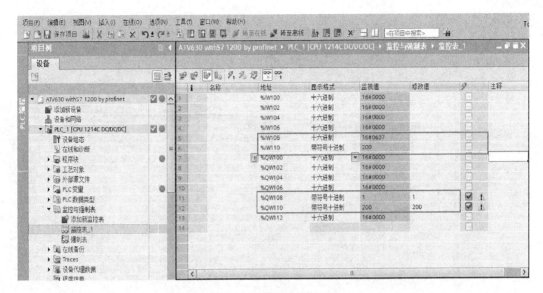

图 7-38　变频器的运行

五、PROFINET 通信控制系统中西门子 S7-1200 的程序编制

I/O 模式下编程是非常简单的，对控制字写 1 正转，写 0 停止。正转运行程序如图 7-39 所示。

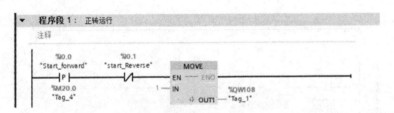

图 7-39　正转运行程序

对控制字写 2 反转，写 0 停止。反转运行程序如图 7-40 所示。

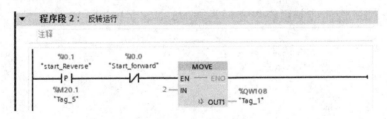

图 7-40　反转运行程序

在正转和反转按钮变为 0 时将控制字写 0，完成变频器的停止。停止运行程序如图 7-41 所示。

将速度给定发送到变频器的转速给定值，默认四极电动机的对应关系是 1500r/min 对应 50Hz。速度给定程序如图 7-42 所示。

当有故障时，当按下复位按钮对控制字写 4 复位，按钮松开后将控制字写 0。故障复位程序如图 7-43 所示。

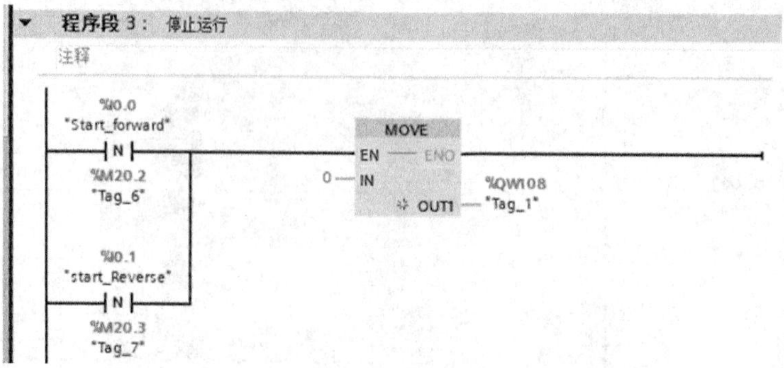

图 7-41　停止运行程序

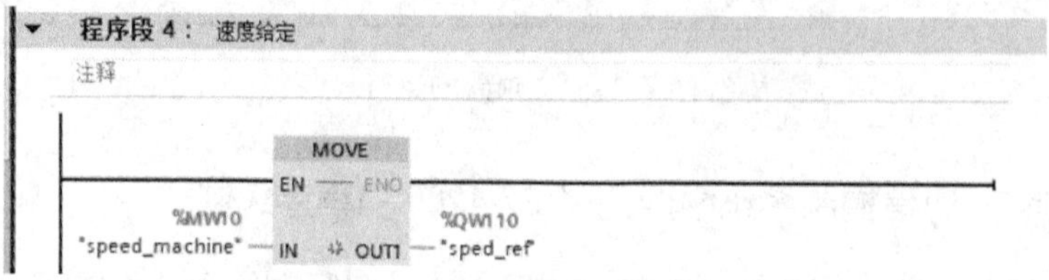

图 7-42　速度给定程序

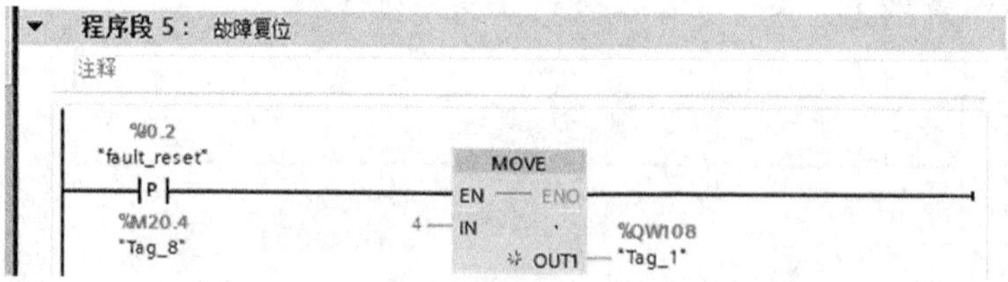

图 7-43　故障复位程序

六、PROFINET 通信控制系统中变频器 ATV630 的参数设置和调试

1. 组合通道

组合通道设为 I/O 模式。

2. 给定通道

给定通道设为通信卡。

3. 控制通道

控制通道的设置，将控制通道也设为通信卡。

4. 命令通道

命令通道的设置如图 7-44 所示。

5. 故障复位的设置

将控制通道设为控制字的 Bit2，这样控制字的 bit2 的上升沿将复位故障。故障复位的设置如图 7-45 所示。

6. 读取的 PROFINET 通信设置

读取变频器的参数设置，实际的设置是在 PROFINET 完成的。PROFINET 通信成功后设置如图 7-46 所示。

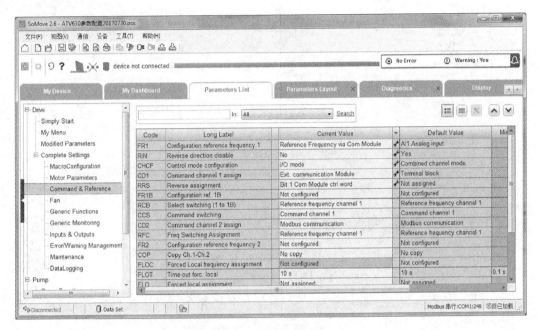

图 7-44　命令通道的设置

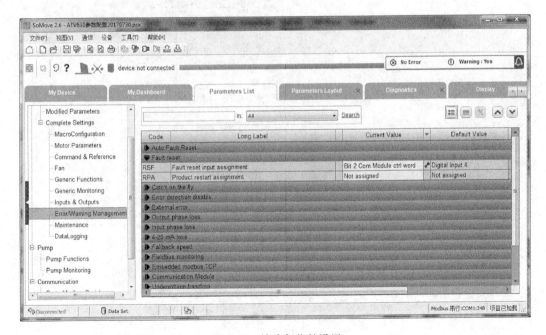

图 7-45　故障复位的设置

图 7-46　PROFINET 通信成功后的设置

七、PROFINET 通信控制系统的调试

首先在速度给定值处在线设置变频器的转速给定为 200r/min，如图 7-47 所示。扫描二维码学习更多关于 PROFINET 灯的知识。

接通 I0.0 逻辑输入，变频器正转，此时，可以在变量监控表中看到【Start_forward】为 TRUE，如图 7-48 所示。

图 7-47　在线设置变频器的速度给定

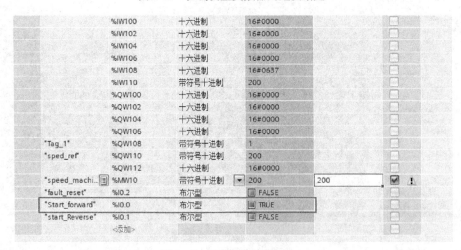

图 7-48　接通 I0.0 逻辑输入

在程序的在线监控中可以看到控制字被写入 1，如图 7-49 所示。

在 SoMove 的在线画面中可以看到 ATV630 变频器的给定频率为 6.7Hz（1500RPM 对应 50Hz），实际运行频率也到达了 6.7Hz，电动机的实际转速达到了 200r/min（rpm），如图 7-50 所示。

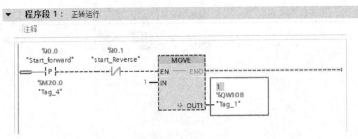

图 7-49　控制字被写入 1

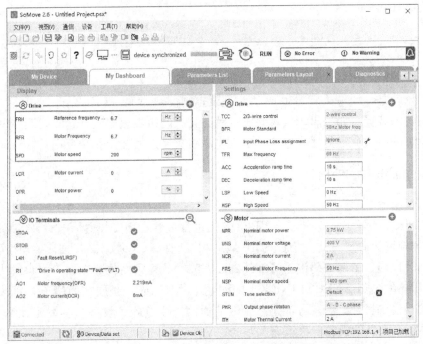

图 7-50　SoMove 在线读取的变频器状态

断开变频器 ATV630 的正转按钮，则变频器停止运行，在正转和反转信号的下降沿将变频器的控制字写入 0。在程序的在线监控中可以看到控制字被写入 0，如图 7-51 所示。

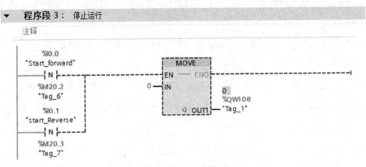

图 7-51　控制字被写入 0

在博途 TIA Portal V15 的监控变量表中也可以看到状态字已经变为 16 # 0233，表示变频器的准备好状态，如图 7-52 所示。

	%IW100	十六进制	16#0000		☐
	%IW102	十六进制	16#0000		☐
	%IW104	十六进制	16#0000		☐
	%IW106	十六进制	16#0000		☐
	%IW108	十六进制	16#0233		☐
	%IW110	带符号十进制	0		☐
	%QW100	十六进制	16#0000		☐
	%QW102	十六进制	16#0000		☐
	%QW104	十六进制	16#0000		☐
	%QW106	十六进制	16#0000		☐
"Tag_1"	%QW108	带符号十进制	0		☐
"sped_ref"	%QW110	带符号十进制	200		☐
	%QW112	十六进制	16#0000		☐
"speed_machi...	%MW10	带符号十进制 ▼	200	200	☑ ▲
"fault_reset"	%I0.2	布尔型	☐ FALSE		☐
"Start_forward"	%I0.0	布尔型	☐ FALSE		☐
"start_Reverse"	%I0.1	布尔型	☐ FALSE		☐
	<添加>				☐

图 7-52　变频器的准备好状态

值得注意的是，如果 ATV630 驱动的是泵，则要注意泵一般不允许反转，并且在机械上有防止反转的装置，如果启动发现泵不启动并且电动机电流很大，这时要调整电动机的旋转方向，设置的参数流程为【完整菜单】→【电动机控制】→【输出相位反向】。

八、变频器故障的处理

1. EPF2 故障

新安装 PROFINET 通信卡显示 EPF2 这是正常现象，刚安装通信卡时，PROFINET 卡的 IP 地址被设置为固定方式，但此时 IP 地址和子网掩码是【0.0.0.0】，手动设置 IP 地址为【192.168.1.1】，子网掩码设为【255.255.255.0】，再重新将变频器上电可解决 EPF2 报警问题，但是要注意此时 PROFINET 卡的配置还没有完成，必须在西门子 S7-1200 PLC 对变频器分配【设备名称】后，方能进行正常的通信，注意此【设备名称】是在 PLC 中定义的，与 SoMove 定义的设备名称没有关系。

如果使用 telegram1，注意此时不能再使用 I/O 模式，因为两者不兼容，注意此时仅能使用组合模式。

目前，ATV630 的固件版本目前最新的是 V2.2IE24（2018 年 10 月份），与此版本变频器兼容的 PROFINET 卡的最低版本是 V1.6IE01，如果卡的版本比较低，则应升级固件。

2. CNF 故障

一般来讲，CNF 故障是因为驱动器在 PLC 规定的时间内没有接收到 PLC 的数据帧。关键在于根据拓扑结构，驱动器行为可能不同。

首先确认卡的版本为 V1.7IE02（最新版本），在这个版本中没有 CNF 的问题。

在之前的版本上碰到过一些 CNF 的故障问题，但这个问题已经在 V1.5 和 V1.6PROFINET 卡上进行了改进。

在星形拓扑中，当一个设备关闭时，连接到交换机的另一个设备不应因 CNF 触发故障。

在菊花链拓扑的情况下，当一个 ATV630 断电时，同时也关闭 PROFINET 卡的电源。

因此，之后的所有设备将不再接收帧，因此会引发 CNF 故障。当驱动器再次通电时，通信返回正常的通信帧，PLC 重新启动初始化流程，如果 PLC 在 CMD（第 7 位）的复位位发送上升沿，则故障复位并且驱动器准备就绪。

如果采用环形拓扑，当一个驱动器断电时，冗余管理器应更改拓扑以避免其他设备丢失通信。

PLC 侧 CNF 报警门槛的设置，用户应增大 I/O 数据丢失时允许的更新时间，如果网络中 PROFINET 从站较多或者使用环网，应加大此参数设置，直到不报警为止。手动设置更新时间如图 7-53 所示。

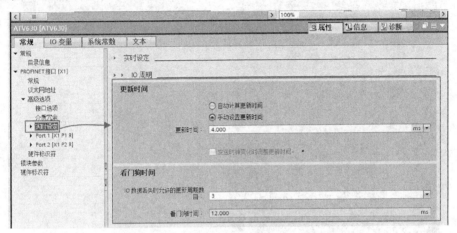

图 7-53　手动设置更新时间

干扰是造成变频器报 CNF 的重要原因，EMC 抗干扰措施要做到位，包括接地、隔离和屏蔽，同时将通信线和动力线的走线应分开至少 30cm。

➡ 第四节　西门子 S7-1500 PLC 与 S7-1200 PLC 的 S7 通信

一、通信的工艺要求

本实例要实现的是一台 S7-1500 PLC 与 S7-1200 PLC 的 S7 通信，数据的交换是通过远程读写指令块实现的，网络通信示意图如图 7-54 所示。

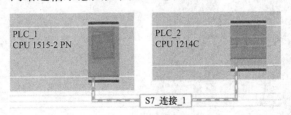

图 7-54　网络通信示意图

S7-1500 的 CPU 带显示屏，工作存储器可存储 500KB 代码和 3MB 数据，位指令执行时间 30ns，4 级防护机制。能够进行运动控制、闭环控制和计数与测量。

S7-1500 的第 1 个接口的 PROFINET I/O 控制器，支持 RT/IRT，性能升级 PROFINET V2.3，双端口，智能设备，支持 MRP、MRPD，传输协议 TCP/IP，安全开放式用户通信，S7 通信，Web 服务器，DNS 客户端，OPC UA 服务器数据访问，恒定总线循环时间，路由功能。第 2 个接口的 PROFINET I/O 控制器，支持 RT，智能设备，传输协议 TCP/IP，安全开放式用户通信，S7 通信，Web 服务器，DNS 客户端，OPC UA 服务器数据访问；运行系统选件，固件版本 V2.5。

二、创建 S7 通信的项目

在 TIA Portal V15 中创建新项目【S7 通信】，单击【创建】按钮，如图 7-55 所示。

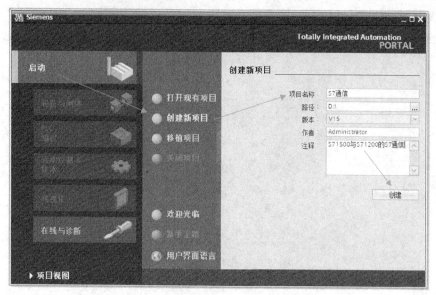

图 7-55　创建新项目

单击【新手上路】→【创建 PLC 程序】，进入 PLC 的编程界面，如图 7-56 所示。

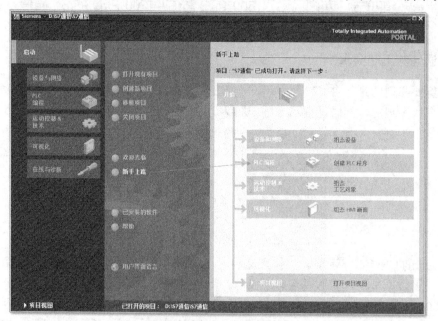

图 7-56　选择【创建 PLC 程序】

编写全局变量表,如图7-57所示。

图7-57 变量表

三、硬件添加与组态

在【PLC编程】中添加设备,单击图标 ![icon] 添加项目中的PLC,如图7-58所示。

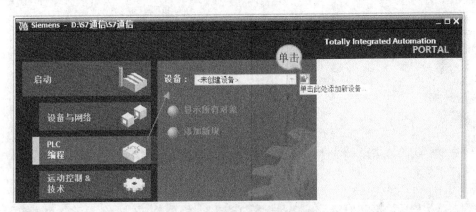

图7-58 在【PLC编程】中添加设备

单击【控制器】→【CPU 1515-2PN】→【6ES7-515-2AM01-0AB0】,版本号选择V2.5,单击【确定】按钮添加S7-1500PLC,如图7-59所示。

双击【设备组态】,单击【硬件目录】→【PM】→【PM 70W 120/230VAC】,单击轨道0后双击【6EP1332-4BA00】为S7-1500PLC添加电源模块,如图7-60所示。

双击Main的图标 ![icon] ,进入TIA Portal V15的【项目视图】,如图7-61所示。

在项目树中,双击【添加新设备】,如图7-62所示。

单击【控制器】→【CPU 1214C DC/DC/DC】→【6ES7-214-1AG40-0XB0】,版本号选择V4.2。单击【确定】按钮添加新设备S7-1214,如图7-63所示。

单击【PLC_1】→【设备组态】可以见到CPU模块,单击信息窗口中【属性】【PROFI-NET接口[X1]】,设置S7-1515CPU的IP地址为192.168.0.1,子网掩码为255.255.255.0,如图7-64所示。

图 7-59　添加 S7-1500PLC

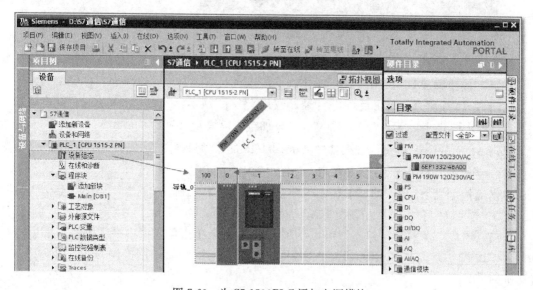

图 7-60　为 S7-1500PLC 添加电源模块

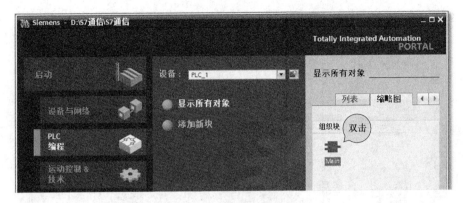

图 7-61　双击 Main 的图标

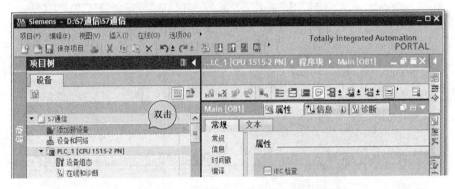

图 7-62　双击【添加新设备】

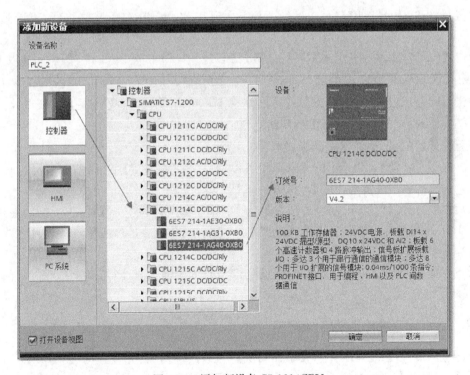

图 7-63　添加新设备 S7-1214CPU

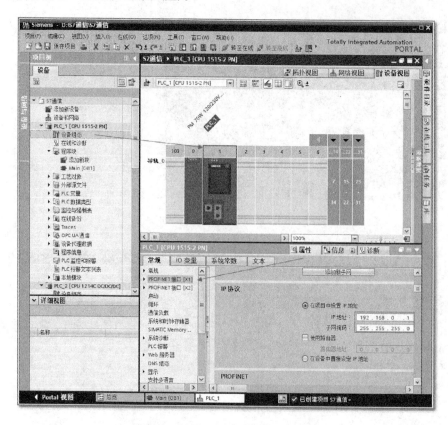

图 7-64 设置 S7-1515CPU 的 IP 地址

单击【PROFINET 接口 [X2]】，可以看到 IP 地址为 192.168.1.1，子网掩码为255.255.255.0，如图 7-65 所示。

单击【PLC_2】→【设备组态】，可以看到 CPU 模块，单击信息窗口中【属性】【以太网地址】，设置 S7-1214CPU 的 IP 地址 192.168.1.2，子网掩码为 255.255.255.0，如图 7-66 所示。

单击【PLC_1】→【设备组态】打开网络视图，单击【 连接】选择 S7-连接，将 S7-1500 与 S7-1200 PLC 进行 S7 通信的网络连接，如图 7-67 所示。

设置完成后的 S7 通信网络连接如图 7-68 所示。

单击【转至在线】，在弹出的【选择设备以便打开在线连接】对话框中，勾选 PLC_1 和 PLC_2 后，单击【转至在线】，如图 7-69 所示。

之后需要选择【PG/PC 接口的类型】为 PN/IE PG/PC 接口，【接口/子网的连接】选择插槽 1X1 处的方向。单击按钮【开始搜索】，搜索到设备后，再次单击【转至在线】，将S7-1214 转至在线。

对 S7 通信上的所有 CPU 都要勾选【允许来自远程对象的 PUT/GET 通信访问】，如图 7-70 所示。

四、调用 GET 和 PUT 通信指令块

单击【PLC_1】→【程序块】→【添加新快】→【数据块】，名称设置为【1515DB_1】，类型选择【全局 DB】创建数据块 1515DB_1，如图 7-71 所示。

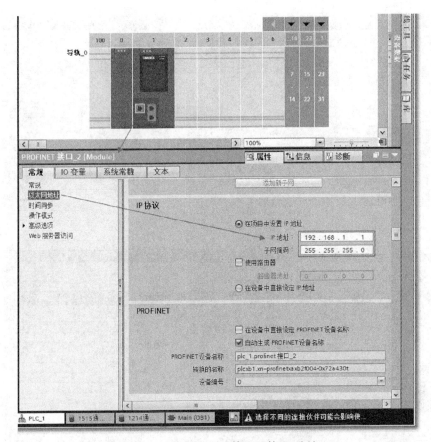

图 7-65　PROFINET 接口 2 的 IP 地址

图 7-66　设置 S7-1214CPU 的 IP 地址

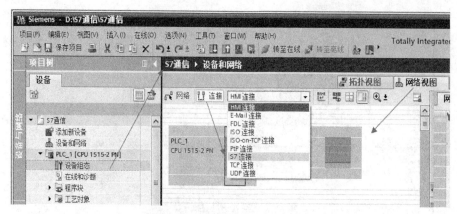

图 7-67　进行 S7 通信的网络连接

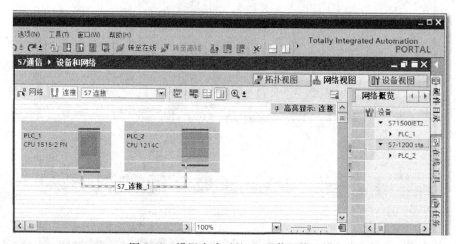

图 7-68　设置完成后的 S7 通信网络连接

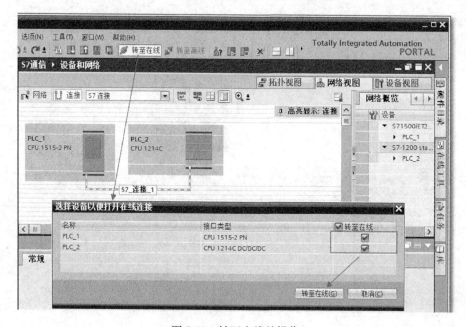

图 7-69　转至在线的操作

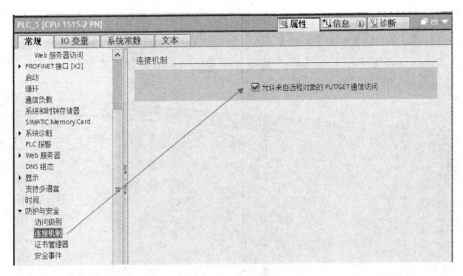

图 7-70 允许访问的设施

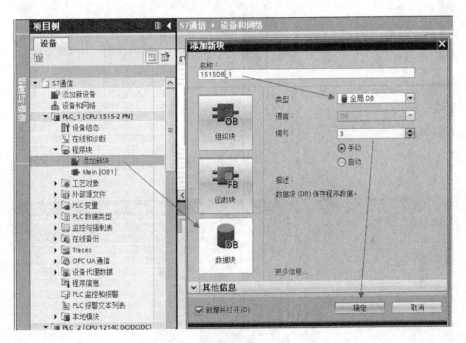

图 7-71 创建数据块 1515DB_1

在 PLC_1 中还要创建一个接收 S7-1200 的数据的数据块，名称设置为【1515DB_2】数据块 1515DB_1 和 1515DB_2 分别为 DB3 和 DB4，如图 7-72 所示。

用同样的方法在 S7-1214 中添加两个全局数据块，即 DB1 和 DB2，方法是单击【PLC_2】→【程序块】→【添加新快】→【数据块】，名称设置为【1214DB1_1】和【1214DB1_2】，类型选择【全局 DB】，见图 7-72。

为 PLC_1 和 PLC_2 中的 DB1/DB2/DB3/DB4 建立数据，这里创建数组范围是 0~200，以 DB3 为例，其数值创建如图 7-73 所示。

西门子的 S7 通信是单边协议，是西门子产品之间通信的最简单的方法，S7 通信只需要在主站中编写，在 PLC _ 1（CPU 1515 _ 2 PN）下的 Main［OB1］主程序块中，单击【指令】→【通信】→【S7 通信】，将 S7 通信下的【GET】拖放到编程的水平条上，TIA Portal V15 会自动弹出【调用选项】对话框，为这个指令 GET 添加背景数据块 GET _ DB，单击【确定】完成指令 GET 的添加，如图 7-74 所示。

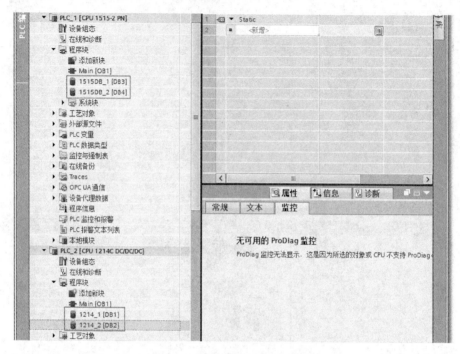

图 7-72　添加完成后的数据块

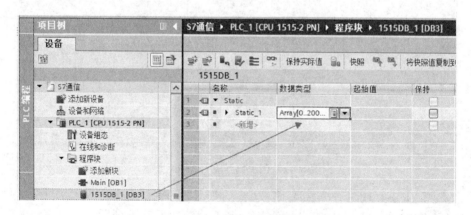

图 7-73　DB3 的数值创建

单击 GET _ DB 的组态按钮▣添加伙伴，在【属性】页面中，单击【连接参数】，在【伙伴】下选中 PLC _ 2，接口和子网等参数会自动添加，如图 7-75 所示。

单击【属性】→【块参数】，设置 REQ 为 1，读取 PLC _ 2 中的 DB2 中的数据，长度为 100B（BYTE），GET 指令块的输入/输出引脚参数如图 7-76 所示。

设置 GET 指令块存储区域（RD _ 1）引脚的参数，如图 7-77 所示。

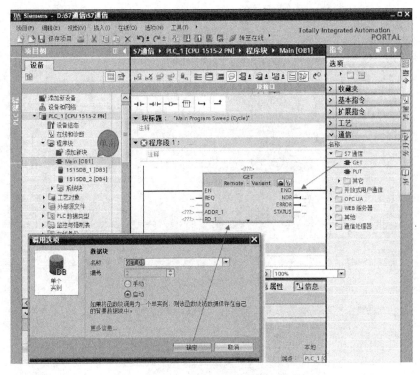

图 7-74 指令 GET 的添加

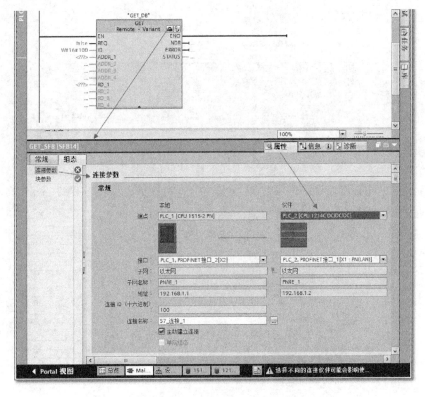

图 7-75 添加伙伴

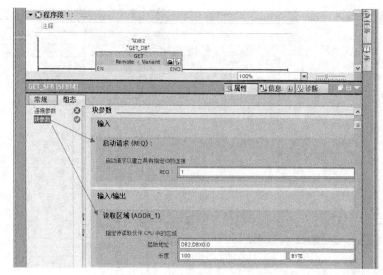

图 7-76　GET 指令块的输入/输出引脚参数

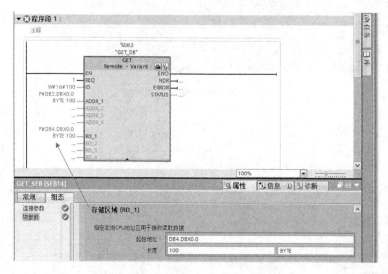

图 7-77　GET 指令块存储区域（RD_1）的引脚参数

由于不允许在具有优先访问的块中对数据进行绝对寻址，所以 TIA Portal V15 会报错，如图 7-78 所示。

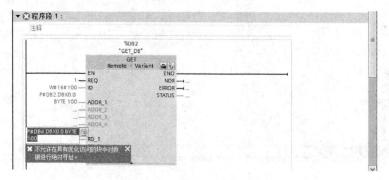

图 7-78　数据块的应用报错

右击 PC1 _ 1【DB4】，在右键菜单中选择【属性】，将【优化的块访问】的勾选取消，此时将弹出确认对话框单击【确定】即可，如图 7-79 所示。

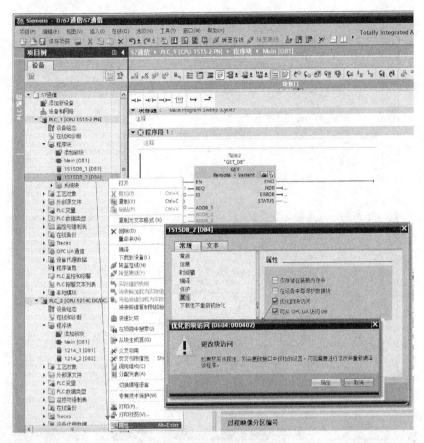

图 7-79　取消优化的块访问

五、S7 通信的程序编制

在程序中调用远程通信指令 GET 后，输入通信数据块的请求完成信号、错误信号、错误信息，从远程 CPU 读取数据的程序如图 7-80 所示。

GET 指令块的引脚定义：①REQ，系统时钟 1 秒脉冲；②ID，连接号，要与连接配置中一致，创建连接时的本地连接号；③ADDR _ 1，读取通信伙伴数据区的地址；④RD _ 1，本地接收数据区；⑤DONE，为 1 时表示接收到新数据；⑥ERROR，为 1 时表示有故障发生；⑦STATUS，状态代码。

以同样的方法调用向远程 CPU 写入数据 PUT 通信功能块，并配置参数。向远程 CPU 写入数据的程序如图 7-81 所示。

PUT 指令块的引脚定义：①REQ，系统时钟 1 秒脉冲；②ID，连接号，要与连接配置中一致，创建连接时的本地连接号；③ADDR _ 1，发送到通信伙伴数据区的地址；④SD _ 1，本地发送数据区；⑤DONE，为 1 时表示发送完成；⑥ERROR，为 1 时表示有故障发生；⑦STATUS，状态代码。

保存项目，编译并下载，编译窗口如图 7-82 所示。

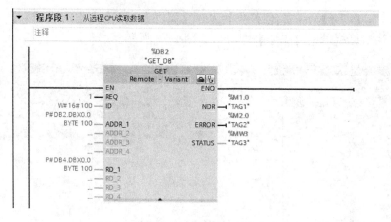

图 7-80　从远程 CPU 读取数据的程序

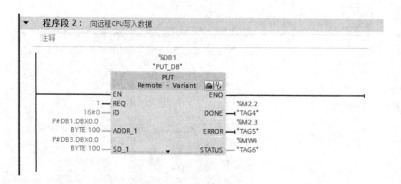

图 7-81　向远程 CPU 写入数据的程序

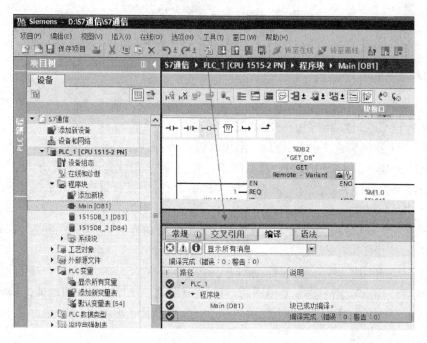

图 7-82　编译窗口

通信时，将要通信的数据写入全局数据块 DB1、DB2、DB3 和 DB4 当中，CPU1515 作为客户端创建 S7 连接，将数据块 DB3 中的 100 个字节发送到 CPU1214 的数据块 DB1 中；同时，读取 CPU1214 数据块 DB2 中的 100 个字节存储到 CPU 的数据块 DB4 中。发送和接收多少个字节可以根据需要进行调整，但不能超过 DB 创建的数组的最大值，本案例的最大值设置的是 200B。

第五节　西门子 S7-1200 PLC 与 G120 的 Modbus RTU 网络通信

一、通信的工艺要求

本实例要实现的是一台 S7-1200PLC 与 G120 的通信，数据的交换是通过网络进行 Modbus 非周期通信访问变频器 G120 参数，CPU 采用 S7-1214C、G120 控制单元为 CU240B-2、通信模块为 CM1241，Modbus RTU 网络示意图如图 7-83 所示。

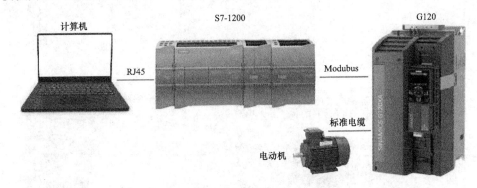

图 7-83　Modbus RTU 网络示意图

二、创建项目与硬件组态

创建新项目【S7-1200 的 Modbus RTU 通信】，添加 CPU（6ES7 214-1BG40-0XB0），单击【硬件目录】→【通信模块】→【点到点】→【CM1241（RS485）】，将通信模块 CM1241（6ES7 241-1CH30-0XB0）插入到 101 处，如图 7-84 所示。

双击【设备视图】，选择 CM1214 的 RS-485 接口，在【IO-Link】中设置波特率9.6kbps（kbit/s），奇偶校验为无，数据为是 8 位/字符，停止位为 1。RS-485 接口设置如图 7-85 所示。

单击【项目树】→【PLC 变量】→【显示所有变量】，创建全局变量如图 7-86 所示。

三、通信程序

1. 指令 MB＿COMM＿LOAD 的调用

单击【项目树】→【程序块】→主程序【Main［OB1］】，单击【指令】→【通信】→【通信处理器】→【MODBUS】调用指令 MB＿COMM＿LOAD，并添加引脚参数，调用 MB＿COMM＿LOAD 时，会自动定义一个背景数据块。MB＿COMM＿LOAD 的调用如图 7-87 所示。

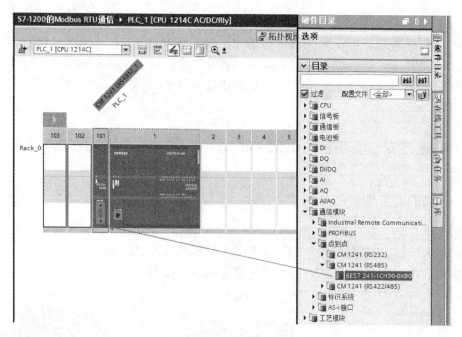

图 7-84　将通信模块 CM1241 插入到 101 处

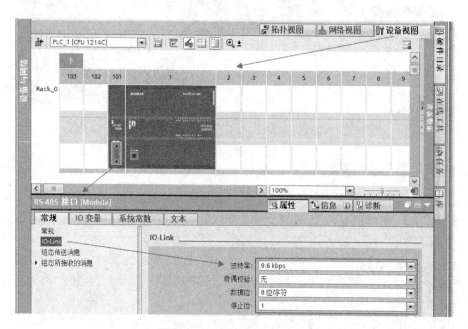

图 7-85　RS-485 接口设置

MB_COMM_LOAD 指令的引脚说明如下。

(1) REQ：在上升沿执行的指令，数据类型为 Bool，存储区为 I、Q、M、D、L。

(2) PORT：通信端口的 ID，在设备组态中插入通信模块后，端口 ID 就会显示在 PORT 框连接的下拉列表中，数据类型为 UInt，存储区为 I、Q、M、D、L 或常量。

(3) BAUD：波特率选择。可选值为 300、600、1200、2400、4800、9600、19200、38400、57600、76800、115200bit/s，所有其他值均无效。数据类型为 UDInt，存储区为 I、

Q、M、D、L 或常量。

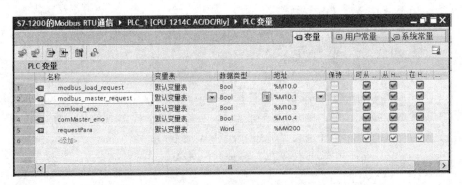

图 7-86　创建全局变量

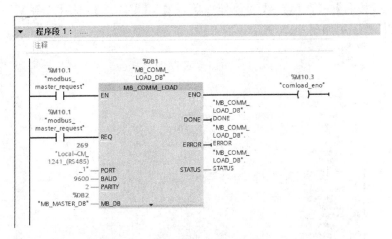

图 7-87　MB_COMM_LOAD 的调用

（4）PARITY：奇偶校验选择。0 表示无，1 表示奇校验，2 表示偶校验。数据类型为UInt，存储区为 I、Q、M、D、L 或常量。

（5）FLOW_CTRL：流控制选择。0 表示（默认值）无流控制，1 表示通过 RTS 实现的硬件流控制始终开启（不适用于 RS485 端口），2 表示通过 RTS 切换实现硬件流控制。数据类型为 UInt，存储区为 I、Q、M、D、L 或常量。

（6）RTS_ON_DLY：RTS 延时选择。0 表示（默认值）到传送消息的第一个字符之前，激活 RTS 无延时；1～65535 表示到传送消息的第一个字符之前，"激活 RTS"以毫秒（ms）为单位的延时（不适用于 RS-485 端口）。应用 RTS 延时必须与 FLOW_CTRL 选择无关。数据类型为 UInt，存储区为 I、Q、M、D、L 或常量。

（7）RTS_OFF_DLY：RTS 关断延时选择。0 表示（默认值）传送最后一个字符到"取消激活 RTS"之间没有延时；1～65535 表示在发送消息的最后一个字符到"取消激活RTS"之间以毫秒（ms）为单位的延时（不适用于 RS-485 端口）。应用 RTS 延时必须与FLOW_CTRL 选择无关。数据类型为 UInt，存储区为 I、Q、M、D、L 或常量。

（8）RESP_TO：响应超时。"MB_MASTER"允许等待从站响应的时间（ms）如果从站在此时间内没有响应，则"MB_MASTER"将重复该请求，或者在发送了指定数目的重试后终止请求并返回错误。数据范围 5～65535 ms（默认值为 1000 ms）。数据类型为 UInt，存储区为 I、Q、M、D、L 或常量。

（9）MB_DB："MB_MASTER" 或 "MB_SLAVE" 指令的背景数据块的引用。在程序中插入 "MB_SLAVE" 或 "MB_MASTER" 之后，数据块标识符会显示在 MB_DB 框连接的下拉列表中。数据类型为 Variant，存储区为 D。

（10）DONE：指令的执行已完成且未出错。数据类型为 Bool，存储区为 I、Q、M、D、L。

（11）ERROR：错误，0 表示未检测到错误，1 表示表示检测到错误。在参数 STATUS 中输出错误代码。数据类型为 Bool，存储区为 I、Q、M、D、L。

（12）STATUS：端口组态错误代码。数据类型为 Word，存储区为 I、Q、M、D、L。

2. 指令 MB_MASTER 的调用

用同样的方法可调用指令 MB_MASTER，单击项目树下的【程序块】→主程序【Main [OB1]】，单击【指令】→【通信】→【通信处理器】→【MODBUS】调用指令 MB_MASTER，MB_MSSTER 的调用如图 7-88 所示。

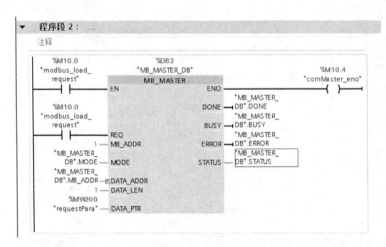

图 7-88　MB_MASTER 的调用

MB_MASTER 指令的引脚说明如下。

（1）REQ：请求输入。0 表示无请求，1 表示请求将数据发送到 Modbus 从站，数据类型为 Bool，存储区为 I、Q、M、D、L。

（2）MB_ADDR：Modbus RTU 站地址。默认地址范围 0～247，扩展地址范围 0～65535，值 "0" 已预留，用于将消息广播到所有 Modbus 从站。只有 Modbus 功能代码 05、06、15 和 16 支持广播。数据类型为 UInt，存储区为 I、Q、M、D、L 或常量。

（3）MODE：模式选择。指定请求类型为读取、写入或诊断，数据类型为 USInt 存储区为 I、Q、M、D、L 或常量。

（4）DATA_ADDR：从站中的起始地址。指定 Modbus 从站中将供访问的数据的起始地址。可在 Modbus 功能表中找到有效地址。数据类型为 UDInt 存储区为 I、Q、M、D、L 或常量。

（5）DATA_LEN：数据长度。指定要在该请求中访问的位数或字数。可在 Modbus 功能表中找到有效长度。数据类型为 UInt，存储区为 I、Q、M、D、L 或常量。

（6）DATA_PTR：指向 CPU 的数据块或位存储器地址。从该位置读取数据或向其写入数据。数据类型为 Variant。存储区为 M、D。

（7）DONE：已完成。0 表示事务未完，1 表示事务完成，且无任何错误。数据类型为 Bool。存储区为 I、Q、M、D、L。

（8）BUSY：0 表示当前没有"MB_MASTER"事务正在处理中，1 表示"MB_MASTER"事务正在处理中。数据类型为 Bool，存储区为 I、Q、M、D、L。

（9）ERROR：错误 0 表示无错误，1 表示出错。错误代码由参数 STATUS 来指示，数据类型为 Bool，存储区为 I、Q、M、D、L。

（10）STATUS：执行条件代码。数据类型为 Word，存储区为 I、Q、M、D、L。

3. 程序运行

打开 modbus_load_request 将其置 1，使能 MB_MASTER 即将 modbus_master_request 置为 1。使能完成之后，关闭 modbus_load_request。

在 CommMaster 程序段中将 MODE 改为 1（即写入数据），DATA_ADDR 写入 40101（主设定值寄存器号），DATA_PTR 写入 1000（给定值的写入值）。然后 REQ 使用一个脉冲沿来发送给定值。此时，变频器的给定值已经改为 1000。

控制单元中的 Modbus 寄存器和对应的参数见表 7-10。

表 7-10　　　　　　　　　　控制单元中的 Modbus 寄存器和对应的参数

Modbus 寄存器号	描述	Modbus 访问	单位	定标系统	On-OFF 文本或者值减	数据/参数
过程数据						
控制数据						
40100	控制字	R/W	—	1		过程数据 1
40101	主设定值	R/W	—	1		过程数据 2
状态数据						
40110	状态字	R	—	1		过程数据 1
40111	主实际值	R	—	1		过程数据 2

将 DATA_ADDR 写入 40100（控制字寄存器号），DATA_PTR 写入 047E（停车），REQ 使用一个脉冲沿来发送停车命令。再将 DATA_ADDR 写入 40100（控制字寄存器号），DATA_PTR 写入 047F（启动），REQ 使用一个脉冲沿来发送启动命令。

值得注意的是，MB_COMM_LOAD 使能完成之后，一定要将 Tag_1 关闭，否则 MB_MASTER 模块将无法使用。变频器启动位需要一个上升沿，所以先给其停车命令，然后发送启动命令，利用上升沿来启动变频器。

四、变频器 G120 的参数设置

S7-1200 PLC 与 G120 的通信端口连接如图 7-89 所示。

G120 参数设置及说明如下。

（1）P0015＝21，变频器宏，选中 I/O 配置。

（2）P2030＝2，现场总线协议选择为 Modbus。

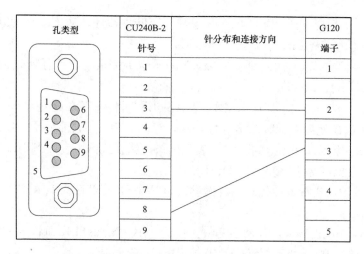

图 7-89　S7-1200 PLC 与 G120 的通信端口连接

（3）P2020，设置现场总线的波特率，出厂为 19200 bit/s。

（4）P2021＝1，设置变频器 Modbus 的从站地址。

（5）P2024，Modbus 计时。

（6）P2029，现场总线错误统计，指现场总线接口上接收错误的统计、显示。

（7）P2040，过程数据监控时间，指没有收到过程数据时发出报警的延时。该时间必须根据从站数量、总线波特率加以调整，采用出厂设置，即 100 ms。

五、编译下载和调试

单击图标🖫保存项目，然后对项目进行【编译】，如图 7-90 所示。

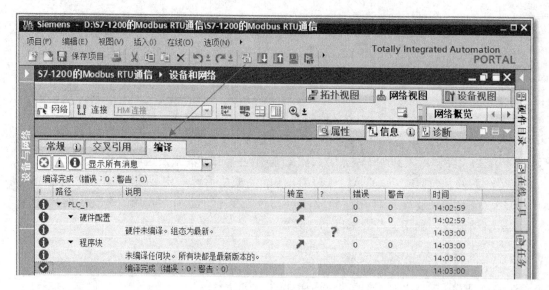

图 7-90　编译项目

编译后没有错误后，点击【下载】，在【扩展的下载到设备】对话框中，设置【PG/PC接口的类型】以及【PG/PC 接口】，如图 7-91 所示，选择完毕后点击下载。

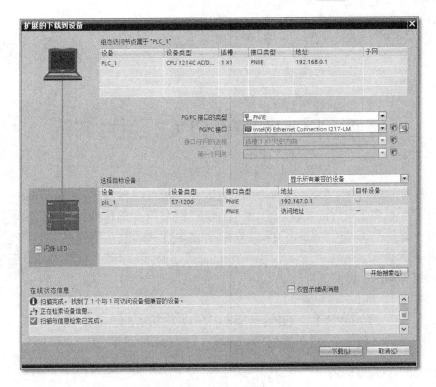

图 7-91　下载

在下载预览中，查看将要覆盖的内容，选择统一下载后，再单击【转到在线】启动监视，就可以通过 S7-1200 PLC 对变频器进行 MODBUS 通信了。

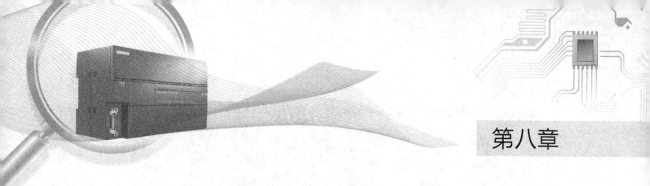

第八章

西门子S7-1200 PLC的项目调试

目前，所有品牌的 PLC 都有运行状态及非运行状态两种基本状态。在运行状态时，PLC 运行程序，可实现程序的功能，但此时不能向 PLC 安全的传输程序或修改数据，也不能对 PLC 进行设定；当 PLC 处于非运行状态时，不仅可以向 PLC 传输程序和修改数据，也可以对 PLC 进行设定。调试时 CPU LED 指示灯的含义的扩展知识，请扫二维码学习。

第一节　西门子 S7-1200 项目的存储与下载

一、存储卡的实战应用

存储卡有程序卡和传输卡两种工作模式。

（1）程序卡。存储卡作为 S7-1200 PLC CPU 的装载存储区，所有程序和数据存储在卡中，CPU 内部成的存储区中没有项目文件，设备运行中存储卡不能被拔出。

（2）传输卡。用于从存储卡向 CPU 传送项目，传送完成后必须将存储卡拔出。S7-1200PLC 的 CPU 可以在没有插入存储的情况下而独立运行。

（一）修改存储卡模式

在 TIA Portal V15 软件的项目视图中，单击【项目树】→【读卡器 \ USB 存储器】，右击存储卡的盘符，在右键菜单中选择【属性】，然后在存储卡的属性页面中，选择存储卡的模式，选择【程序】【传输】或者【更新固件】后，单击【确定】按钮完成设定。

（二）使用程序卡模式的存储卡的实战

在实际的项目应用中，若用户项目文件存入程序卡中，那么在更换 CPU 时就不需要重新下载项目文件了。

装载用户项目文件到存储卡，将存储卡的模式改为【程序】模式，设置 CPU 的启动状态，右击【项目树】中的 CPU，选择【属性】，在属性窗口中选择【启动】并设置【上电后启动】为【暖启动-断电前的操作模式】，如图 8-1 所示，选择完毕后单击【确定】按钮。

将 CPU 断电，然后将存储卡插到 CPU 卡槽内，再将 CPU 上电，单击下载，将项目文件全部下载到存储卡中。此时下载是将项目文件（包括用户程序、硬件组态和强制值）下载到存储卡中，而不是 CPU 内部集成的存储区中。

完成上述步骤后，CPU 可以带卡正常运行。此时如果带电情况下将存储卡拔出，CPU 会报错，【ERROR】红灯闪烁。如果在断电情况下将存储卡拔出，再次上电 CPU 会停止工作，STOP 指示灯也会点亮。

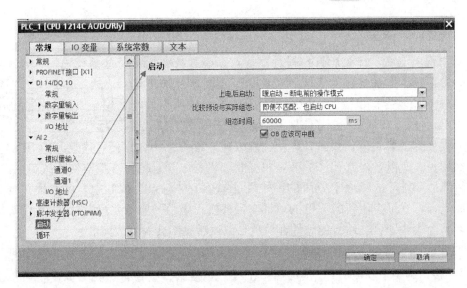

图 8-1 启动设置

（三）使用传送卡模式的存储卡的实战

使用存储卡的传送卡模式时，在没有编程器的情况下，可以方便快捷地向多个西门子 S7-1200 PLC 复制项目文件。

向处于传输模式的存储卡中装载项目时，首先清除存储卡中的所有文件，然后将存储卡设定到为【传送】模式。

设置 CPU 的启动状态，右击【项目树】中的 CPU，在子菜单中选择【属性】，再在属性窗口中选择【启动】→【暖启动-断电前的操作模式】，单击【确定】按钮。使用鼠标直接拖拽【项目树】中的 PLC 设备到存储卡盘符当中即可。

另一个方法是直接将一张已经做好的"程序卡"更改为"传送卡"，从存储卡复制项目到西门子 S7-1200CPU 时，首先将 CPU 断电，将存储卡插到 CPU 卡槽，再将 CPU 上电，当 CPU 上"MAINT"黄灯闪烁时，说明复制完成，此时可以将 CPU 断电，将存储卡拔出后，再将 CPU 上电。

（四）删除存储卡内容的实战

删除西门子 SIMATIC MC 存储卡的内容时，可以使用读卡器在 WINDOWS 资源管理器中删除存储卡上的"SIMATIC. S7S"文件夹和"S7 _ JOB. S7S"文件，删除完成后，再打开 TIA Portal V15 软件查看存储卡的内容，可以看到存储卡已经别清空变成空白卡。

（五）使用存储卡清除 S7-1200 PLC 密码的实战

丢失设定的西门子 S7-1200 PLC 的密码时，可以使用存储卡清除设定的密码，首先将西门子 S7-1200 PLC 断电，插入一张存储卡到 S7-1200 PLC 的 CPU 上，设置存储卡为传送卡，注意这张存储卡中的程序不能有密码保护，然后再次将 S7-1200 PLC 上电，CPU 上电后，会将存储卡中的程序复制到内部的 FLASH 寄存器中，这样就相当于清除了原来的密码。

也可以用相同的方法插入一张全新的或者空白的存储卡到 S7-1200 PLC 的 CPU，设备上电后，CPU 会将存储卡的程序转移到内部存储区中，拔下存储卡后，CPU 内部将不再有用户程序，即实现了清除密码。

二、程序的上电与下载

PLC 每次上电后，都要运行自检程序及对系统进行初始化，这是系统程序预置好的，是操作系统自行完成的，用户不需要对此进行干预，当上电后出现故障时，PLC 会有相应的故障提示信号，按照说明书进行处理后，再次上电启动 PLC 即可。有关西门子 PLC 下载的更多知识请扫二维码学习。

PLC 是工作非常可靠的设备，即使出现故障，维修也十分方便。这是因为 PLC 会对故障情况做记录。所以，PLC 出了故障，根据故障码和记录是很易查找与诊断故障的。同时，诊断出故障后，排除故障也十分简单，如果是单个 I/O 触点出现问题，更换到冗余的没有使用的触点即可（记得用新的 I/O 的地址变量替换程序中的原有变量），如果是模块出现问题，更换整个模块即可。运行的软件在对项目调试后是不会发生故障的。

项目组态 CPU 和所有添加的硬件之后，编写程序，然后仿真，单击下载图标，设置好 PG/PC 接口的类型和 PG/PC 接口后单击【开始搜索】按钮，选择目标设备后单击【下载】将用户程序下载到 CPU，以便测试用户程序的运行，操作如图 8-2 所示。

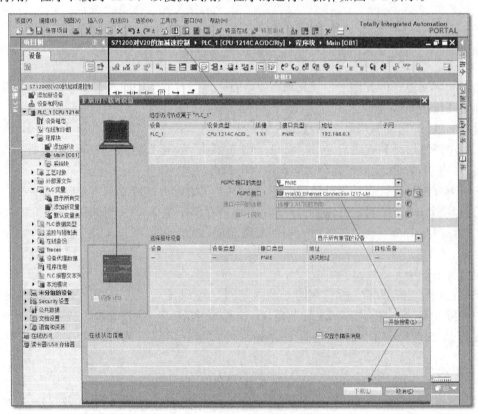

图 8-2　下载用户程序的操作过程

三、S7-1200 的在线和程序上传

当使用网线连续好 PLC 后，在下载图标找到 PLC，程序在线后，就可以单击上传程序进行上传了，具体的操作步骤请看视频。

更多有关在线操作和程序上传的扩展知识，请扫二维码学习。

第二节 西门子 S7-1200 项目仿真实战应用

仿真软件 S7-PLCSIM 可以仿真 1200 PLC 大部分的功能，利用 S7-PLCSIM 可以在不使用实际硬件的情况下调试和验证单个 PLC 的程序。S7-PLCSIM 特有的工具包括 SIM 表和序列编辑器等。S7-PLCSIM 允许用户使用所有 STEP7 调试工具，其中包括监视表、程序状态、在线与诊断功能以及其他工具。

一、S7-PLCSIM 的深入理解

仿真软件 S7-PLCSIM 几乎支持 S7-1200 PLC 的所有指令（系统函数和系统函数块），支持的指令使用方法，与实物 PLC 相同。所以在仿真上能正常运行的程序，在实物 PLC 上肯定也能运行。S7-PLCSIM 还支持 S7-1200 PLC 的通信指令包括 PUT 和 GET，TSEND 和 TRCV，但不支持工艺模块，如计数、PID 控制和运动控制。

二、S7-PLCSIM 的仿真项目的启动

在 TIA Portal V15 中单击仿真按钮 ，启动仿真器，在弹出的确认对话框中单击【确定】后可看到仿真器对话框的精简视图，如图 8-3 所示。

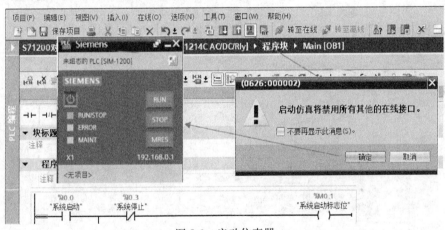

图 8-3　启动仿真器

系统会自动进行项目一致性的检查和编译，单击【装载】，在弹出的对话框中单击【完成】，如图 8-4 所示。

在 TIA Portal V15 的【信息】下的【常规】里可以查看到之前的操作步骤，信息显示的页面如图 8-5 所示。

三、强制变量

在 TIA Portal V15 中单击仿真按钮 ，启动仿真器后的调试更加直观，单击【RUN】按钮，指示灯【RUNSTOP】闪烁后点亮变为绿色后，单击启用/禁止监视图标 ，启用仿真后的程序如图 8-6 所示。有关时间的延时的程序仿真的扩展知识请扫二维码学习。

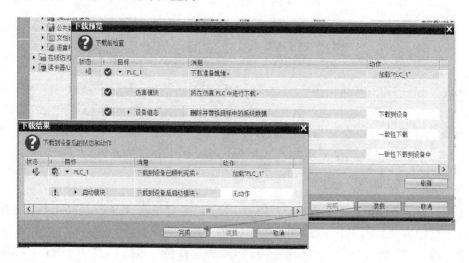

图8-4　编译项目

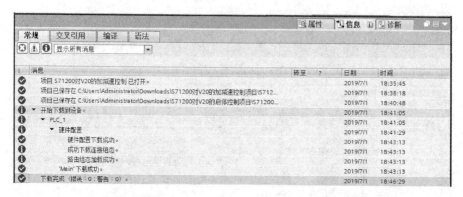

图8-5　信息显示的页面

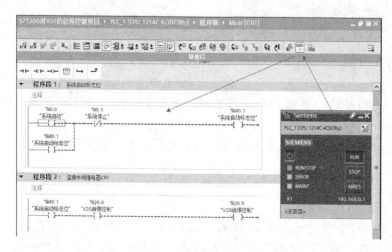

图8-6　启用仿真后的程序

对应程序段1上的变量%I0.0，是不能选择【修改】→【修改为1】进行强制的，这样修改没有任何作用，输入变量的强制要在强制表中进行，如图8-7所示，这里在变量表中添加两个输入变量 I0.0 和 I0.3。

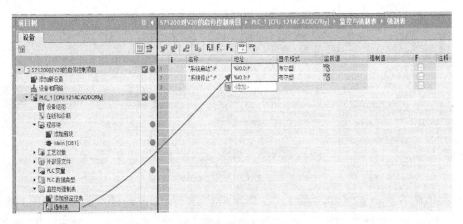

图 8-7　强制表

单击图标 启用在线，设置 I0.0 的强制值为 TRUE，如图 8-8 所示。

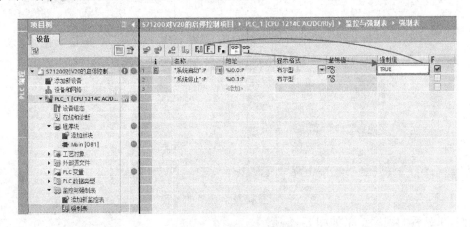

图 8-8　变量的强制过程

单击 图标启动变量的强制，强制所有变量，如图 8-9 所示。

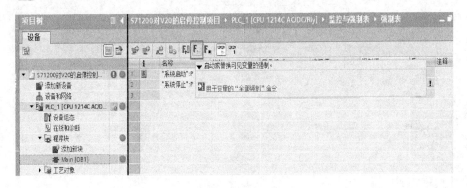

图 8-9　强制变量

强制后，I0.0 变量变为 1，监视强制 I0.0 变量后的程序运行结果，程序在线监视的画面如图 8-10 所示。

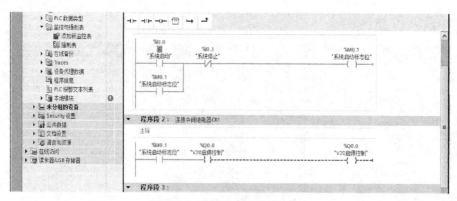

图 8-10　程序在线监视的画面

采用类似的方法，强制 I0.3 为 1，在弹出来的消息框中单击【是】，如图 8-11 所示。

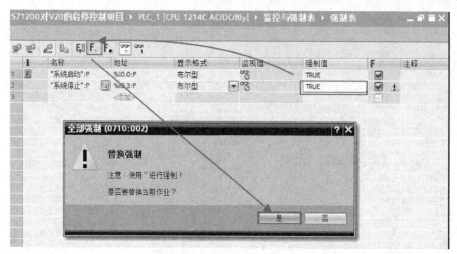

图 8-11　强制 I0.3 变量的过程

强制 I0.3 后的程序结果如图 8-12 所示。

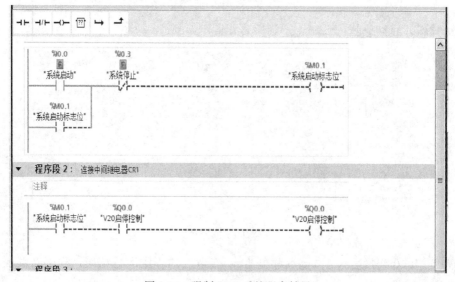

图 8-12　强制 I0.3 后的程序结果

结束强制变量时，单击停止强制按钮 **F** ，在弹出的对话框中单击【是】即可，如图 8-13 所示。

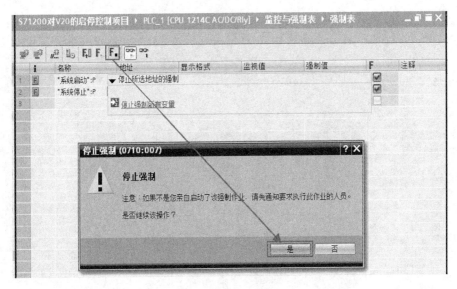

图 8-13 停止强制

强制取消后的程序如图 8-14 所示。

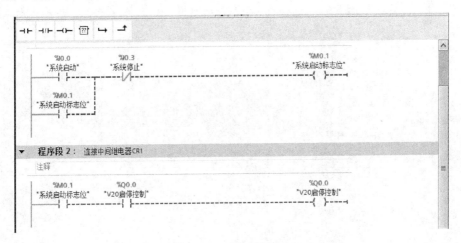

图 8-14 取消强制后的程序

需要注意的是，在仿真中强制变量时，是不需要考虑设备的安全问题的，可以通过强制变量来检查程序中的逻辑错误，但是在项目调试中，变量的修改和强制都要首先考虑设备和人员的安全，以免造成事故。